MySQL DBA 精英实战课

全彩

刘遵庆　凡新雷　邹勇　著

電子工業出版社
Publishing House of Electronics Industry
北京•BEIJING

内 容 简 介

本书既包括 MySQL 比较重要的基础内容，如安装、索引、锁、事务、体系结构、主从复制（GTID 复制、半同步复制、并行复制等）等，也包括 MySQL 的优化（从硬件、操作系统、参数、SQL 语句等方面）、规范、安全、备份、监控、高可用（MHA、Orchestrator 和 MGR）、分库分表、周边工具等实战内容。另外，本书增加了一些比较新的内容，如 MySQL 8.0 的新特性、云时代 DBA 工作的变化等。

本书可作为 MySQL 初学者、DBA、开发工程师、运维工程师、架构师等的参考资料。

图书在版编目（CIP）数据

MySQL DBA 精英实战课 / 刘遵庆等著. —北京：电子工业出版社，2022.7

ISBN 978-7-121-43605-5

Ⅰ. ①M… Ⅱ. ①刘… Ⅲ. ①SQL 语言－程序设计 Ⅳ. ①TP311.138

中国版本图书馆 CIP 数据核字（2022）第 090093 号

责任编辑：林瑞和　　　　特约编辑：田学清
印　　刷：北京天宇星印刷厂
装　　订：北京天宇星印刷厂
出版发行：电子工业出版社
　　　　　北京市海淀区万寿路 173 信箱　　　邮编：100036
开　　本：720×1000　1/16　印张：21　字数：460 千字
版　　次：2022 年 7 月第 1 版
印　　次：2022 年 7 月第 1 次印刷
定　　价：109.00 元

凡所购买电子工业出版社图书有缺损问题，请向购买书店调换。若书店售缺，请与本社发行部联系，联系及邮购电话：（010）88254888，88258888。

质量投诉请发邮件至 zlts@phei.com.cn，盗版侵权举报请发邮件至 dbqq@phei.com.cn。

本书咨询联系方式：（010）51260888-819，faq@phei.com.cn。

前　言

写作背景

与其他数据库相比，MySQL 具有很多优势，如开源、支持多种语言、性能好、安全等。这也是这些年 MySQL 一直广受欢迎的原因。

因为 MySQL 一直受到各大互联网公司的青睐，所以这些公司的开发人员、运维人员、架构师、DBA 等都需要掌握 MySQL 知识。

在此背景下，作者总结了以往的实战经验和学习笔记，帮助广大 MySQL 爱好者掌握 MySQL 的重要知识点，同时提升自身的业务能力。

本书特点

本书由 3 位具有 6 年以上工作经验的 DBA 共同编写，从入门到深入，分享了 3 位作者多年的实战经验。

本书包含 MySQL 基础、优化和实战管理等内容，不会出现大段的抽象理论，而是通过实战来帮助读者理解 MySQL 的知识点。

本书结构

第 1 章：主要讲解 MySQL 的安装和使用。

第 2 章：主要讲解 MySQL 的索引，包括索引算法、MySQL 中的索引类型、MySQL 中的索引优化、关于索引的建议等。

第 3 章：主要讲解 MySQL 的锁，包括共享锁、排他锁、意向锁、记录锁、间隙锁、插入意向锁、临键锁、MDL 和死锁等。

第 4 章：主要讲解 MySQL 的事务，包括事务的特性、事务的实现、MVCC 实现、普通读和当前读等。

第 5 章：主要讲解 MySQL 的体系结构，包括 MySQL 的结构、存储引擎、内存结构和磁盘结构等。

第 6 章：主要讲解 MySQL 常用的日志文件，包括 Binlog、General Log、Slow Log、Error Log、Redo Log 和 Undo Log 等。

第 7 章：主要讲解 MySQL 的优化，包括硬件优化、操作系统的优化、参数调优、慢查询分析和 SQL 语句优化等。

第 8 章：主要讲解 MySQL 的规范，包括建表的规范、部署和操作的规范，以及 SQL 的规范等。

第 9 章：主要讲解 MySQL 的主从复制，包括主从复制的搭建、GTID 复制、MySQL 复制报错的处理、MySQL 半同步复制和 MySQL 并行复制等，并且都附带实验过程，方便读者边学习边操作。

第 10 章：主要讲解 MySQL 的安全，包括访问控制、预留账户、密码管理、加密连接和审计等。

第 11 章：主要讲解 MySQL 的备份，包括 mysqldump、mydumper、XtraBackup 和 Clone Plugin 等，并且都附带实验过程，根据实验步骤，读者基本能模拟常规的备份。

第 12 章：主要讲解 MySQL 的监控，包括常见的监控项、使用 Zabbix 监控 MySQL、使用 Prometheus 监控 MySQL 和使用 PMM 监控 MySQL，每种监控方案都有详细的部署过程，读者可自行选择一个方案并用于工作中。

第 13 章：主要讲解 MySQL 的高可用，包括 MHA、Orchestrator、MGR 等，其中 MHA 是比较传统的高可用方案，Orchestrator 和 MGR 在未来几年可能会得到广泛应用，每个高可用方案都有详细的部署过程和常用的一些操作。

第 14 章：主要讲解 MySQL 的分库分表，包括分库分表的原则、分库分表的场景、拆分模式、分库分表的工具和分库分表后面临的问题，读者可以参考这些内容，判断自己的环境是否需要分库分表，如果需要进行分库分表，就需要确定选择哪种工具、注意什么问题。

第 15 章：主要讲解 MySQL 的周边工具，如 Redis、ClickHouse 和 ClickTail，以及 Percona Toolkit 等。

第 16 章：主要讲解 MySQL 8.0 的新特性，包括事务性数据字典、快速加列、原子 DDL、资源组、不可见索引、窗口函数、持久化全局变量和其他新特性等。

第 17 章：主要讲解云时代 DBA 工作的变化，包括 3 种类型的云、云应用的分类、RDS、云原生数据库、上公有云的好处和缺点、数据库上公有云前的注意事项、传统 DBA 的工作和上云后 DBA 工作的变化、云时代 DBA 的发展方向等。

目　录

第 1 章

MySQL 的基础知识

本章主要介绍平台的选择、安装包的选择、系统环境的配置、数据库的安装及数据库的简单使用，旨在帮助初学者更直观地接触 MySQL 数据库，为后续的学习提供训练场。

1.1 数据库的安装全过程

本节从平台的选择、安装包的选择、系统环境的配置和数据库的安装 4 个方面介绍数据库的安装全过程。

1.1.1 平台的选择

操作系统、架构及数据库版本的选择，对数据库的安装和使用具有决定性的影响。所以，学习 MySQL 应该从数据库和平台的选择开始，官方提供的支持列表如表 1-1 所示（其中的“·”表示对应版本支持对应的操作系统）。

表 1-1 官方提供的支持列表

操 作 系 统	架 构	MySQL 8.0	MySQL 5.7	MySQL 5.6
Oracle Linux / Red Hat / CentOS				
Oracle Linux 8 / Red Hat Enterprise Linux 8 / CentOS 8	x86_64、ARM 64	•		
Oracle Linux 7 / Red Hat Enterprise Linux 7 / CentOS 7	ARM 64	•		
Oracle Linux 7 / Red Hat Enterprise Linux 7 / CentOS 7	x86_64	•	•	•
Oracle Linux 6 / Red Hat Enterprise Linux 6 / CentOS 6	x86_32、x86_64	•	•	•
Oracle Solaris				

续表

操作系统	架　构	MySQL 8.0	MySQL 5.7	MySQL 5.6
Solaris 11（Update 4+）	SPARC_64	•	•	•
Canonical				
Ubuntu 20.04 LTS	x86_64	•		
Ubuntu 18.04 LTS	x86_32、x86_64	•	•	
Ubuntu 16.04 LTS	x86_32、x86_64	•	•	
SUSE				
SUSE Enterprise Linux 15 / openSUSE 15	x86_64	•		
SUSE Enterprise Linux 12（12.4+）	x86_64	•	•	•
Debian				
Debian GNU/Linux 10	x86_64	•	•	
Debian GNU/Linux 9	x86_32、x86_64	•	•	•
Microsoft Windows Server				
Microsoft Windows 2019 Server	x86_64	•		
Microsoft Windows 2016 Server	x86_64	•	•	•
Microsoft Windows 2012 Server R2	x86_64	•	•	•
Microsoft Windows				
Microsoft Windows 10	x86_64	•	•	
Apple				
macOS 10.15	x86_64	•		
FreeBSD				
FreeBSD 12	x86_64	•		
Various Linux				
Generic Linux（tar format）	x86_32、x86_64、glibc 2.12、libstdc++ 4.4	•	•	•
Yum Repo	•	•	•	
APT Repo	•	•	•	
SUSE Repo	•	•	•	

1.1.2 安装包的选择

MySQL 官方有 4 种版本供用户选择，分别为 GA 版、DMR 版、RC 版和 Beat 版。在测试环境和生产环境下建议选择 GA 版（经过大量 Bug 测试的稳定版本）。

如图 1-1 所示，作者选择的是 MySQL 8.0.18 社区版，读者可以根据自己操作系统的类型和架构选择不同的安装包。

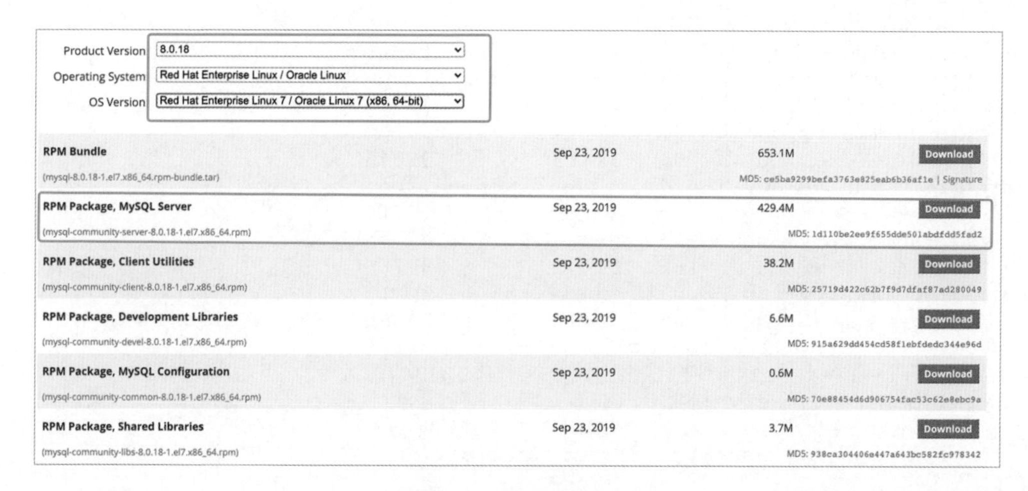

图 1-1　安装包的选择

1.1.3　系统环境的配置

这里使用的系统版本为 CentOS 7.1，所以在安装前需要做一些 Linux 的设置工作。

提醒：

通过设置 swappiness 的值来平衡数据库对 swap 分区的使用。

swappiness 的可用值为 0～100。

0 表示最大限度地使用物理内存，可能会导致内存溢出触发 OOM kill。

100 表示尽可能使用 swap 分区，这样会导致数据库的性能降低。

建议开启 swap 分区，并设置 swappiness≤10。

```
# 临时设置
[root@localhost ~]# sysctl -w vm.swappiness=1 # 永久设置
[root@localhost ~]# echo vm.swappiness = 0 >> /etc/sysctl.conf
# 查看当前 swappiness 的值的大小
[root@localhost ~]# cat /proc/sys/vm/swappiness
```

1.1.4　数据库的安装

上面已经选择好平台和安装包，并且配置好了系统环境。下面开始安装 MySQL。

1. 下载解压缩文件

```
# 解压缩文件（读者可自行到 MySQL 官网下载该文件）
[root@localhost ~]# tar xf mysql-8.0.18-1.el7.x86_64.rpm-bundle.tar

[root@localhost mysql]# ls -l
总用量 668808
```

```
    -rw-r--r--.  1  7155  31415    40104640  9  月      23  2019
mysql-community-client-8.0.18-1.el7.x86_64.rpm
    -rw-r--r--.  1  7155  31415      611436  9  月      23  2019
mysql-community-common-8.0.18-1.el7.x86_64.rpm
    -rw-r--r--.  1  7155  31415     6915400  9  月      23  2019
mysql-community-devel-8.0.18-1.el7.x86_64.rpm
    -rw-r--r--.  1  7155  31415    23683600  9  月      23  2019
mysql-community-embedded-compat-8.0.18-1.el7.x86_64.rpm
    -rw-r--r--.  1  7155  31415     3877664  9  月      23  2019
mysql-community-libs-8.0.18-1.el7.x86_64.rpm
    -rw-r--r--.  1  7155  31415     1363968  9  月      23  2019
mysql-community-libs-compat-8.0.18-1.el7.x86_64.rpm
    -rw-r--r--.  1  7155  31415   450282440  9  月      23  2019
mysql-community-server-8.0.18-1.el7.x86_64.rpm
    -rw-r--r--.  1  7155  31415   158001648  9  月      23  2019
mysql-community-test-8.0.18-1.el7.x86_64.rpm
```

2. 创建用户

```
[root@localhost ~]# groupadd mysql
[root@localhost ~]# useradd -g mysql mysql
```

3. 创建数据目录

```
[root@localhost ~]# mkdir -p  /data/mysql
[root@localhost ~]# chown mysql:mysql /data/mysql/
```

4. 检测系统是否自带 MySQL

提醒：

如果系统之前已经安装了 MySQL，那么需要确定是否能卸载，以防止误操作。

```
# 查看是否已安装其他版本的 MySQL
[root@localhost ~]# rpm -qa | grep mysql
# 普通卸载
[root@localhost ~]# rpm -qa | grep mysql | xargs  rpm -e
错误：依赖检测失败：
        libmysqlclient.so.18()(64bit) 被 (已安装) postfix-2:2.10.1-9.el7.
x86_64 需要
        libmysqlclient.so.18()(64bit) 被 (已安装) perl-DBD-MySQL-4.023-
6.el7.x86_64 需要
        libmysqlclient.so.18(libmysqlclient_18)(64bit) 被 (已安装) postfix-
2:2.10.1-9.el7.x86_64 需要
        libmysqlclient.so.18(libmysqlclient_18)(64bit) 被 (已安装) perl-
DBD-MySQL-4.023-6.el7.x86_64 需要
# 如果普通卸载报错:存在依赖，则可选择强制卸载
[root@localhost ~]# rpm -qa | grep mysql | xargs  rpm -e --nodeps
警告：/etc/my.cnf 已另存为 /etc/my.cnf.rpmsave
```

5. 安装 RPM 包

- 依赖安装：

```
yum -y install wget cmake gcc gcc-c++ numactl autoconf ncurses ncurses-devel libaio-devel openssl openssl-devel perl-devel perl-JSON.noarch
```

- 必要安装（注意顺序）：

```
rpm -ivh mysql-community-common-8.0.18-1.el7.x86_64.rpm
rpm -ivh mysql-community-libs-8.0.18-1.el7.x86_64.rpm
rpm -ivh mysql-community-client-8.0.18-1.el7.x86_64.rpm
rpm -ivh mysql-community-server-8.0.18-1.el7.x86_64.rpm
```

- 非必要安装（注意顺序）：

```
rpm -ivh mysql-community-libs-compat-8.0.18-1.el7.x86_64.rpm
rpm -ivh mysql-community-embedded-compat-8.0.18-1.el7.x86_64.rpm
rpm -ivh mysql-community-devel-8.0.18-1.el7.x86_64.rpm
rpm -ivh mysql-community-test-8.0.18-1.el7.x86_64.rpm
```

下面介绍如何解决报错。

报错 1 如下：

```
Failed dependencies: libnuma.so.1()(64bit) is needed by mysql-community-server-8.0.18-1.el7.x86_64  libnuma.so.1(libnuma_1.1)(64bit) is needed by mysql-community-server-8.0.18-1.el7.x86_64 libnuma.so.1(libnuma_1.2)(64bit) is needed by mysql-community-server-8.0.18-1.el7.x86_64
```

解决办法如下：

```
yum install numactl
```

报错 2 如下：

```
Failed dependencies: pkgconfig(openssl) is needed by mysql-community-devel-8.0.18-1.el7.x86_64
```

解决办法如下：

```
yum install openssl-devel.x86_64 openssl.x86_64 -y
```

报错 3 如下：

```
Failed dependencies: perl(Data::Dumper) is needed by mysql-community-test-8.0.18-1.el7.x86_64
```

解决办法如下：

```
yum -y install autoconf
```

报错 4 如下：

```
Failed dependencies: perl(JSON) is needed by mysql-community-test-8.0.18-1.el7.x86_64
```

解决办法如下：

```
yum install perl.x86_64 perl-devel.x86_64 -y yum install perl-JSON.noarch -y
```

6. 创建配置文件

```
[root@localhost mysql]# cat > /etc/my.cnf <<EOF
[client]
port=3306
socket=/tmp/mysql.sock

[mysqld]
server-id=1
port=3306
user=mysql
max_connections=500
socket=/tmp/mysql.sock
datadir=/data/mysql
pid-file=/data/mysql/mysql.pid
log_error=/data/mysql/mysql-error.log
slow_query_log_file=/data/mysql/mysql-slow.log
EOF
```

7. 初始化

```
# --initialize-insecure 初始化完毕后，root 用户的密码为空
[root@localhost mysql]# mysqld  --defaults-file=/etc/my.cnf --
initialize-insecure
[root@localhost mysql]# ls -l  /data/mysql/
总用量 146484
-rw-r-----. 1 mysql mysql       56 12 月 20 17:14 auto.cnf
-rw-------. 1 mysql mysql     1676 12 月 20 17:14 ca-key.pem
-rw-r--r--. 1 mysql mysql     1112 12 月 20 17:14 ca.pem
-rw-r--r--. 1 mysql mysql     1112 12 月 20 17:14 client-cert.pem
-rw-------. 1 mysql mysql     1680 12 月 20 17:14 client-key.pem
-rw-r-----. 1 mysql mysql     3320 12 月 20 17:14 ib_buffer_pool
-rw-r-----. 1 mysql mysql 12582912 12 月 20 17:14 ibdata1
-rw-r-----. 1 mysql mysql 50331648 12 月 20 17:14 ib_logfile0
-rw-r-----. 1 mysql mysql 50331648 12 月 20 17:14 ib_logfile1
drwxr-x---. 2 mysql mysql        6 12 月 20 17:14 #innodb_temp
drwxr-x---. 2 mysql mysql        6 12 月 20 17:14 mysql
-rw-r-----. 1 mysql mysql      629 12 月 20 17:14 mysql-error.log
-rw-r-----. 1 mysql mysql 15728640 12 月 20 17:14 mysql.ibd
drwxr-x---. 2 mysql mysql     4096 12 月 20 17:14 performance_schema
-rw-------. 1 mysql mysql     1676 12 月 20 17:14 private_key.pem
-rw-r--r--. 1 mysql mysql      452 12 月 20 17:14 public_key.pem
-rw-r--r--. 1 mysql mysql     1112 12 月 20 17:14 server-cert.pem
-rw-------. 1 mysql mysql     1676 12 月 20 17:14 server-key.pem
-rw-r-----. 1 mysql mysql 10485760 12 月 20 17:14 undo_001
-rw-r-----. 1 mysql mysql 10485760 12 月 20 17:14 undo_002
```

8. 启动和停止 MySQL Server

```
#启动
[root@localhost mysql]# systemctl start  mysqld.service  #启动
#停止
```

```
[root@localhost mysql]# systemctl stop  mysqld.service   #停止
#查看状态
[root@localhost mysql]# systemctl status  mysqld.service #查看状态
● mysqld.service - MySQL Server
   Loaded: loaded (/usr/lib/systemd/system/mysqld.service; enabled; vendor preset: disabled)
   Active: active (running) since 日 2020-12-20 17:49:19 CST; 1min 13s ago
......
12 月 20 17:47:29 localhost.localdomain systemd[1]: Starting MySQL Server...
12 月 20 17:49:19 localhost.localdomain systemd[1]: Started MySQL Server.
```

如果提示 active (running)就表示 MySQL Server 启动成功。

9. 设置开机自启

```
[root@localhost sbin]# systemctl enable mysqld.service
```

至此，MySQL 本地 RPM 包安装结束。

1.2 数据库的简单使用

上面介绍了数据库的安装全过程，接下来介绍数据库的简单使用。

1.2.1 连接

```
[root@localhost sbin]# mysql -h 127.0.0.1 -uroot -p
Enter password:
Welcome to the MySQL monitor.  Commands end with ; or \g.
Your MySQL connection id is 8
Server version: 8.0.18 MySQL Community Server - GPL

Copyright (c) 2000, 2019, Oracle and/or its affiliates. All rights reserved.

Oracle is a registered trademark of Oracle Corporation and/or its
affiliates. Other names may be trademarks of their respective
owners.

Type 'help;' or '\h' for help. Type '\c' to clear the current input statement.

mysql>
```

- -h 地址，默认值为 localhost。

- -u 用户，默认为当前系统用户。
- -p 密码。

1.2.2 数据库的创建和使用

```
#创建 test 数据库
mysql> create database test;
Query OK, 1 row affected (2.17 sec)
#使用 test 数据库
mysql> use test
Database changed
```

create database [if not exists] <数据库名>。

[[default] character set <字符集名>]。

[[default] collate <校对规则名>]。

读者可以自定义数据库字符集，默认为 utf8mb4。

1.2.3 增、删、改、查

建表

```
mysql> create table t ( id int primary key auto_increment ,name
varchar(10));
Query OK, 0 rows affected (2.29 sec)
```

- t 表示表名。
- id 表示字段名。
- int 表示整型类型。
- primary key 表示 id 为主键，auto_increment 表示主键自增。
- name 表示字段名。
- varchar 表示字符串类型，varchar(10)表示 name 的最大长度为 10。

插入

```
mysql> insert into t values(1,'张三');
Query OK, 1 row affected (0.26 sec)
```

查询

```
mysql> select * from t;
+----+--------+
| id | name   |
+----+--------+
|  1 | 张三   |
+----+--------+
```

```
1 row in set (0.00 sec)
```

更新

```
mysql> update t set name='李四' where id = 1;
Query OK, 1 row affected (1.22 sec)
Rows matched: 1  Changed: 1  Warnings: 0
```

删除

```
mysql> delete from t where id = 1;
Query OK, 1 row affected (1.23 sec)

mysql> select * from t;
Empty set (0.00 sec)
```

1.3　总结

本章以 Linux 平台为例，为读者介绍 MySQL 从安装到简单使用的全部过程。除了安装 RPM 包，安装二进制包和源码包也是不错的选择。作者之所以选择安装 RPM 包，主要是为了帮助初学者快速入门。关于安装二进制包和源码包的流程，读者可自行了解。

第 2 章

MySQL 的索引

我们在看书的时候，通常能通过书本的目录快速找到对应的知识点，书本的目录就相当于索引。如果书本没有目录，就要一页一页地寻找，直到找到我们想查看的知识点，效率是非常低的。

与上面的例子类似，MySQL 一般也会在需要作为条件的字段上添加索引，以大大提高检索速度，防止一行一行地扫描。本章主要介绍 MySQL 的索引。

2.1 索引算法

在介绍 MySQL 的索引之前，下面先介绍常见的索引算法。

2.1.1 顺序查找

如果要在一组数据中找到对应的记录，通常是一个一个地扫描，直到找到对应的记录。

例如，如果要从 1、2、3、5、6、7、9 这组数字中找到 6，那么需要查询 5 次（从数字 1 开始，一个一个地对比，如果不是 6，那么继续对比下一个，直到找到 6 为止）。

对于上面一组数字，可以计算出顺序查找的平均查找次数：

$$(1 + 2 + 3 + 4 + 5 + 6 + 7)/7 = 4\text{（次）}$$

2.1.2 二分查找

二分查找是将记录顺序排列，查找时先将序列的中间元素作为比较对象。如果要找的元素的值小于该中间元素的值，那么只需要在前一半元素中继续查找；如果要找的元素的值等于该中间元素的值，则匹配成功，查询完成；如果要找的元素的值大于该中间元素的值，那么只需要在后一半元素中继续查找。

以此类推，直到查询到对应的元素为止。

例如，要从 1、2、3、5、6、7、9 这组数字中找到 6，首先找到中间元素 5，因为 6 大于 5，所以在 5 的右边的数字中（6、7、9）进行下一次查找，中间元素为 7，因为 6 小于 7，所以继续查找 6、7、9 中 7 左边的数字，此时就会找到目标元素 6。二分查找的具体过程如图 2-1 所示。

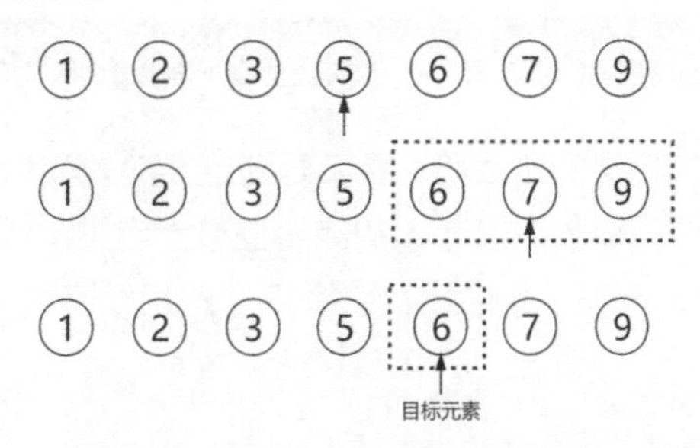

图 2-1　二分查找的具体过程

对于上面一组数字，可以计算出二分查找的平均查找次数：

$$(3+2+3+1+3+2+3)/7 \approx 2.4\text{（次）}$$

显然，二分查找的效率优于顺序查找的效率。

2.1.3　二叉查找树

二叉查找树是将一组无序的数据构造成一棵有序的树，其设计思想与二分查找的设计思想类似。二叉查找树有如下几个重要的特性。

- 每个节点最多有两个子节点。
- 每个节点都大于自己的左子节点。
- 每个节点都小于自己的右子节点。

下面以 1、2、3、5、6、7、9 这组数字举例。假设这组数字构造的二叉查找树如图 2-2 所示。

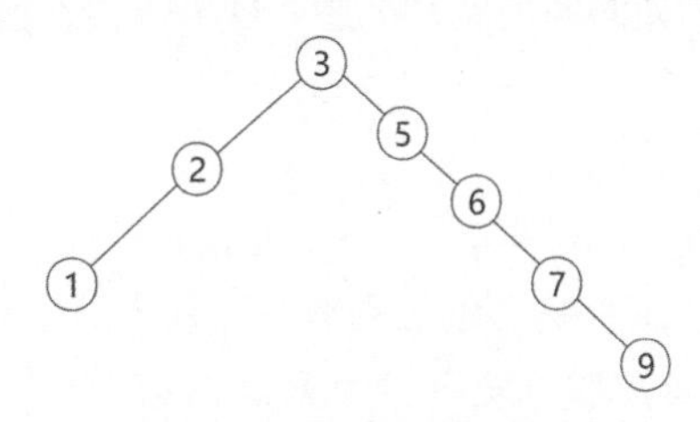

图 2-2　二叉查找树

在图 2-2 中，3 为根节点，1 和 2 这一部分为根节点的左子树，5、6、7、9 这一部分为根节点的右子树，整棵树的高度为 5。

如果这组数字采用的是图 2-2 中这种二叉查找树的结构，那么平均查找次数为

$$(3+2+1+2+3+4+5)/7 \approx 2.9\text{（次）}$$

试想一下，如果 3 的右子树的后面有更多的数字，那么查询效率会更低。

所以，如果想让二叉查找树的性能最好，那么这棵树的高度应尽可能低，这时可以考虑平衡二叉树。

2.1.4 平衡二叉树

平衡二叉树是二叉查找树的改进版，除了要满足二叉查找树的定义，还必须满足任意节点的平衡因子（两棵子树的高度差）的绝对值最大为 1。

仍然以 1、2、3、5、6、7、9 这组数字举例。这组数字构造的平衡二叉树可能如图 2-3 所示。

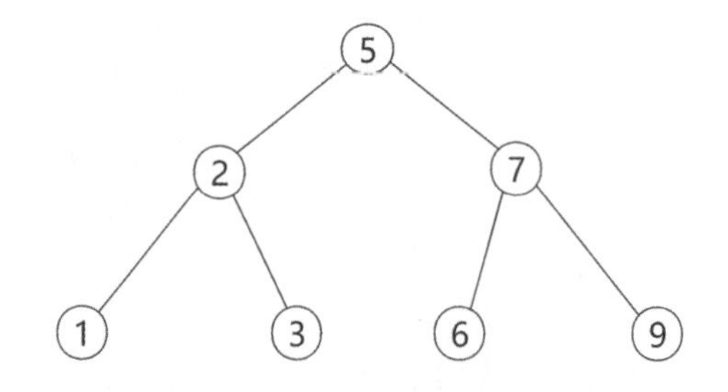

图 2-3 平衡二叉树

如果这组数字采用的是图 2-3 中的这种平衡二叉树，那么这组数字的平均查找次数为

$$(3\times4+2\times2+1)/7 \approx 2.4\text{（次）}$$

在该平衡二叉查找树中，第 3 层有 4 个数字，每个数字需要查找 3 次；第 2 层有 2 个数字，每个数字需要查找 2 次；第 1 层就是根节点，只需要查找 1 次。

2.1.5 B 树

B 树可以理解为平衡二叉树的拓展，也是一棵平衡树，但是是多叉的。也可以把 B 树看成 1 个节点可以拥有多于 2 个子节点的多叉查找树。

B 树具有如下几个特点。

- 每个节点都存储了真实的数据。
- B 树的查询效率与键在 B 树中的位置有关，最大时间复杂度与 B+树的相同（数据在叶子节点上），最小时间复杂度为 1（数据在根节点上）。

下面以 1、2、3、5、7、8、10、11、13、15、16、17、18、20 这组数字举例。它

们构造的 B 树大致如图 2-4 所示。

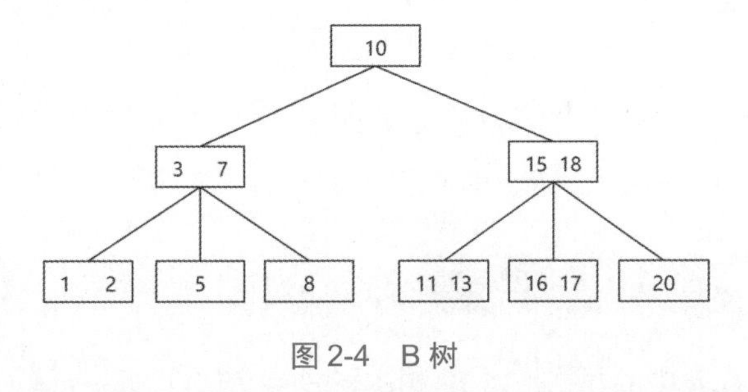

图 2-4　B 树

2.1.6　B+树

B+树是 B 树的变体，其定义与 B 树的定义基本一致。与 B 树相比，B+树的不同点包括以下几点。

- B+树的键都出现在叶子节点上，可能在内节点上重复出现。
- B+树的内节点存储的都是键值，键值对应的具体数字都存储在叶子节点上。
- B+树比 B 树占的空间更多，因为 B+树的叶子节点包含所有数据，而 B 树是整棵树包含所有数据。多出的部分就是 B+树的内节点，但是 B+树的内节点具有索引的作用，因此，B+树的查询效率比 B 树的查询效率更高。

继续以 1、2、3、5、7、8、10、11、13、15、16、17、18、20 这组数字举例。它们构造的 B+树大致如图 2-5 所示。

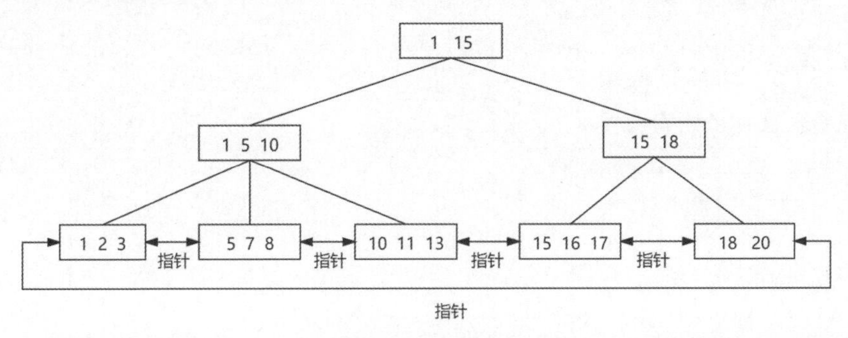

图 2-5　B+树

2.1.7　B+树索引

上面介绍了与索引相关的一些算法，这是为了引出 B+树索引。

B+树索引就是基于 B+树发展而来的，通常在 InnoDB 上对某个字段添加索引，就是对这个字段构建一棵 B+树。当查询条件是该索引字段时，查询速度非常快，对比逐行扫描，效率明显高很多。

2.2 MySQL 中的索引类型

MySQL 的索引，按具体作用划分，常用的为聚集索引、辅助索引、唯一索引和联合索引。

2.2.1 聚集索引

在 InnoDB 中，表中的数据是以 B+树的形式存储的，这种存储了所有数据的 B+树一般称为聚集索引。InnoDB 通过主键聚集数据，如果没有定义主键，那么 InnoDB 会选择第一个非空的唯一索引代替，如果没有非空的唯一索引，那么 InnoDB 会隐式定义一个 ROW ID 代替。

聚集索引占用的空间最大，因为它保存了全部数据。

为了方便读者理解聚集索引，下面先创建一张测试表并写入数据：

```
use test;

create table `t1` (
`id` int not null auto_increment,
`a` int not null,
`b` char(2) not null,
primary key (`id`),
key `idx_a` (`a`)
) engine=innodb  default charset=utf8mb4;

insert into t1(a,b) values (1,'a'),(2,'b'),(3,'c'),(5,'e'),(6,'f'),
(7,'g'),(9,'i');
```

查看表 t1 中的所有数据：

```
mysql> select * from t1;
+----+---+---+
| id | a | b |
+----+---+---+
|  1 | 1 | a |
|  2 | 2 | b |
|  3 | 3 | c |
|  4 | 5 | e |
|  5 | 6 | f |
|  6 | 7 | g |
|  7 | 9 | i |
+----+---+---+
7 rows in set (0.00 sec)
```

表 t1 的聚集索引建立在主键 ID 上，它的聚集索引的大致结构如图 2-6 所示。

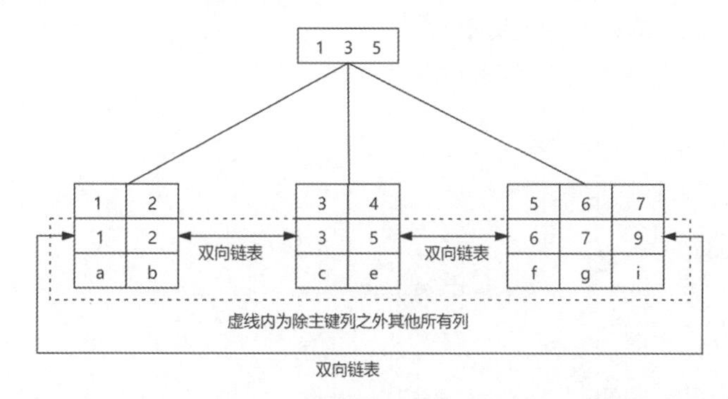

图 2-6　聚集索引的大致结构

从图 2-6 中可以看出，表 t1 的聚集索引的叶子节点存储的是整行数据。

2.2.2　辅助索引

辅助索引，也称为二级索引，单张表可以有多个。聚集索引的叶子节点存储的是整行数据，但是 InnoDB 辅助索引的叶子节点只存放对应索引字段的键值和主键 ID。

有时需要统计表的总行数，此时优化器可能会选择辅助索引作为统计目标索引，因为它占用的空间最小。

在使用二级索引时，因为它只存储了索引字段的值和主键，所以如果需要查询其他列的数据，就需要先通过二级索引中的值找到对应的主键，再通过主键找到聚簇索引中其他列的数据。这个过程称为回表。

为了减少回表次数，可以将语句中经常使用到的所有列以合适的顺序建立一个二级联合索引（联合索引在 2.2.4 节中会详细讲解）。这样所有需要的列都被这个二级索引覆盖，就不需要回表。

当通过辅助索引来检索数据时，InnoDB 先遍历辅助索引树查找对应记录的主键，然后通过主键索引找到对应的行数据。继续用上面的表 t1 举例，它的辅助索引 idx_a 的结构大致如图 2-7 所示。

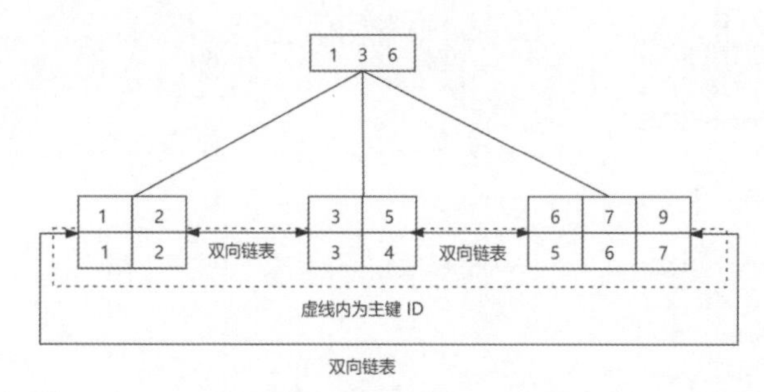

图 2-7　辅助索引 idx_a 的结构

从图 2-7 中可以看出，idx_a 根据 a 字段的值创建了 B+树结构，并且每个叶子节点保存的是 a 字段自己的键值和主键 ID。

通常采用以下几种方式创建辅助索引。

1. 在建表的时候创建索引

例如，上面例子中的表 t1：

```
create table `t1` (
`id` int not null auto_increment,
`a` int not null,
`b` char(2) not null,
primary key (`id`),
key `idx_a` (`a`)
) engine=innodb  default charset=utf8mb4;
```

其中，key `idx_a` (`a`)表示在 a 字段创建索引。

2. 使用 create index 语句创建索引

使用表 t1 举例，为 b 字段添加索引的语句如下：

```
mysql> create index idx_b on t1(b);
Query OK, 0 rows affected (2.31 sec)
Records: 0  Duplicates: 0  Warnings: 0
```

查看表 t1 上的索引：

```
mysql> show index from t1\G
*************************** 1. row ***************************
        Table: t1
   Non_unique: 0
     Key_name: PRIMARY
 Seq_in_index: 1
  Column_name: id
    Collation: A
  Cardinality: 7
     Sub_part: NULL
       Packed: NULL
         Null: 
   Index_type: BTREE
      Comment: 
Index_comment: 
      Visible: YES
   Expression: NULL
*************************** 2. row ***************************
        Table: t1
   Non_unique: 1
     Key_name: idx_a
 Seq_in_index: 1
  Column_name: a
    Collation: A
  Cardinality: 7
```

```
     Sub_part: NULL
       Packed: NULL
         Null:
   Index_type: BTREE
      Comment:
Index_comment:
      Visible: YES
   Expression: NULL
*************************** 3. row ***************************
        Table: t1
   Non_unique: 1
     Key_name: idx_b
 Seq_in_index: 1
  Column_name: b
    Collation: A
  Cardinality: 7
     Sub_part: NULL
       Packed: NULL
         Null:
   Index_type: BTREE
      Comment:
Index_comment:
      Visible: YES
   Expression: NULL
3 rows in set (0.00 sec)
```

如果要删除上面添加的索引，则可以执行如下语句：

```
mysql> drop index idx_b on t1;
Query OK, 0 rows affected (2.16 sec)
Records: 0  Duplicates: 0  Warnings: 0
```

3. 使用 alter table 语句创建索引

使用表 t1 举例，为 b 字段添加索引的语句如下：

```
mysql> alter table t1 add index idx_b(b);
Query OK, 0 rows affected (1.31 sec)
Records: 0  Duplicates: 0  Warnings: 0
```

如果要删除上面添加的索引，则可以执行如下语句：

```
mysql> alter table t1 drop index idx_b;
Query OK, 0 rows affected (1.22 sec)
Records: 0  Duplicates: 0  Warnings: 0
```

2.2.3 唯一索引

唯一索引是一个不包含重复值的二级索引（读者可以简单理解为：唯一索引由唯一约束和二级索引两部分组成）。为某个字段添加唯一索引之后，那么写入该字段的值必须是不同的，否则会报如下错误：

```
ERROR 1062 (23000): Duplicate entry 'xxx' for key 'xxx'
```

如果为唯一索引中的字段指定了前缀，那么字段的值的前缀的长度必须唯一，如下面的实验：

```
mysql> alter table t1 add unique uniq_b(b(1));
Query OK, 0 rows affected (2.11 sec)
Records: 0  Duplicates: 0  Warnings: 0

mysql> insert into t1(a,b) select 1,'nn';
Query OK, 1 row affected (0.02 sec)
Records: 1  Duplicates: 0  Warnings: 0

mysql> insert into t1(a,b) select 1,'nm';
ERROR 1062 (23000): Duplicate entry 'n' for key 't1.uniq_b'
```

2.2.4 联合索引

有时普通索引已经无法满足我们的需求了，如单个字段唯一性很低，需要联合多个字段才能达到最优效果，这种由多个字段组成的二级索引称为联合索引。

联合索引适用于 where 条件中的多列组合，并且在某些场景中可以避免回表（本节会进行测试）。

为了方便读者理解联合索引，下面创建测试表 t2，并写入测试数据，SQL 语句如下：

```
use test;

create table `t2` (
`id` int not null auto_increment,
`a` int not null,
`b` char(2) not null,
`c` datetime not null default current_timestamp,
primary key (`id`),
key `idx_a_b` (`a`,`b`)
) engine=innodb default charset=utf8mb4;

insert into t2(a,b) values (1,'c'),(2,'b'),(3,'a'),(5,'e'),(6,'i'),
(7,'g'),(9,'f');
```

在表 t2 上，联合索引 idx_a_b 的大致结构如图 2-8 所示。

从图 2-8 中可以看出，与单个键值的 B+树的结构差不多，联合索引也是按照键值排序的。需要注意的是，当 a 字段和 b 字段都作为条件时，查询是可以使用索引的；单独对 a 字段进行查询也是可以使用索引的。但是单独对 b 字段进行查询就无法使用索引，因为在图 2-8 中的叶子节点上，b 字段对应的值为 c、b、a、e、i、g、f，显然是无序的，所以无法使用 b 字段的索引。下面通过实验验证这个结论。

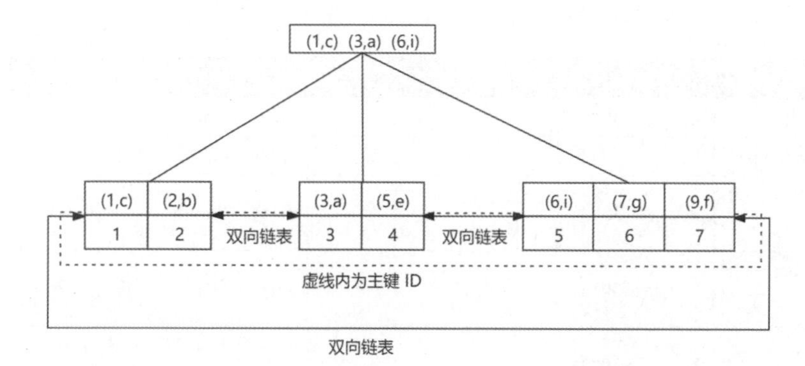

图 2-8 联合索引 idx_a_b 的大致结构

当 a 字段和 b 字段都作为条件时：

```
mysql> explain select c from t2 where a=1 and b='c'\G
*************************** 1. row ***************************
           id: 1
  select_type: SIMPLE
        table: t2
   partitions: NULL
         type: ref
possible_keys: idx_a_b
          key: idx_a_b
      key_len: 12
          ref: const,const
         rows: 1
     filtered: 100.00
        Extra: Using index condition
1 row in set, 1 warning (0.00 sec)
```

key 列的值为 idx_a_b，表示使用了索引 idx_a_b。key_len 列的值为 12，因为 a 字段是不允许为 null 的 int 类型，所以它的 key_len 列的值为 4，因为 b 字段是不允许为 null 的 char(2)类型，并且表的字符集为 utf8mb4，所以它的 key_len 列的值为 8，两者相加正好是 12，这说明上面的 SQL 语句完整地使用了联合索引 idx_a_b。

下面补充介绍 key_len 的计算方式。

explain 中的 key_len 列用于表示在这次查询中所选择的索引长度有多少字节，常用于判断联合索引有多少列被选择了。表 2-1 总结了常用字段类型的 key_len。

表 2-1 常用字段类型的 key_len

列 类 型	key_len	备 注
int	key_len = 4+1	int 为 4 字节，允许为 null，加 1 字节
int not null	key_len = 4	不允许为 null
bigint	key_len=8+1	bigint 为 8 字节，允许为 null，加 1 字节
bigint not null	key_len=8	bigint 为 8 字节

续表

列 类 型	key_len	备 注
char(30) utf8	key_len=30*3+1	char(n)为 n * 3，允许为 null，加 1 字节
char(30) utf8mb4	key_len=30*4+1	utf8mb4 的每个字符为 4 字节
char(30) not null utf8	key_len=30*3	不允许为 null
char(30) not null utf8mb4	key_len=30*4	utf8mb4 的每个字符为 4 字节
varchar(30) not null utf8	key_len=30*3+2	utf8 的每个字符为 3 字节，变长数据类型，加 2 字节
varchar(30) not null utf8mb4	key_len=30*4+2	utf8mb4 的每个字符为 4 字节
varchar(30) utf8	key_len=30*3+2+1	utf8 的每个字符为 3 字节，允许为 null，加 1 字节，变长数据类型，加 2 字节
varchar(30) utf8mb4	key_len=30*4+2+1	utf8mb4 的每个字符为 4 字节
datetime	key_len=8+1 (MySQL 5.6.4 之前的版本)； key_len=5+1(MySQL 5.6.4 及之后的版本)	允许为 null，加 1 字节

当只有 a 字段作为条件时：

```
mysql> explain select c from t2 where a=1\G
*************************** 1. row ***************************
           id: 1
  select_type: SIMPLE
        table: t2
   partitions: NULL
         type: ref
possible_keys: idx_a_b
          key: idx_a_b
      key_len: 4
          ref: const
         rows: 1
     filtered: 100.00
        Extra: NULL
1 row in set, 1 warning (0.00 sec)
```

key 列的值为 idx_a_b，表示使用了索引 idx_a_b。key_len 列的值为 4，因为 a 字段是不允许为 null 的 int 类型，所以它的 key_len 列的值为 4，说明上面的 SQL 语句使用了联合索引 idx_a_b 的 a 的索引。

当只有 b 字段作为条件时：

```
mysql> explain select c from t2 where b='c'\G
*************************** 1. row ***************************
           id: 1
  select_type: SIMPLE
```

```
         table: t2
    partitions: NULL
          type: ALL
possible_keys: NULL
           key: NULL
       key_len: NULL
           ref: NULL
          rows: 7
      filtered: 14.29
         Extra: Using where
1 row in set, 1 warning (0.00 sec)
```

可以看到，key 为 null，Extra 为 Using where，所以上面的 SQL 语句没有使用任何索引。

其实覆盖索引也是一个重要的话题。所谓的覆盖索引就是从辅助索引中就可以查询到结果，不需要回表查询聚集索引中的记录。例如，下面的 SQL 语句：

```
mysql> explain select b from t2 where a=1\G
*************************** 1. row ***************************
            id: 1
   select_type: SIMPLE
         table: t2
    partitions: NULL
          type: ref
possible_keys: idx_a_b
           key: idx_a_b
       key_len: 4
           ref: const
          rows: 1
      filtered: 100.00
         Extra: Using index
1 row in set, 1 warning (0.00 sec)
```

上面的 SQL 语句直接通过 idx_a_b 就能查到记录，不用再通过主键回到聚集索引中查询记录（也就是不需要回表），可以减少 SQL 语句执行过程中的 IO 次数。

在实际工作中，如果某张表经常将某个字段作为条件查询另一个字段，那么可以考虑为这两个字段添加联合索引进行优化，使 SQL 的效率达到最大化。

2.3　MySQL 中的索引优化

MySQL 自带一些索引优化方法，比较常见的是 ICP 和 MRR，本节主要介绍这两个优化方法。

2.3.1　ICP

索引条件下推（Index Condition Pushdown，ICP）是针对 MySQL 通过索引从表中

查询行数据的优化。在没有 ICP 的情况下，存储引擎遍历索引以定位表中匹配的行数据，并将这些行数据返回给 MySQL 服务，MySQL 服务对这些行再次进行 where 条件的过滤。启用 ICP 后，在取出索引的同时，MySQL 服务将 where 条件下推到存储引擎。存储引擎使用索引项来评估推入的索引条件，只有满足这个条件，才从表中读取行。启用 ICP 可以减少存储引擎访问表的次数和 MySQL 服务访问存储引擎的次数。

ICP 的适用范围如下。

- 当需要访问全表时，ICP 适用于 range、ref、eq_ref 和 ref_or_null 访问方法。
- 可以用于 InnoDB 表和 MyISAM 表，包括分区 InnoDB 表和 MyISAM 表。
- 对于 InnoDB 表，ICP 只用于辅助索引，ICP 的目标是减少整行读取的次数，从而减少 I/O 操作，对于 InnoDB 聚集索引，完整的记录已经被读入 InnoDB 缓冲区中，在这种情况下使用 ICP 并不会减少 I/O 操作。
- 在虚拟列上创建的二级索引不支持 ICP。
- 引用子查询的条件不能使用 ICP。
- 引用存储过程、触发器的条件不能使用 ICP。

下面创建一张测试表 t3，并写入测试数据：

```
use test;

create table `t3` (
`id` int not null auto_increment,
`a` int not null,
`b` char(2) not null,
`c` datetime not null default current_timestamp,
primary key (`id`),
key `idx_a_b` (`a`,`b`)
) engine=innodb default charset=utf8mb4;
insert into t3(a,b) values (1,'cj'),(2,'bk'),(3,'al'),(5,'em'),
(6,'in'),(7,'go'),(9,'fp');
```

如果要通过字段 a 和字段 b 查询字段 c 的值，但是字段 b 的值只知道最后一个字母，那么 SQL 语句如下：

```
select c from t3 where a=1 and b like '%j';
```

关闭 ICP，操作如下：

```
mysql> set optimizer_switch = 'index_condition_pushdown=off';
Query OK, 0 rows affected (0.00 sec)
```

查看执行计划：

```
mysql> explain select c from t3 where a=1 and b like '%j'\G
*************************** 1. row ***************************
           id: 1
  select_type: SIMPLE
        table: t3
   partitions: NULL
```

```
         type: ref
possible_keys: idx_a_b
          key: idx_a_b
      key_len: 4
          ref: const
         rows: 1
     filtered: 14.29
        Extra: Using where
1 row in set, 1 warning (0.00 sec)
```

打开 ICP：

```
mysql> set optimizer_switch = 'index_condition_pushdown=on';
Query OK, 0 rows affected (0.00 sec)
```

再次查看执行计划：

```
mysql> explain select c from t3 where a=1 and b like '%j'\G
*************************** 1. row ***************************
           id: 1
  select_type: SIMPLE
        table: t3
   partitions: NULL
         type: ref
possible_keys: idx_a_b
          key: idx_a_b
      key_len: 4
          ref: const
         rows: 1
     filtered: 14.29
        Extra: Using index condition
1 row in set, 1 warning (0.00 sec)
```

可以看到，Extra 变成了 Using index condition，这正是 MySQL 使用 ICP 时 Extra 输出的内容。

下面对上面的实验进行分析。上面的查询可以使用索引来扫描 a=1 的记录，在没有 ICP 的情况下，必须检索所有满足 a=1 的行，同时进行 b like '%j'的过滤；在使用 ICP 的情况下，MySQL 在读取完整行之前就会检查 b like '%j'的部分，这样可以避免读取满足 a=1 但不满足 b like '%j'的行。

2.3.2 MRR

当 MySQL 的表很大并且没有存储在存储引擎的缓存中时，使用二级索引上的范围扫描读取行会导致对表的许多随机磁盘访问。先使用 MRR（Multi-Range Read）优化，MySQL 会尝试通过只扫描索引并收集相关行的键来减少范围扫描的磁盘访问次数，然后对键进行排序，最后按主键的顺序从表中检索数据。MRR 的目的是减少磁盘访问次数。

需要注意的是，在虚拟列上创建的二级索引不支持 MRR 优化。

optimizer_switch 中有两个参数用于控制 MRR：mrr 和 mrr_cost_based。mrr 控制 MRR 是否开启，在 mrr=on 的情况下，mrr_cost_based 表示优化器是否尝试在使用和不使用 MRR 或尽可能使用 MRR 之间做出基于成本的选择。

当使用 MRR 时，explain 输出中的 Extra 变为 Using MRR。

2.4 关于索引的建议

索引并不是越多越好，创建索引虽然会提高查询性能，但是会降低写入性能，因为在写入数据时需要维护索引数据，以保证所有索引都是最新的、最准确的。如果是唯一索引，为了保证唯一性，每次修改都会检查唯一行，在 REPEATABLE READ 隔离级别下，出现死锁的概率也会大大增加。同时，索引也会占用更多的物理存储，所以在创建索引时，一定要权衡利弊，确保性能最大化。

以下几种情况需要创建索引。

- 经常用作查询条件的列。
- 经常用于表连接的列。
- 经常排序分组的列。
- 业务上具有唯一性的字段添加成唯一索引。
- 经常同时出现作为条件的列可以创建联合索引。
- 如果经常有通过某个字段作为条件查另一个字段的情况，则可以考虑为这两个字段添加联合索引进行优化（具体实验可参考 2.2.4 节）。

索引的注意事项主要包括以下几点。

- 不在低基数列上创建索引，如性别字段。
- 不在索引列进行数学运算和函数运算，因为对索引字段执行函数操作可能会导致无法使用索引。
- 索引不宜过多，单表索引过多不仅占空间，还会影响数据修改的效率。
- 在创建联合索引时，把选择性最大的列放在联合索引的最左边。

2.5 总结

慢查询大多是因为没有设计好索引，所以索引非常重要。

在实际工作中，经常需要判断某个字段添加哪种类型的索引最合适。如果字段有唯一性要求，则可以添加唯一索引；如果经常同时出现作为条件的列，则可以创建联合索引。

第 3 章

MySQL 的锁

本章主要介绍关于锁的内容。InnoDB 使用的锁主要有共享锁、排他锁、意向锁、记录锁、间隙锁、插入意向锁和临键锁等。

3.1 共享锁和排他锁

InnoDB 实现了两种标准的行级别锁定，分别是共享（S）锁和排他（X）锁。

共享锁允许读事务持有。如果一个事务对数据 R 添加共享锁后，其他事务就可以在数据 R 上立即获得共享锁，这种情况就是锁兼容。但如果其他事务想要在事务 R 上添加排他锁则会处于等待状态，这种情况称为锁冲突。

排他锁允许写事务持有。如果一个事务对数据 R 添加排他锁后，其他事务就不能立即获得共享锁和排他锁。

3.2 意向锁

InnoDB 支持多粒度锁（Multiple Granularity Locking），并且允许行级别锁和表级别锁共存，而意向锁就是表级别锁中的一种。

需要强调的是，意向锁是一种不会和行级别锁发生冲突的表级别锁。其中，意向锁分为以下两种。

- 意向共享（IS）锁：事务在对表中的某些行加共享锁前必须先获得该表的意向共享锁。
- 意向排他（IX）锁：事务在对表中的某些行加排他锁前必须先获得该表的意向排他锁。

意向锁主要解决如下问题：当一个事务想要在表 A 上添加表级别共享锁或排他锁时，不需要检查表 A 上的行锁，而是检查表 A 上的意向锁，如果互斥则阻塞事务。

意向锁的兼容性如表 3-1 所示。

表 3-1 意向锁的兼容性

	意向共享锁	意向排他锁	共 享 锁	排 他 锁
意向共享锁	兼容	兼容	兼容	互斥
意向排他锁	兼容	兼容	互斥	互斥

需要注意的是，这里的共享锁和排他锁都是表级别锁。

接下来用一个案例来说明共享锁的作用。

准备的环境如下：

```
create table t(id int not null Auto increment, b int, primary key(`id`));
insert into t select 1,1;
insert into t select 2,1;
insert into t select 7,1;
insert into t select 9,1;
insert into t select 10,1;
insert into t select 11,1;
insert into t select 12,1;
insert into t select 13,1;
```

事务 A 执行如下语句：

```
begin;
select * from t where id = 10 for update;
```

事务 A 会在表 t 上加意向排他锁，并在 id = 10 这行数据上加行级别排他锁。

事务 B 执行如下语句：

```
lock tables t read;
```

检测到事务 A 已经在表 t 上添加了意向排他锁且未释放，此时事务 B 将处于阻塞状态。

从上面的案例中不难发现，如果存在意向锁，事务 B 就不需要检查表 t 的每行是否存在排他锁，这可以提高事务效率。但是可能有人会问，为什么不直接加一个表级别锁呢？提到这个问题就不得不讨论意向锁的并发性了。

前面的定义中提到了，意向锁之间是相互兼容的，并且意向锁是不会和行级别锁发生冲突的表级别锁。正是由于这个特性，意向锁不会对多个事务不同数据行的加锁产生影响，也就不会影响事务的并发性。下面通过一个案例进行详细的介绍。

事务 A 执行如下语句：

```
begin;
select * from t where id = 11 for update;
```

事务 A 会在表 t 上加意向排他锁，并在 id = 11 这行数据上加行级别排他锁。

事务 B 执行如下语句：

```
begin;
select * from t where id = 12 for update;
```

事务 B 会在表 t 上加意向排他锁，并在 id = 12 这行数据上加行级别排他锁。

由上面这个案例可以看出，事务 A 和事务 B 都在表 t 上加了意向排他锁，但由于意向锁的特性（如果事务 A 上加的不是意向锁而是表级别锁，那么事务 B 将会被阻塞），这两个事务加锁都不会受到影响。

3.3 记录锁、间隙锁、插入意向锁和临键锁

下面先介绍这几种锁的概念。

- 记录锁（Record Lock）：单个记录（行）上的锁。
- 间隙锁（Gap Lock）：锁定一个范围但是不包含记录本身。
- 插入意向锁（Insert Intention Lock）：间隙锁的一种，是在插入一行之前由 insert 操作设置的一种锁，主要是为了解决幻读。
- 临键锁（Next-Key Lock）：可以理解为间隙锁+记录锁，锁定的也是一个范围，包含记录本身。

下面通过几个案例来演示。

准备的环境如下：

```
create table yue (
  a int default null,
  b int default null,
  c int default null,kl
  unique key idx_a (a),
  key idx_b (b)
) engine=innodb default charset=utf8mb4;
insert into yue select 1,2,3;
insert into yue select 2,3,4;
insert into yue select 3,4,5;
insert into yue select 4,5,6;
insert into yue select 5,6,7;
insert into yue select 6,7,8;
insert into yue select 7,8,8;
insert into yue select 8,9,10;
insert into yue select 9,10,10;
```

1. 记录锁的演示

线程 A 如下：

```
mysql> begin;
```

```
mysql> select * from yue where  a = 3 for update;  // a 上有唯一索引 idx_a
```

线程 B 如下：

```
mysql> begin;
Query OK, 0 rows affected (0.00 sec)

mysql> update yue set c=7 where a=3;
ERROR 1205 (HY000): Lock wait timeout exceeded; try restarting
transaction
```

提醒：

其中，“ERROR 1205 (HY000): Lock ...”表示等待 innodb_lock_wait_timeout 设置了时间后才会出现的报错，等待期间线程 A 执行的语句会在 a=3 这行数据上添加记录锁。

2. 间隙锁的演示

线程 A 如下：

```
mysql> begin;
Query OK, 0 rows affected (0.00 sec)
mysql> select * from yue where b between 2 and 6 for update;
```

线程 B 如下：

```
mysql> begin;
Query OK, 0 rows affected (0.01 sec)

mysql> insert into yue select 10,2,2;
ERROR 1205 (HY000): Lock wait timeout exceeded; try restarting transaction

mysql> insert into yue select 10,6,2;
ERROR 1205 (HY000): Lock wait timeout exceeded; try restarting transaction

mysql> insert into yue select 10,7,2;
Query OK, 1 row affected (0.00 sec)
Records: 1  Duplicates: 0  Warnings: 0
```

提醒：

其中，“ERROR 1205 (HY000): Lock ...”表示等待 innodb_lock_wait_timeout 设置了时间后才会出现的报错。

由上述实验可以看出，线程 A 加锁的范围是索引 id x_b 的取值为 2～6 的区间。

在默认情况下，InnoDB 在 REPEATABLE READ 隔离级别下工作，并且会以临键锁的方式对数据行进行加锁，这样可以有效防止幻读的发生。以上所有的实验都是在 REPEATABLE READ 隔离级别下进行的，此外，应检查 innodb_locks_unsafe_for_binlog 参数是否已开启。

记录锁、间隙锁、插入意向锁和临键锁都是排他锁，并且锁是加在索引上的，如果没有索引可用就会升级为表级别锁。只有在 REPEATABLE READ 隔离级别下，InnoDB 才会有间隙锁和临键锁。

3.4 MDL

MDL 的英文全称为 MetaData Lock，即元数据锁，一般也可称为字典锁。MDL 的主要作用是管理数据库对象的并发访问和确保元数据的一致性。MDL 的适用对象包含表、存储过程、函数、触发器和表空间等。MDL 的使用会有一定的性能损耗。对同一个对象的访问越多，锁争用的情况就会越多。

MDL 的加锁规则如下。

- 语句逐一（One by One）获取 MDL，但不同时获取，在获取过程中执行死锁检测。
- DML 语句按照语句中表出现的顺序来获取锁。
- DDL 语句、lock tables 和其他类似语句按名称顺序获取锁，隐式使用的表（如外键关系中也必须锁定的表）可能会以不同的顺序获取锁。
- DDL 的写锁请求优先级高于 DML 的。

下面通过两个实验来介绍 MDL 的加锁规则。下面先创建 3 个具有相同结构的表，即表 t、表 t_new 和表 new_t：

```
create table t (id int);
create table t_new like t;
create table new_t like t;
```

场景一

线程 1 如下：

```
lock table t write, t_new write;
```

该条语句表示按照表名顺序在表 t 和表 t_new 上获取写锁。

线程 2 如下：

```
insert into t values(1);
```

该条语句用于获取表 t 上的 MDL，所以线程 2 处于等待状态。

线程 3 如下：

```
rename table t to t_old, t_new to t;
```

该条语句表示按照表名顺序在表 t、表 t_new 和表 t_old 上获取互斥锁，所以线程 3 也处于等待状态。

线程 1 如下：

```
unlock tables;
```

该条语句可以释放对表 t 和表 t_new 的写锁定。线程 3 对表 t 加写锁的优先级高于线程 2 对表 t 加写锁的优先级，因此线程 3 在表 t 上优先获得互斥锁，然后依次在表 t_new、表 t_old 上获取互斥锁，执行重命名后释放其锁定。线程 2 获得表 t 上的写锁，先执行 insert 操作，然后释放其锁定。tename 操作在 insert 操作之前执行（感兴趣的读者可以按照上面的步骤操作一遍，最终查询表 t 和表 t_old 的数据，以及哪张表有数据。可以证明 rename 操作是否在 insert 操作之前执行）。

场景二

表 t 和表 new_t 具有相同的结构，同样是用 3 个线程来操作这些表。

线程 1 如下：

```
lock table t write, new_t write;
```

该条语句表示按照表名顺序在表 new_t 和表 t 上获取写锁。

线程 2 如下：

```
insert into t values(1);
```

该条语句表示获取表 t 上的 MDL，所以线程 2 处于等待状态。

线程 3 如下：

```
rename table t to old_t, new_t to t;
```

该条语句表示按表名顺序在表 new_t、表 old_t 和表 t 上获取互斥锁，所以线程 3 也处于等待状态。

线程 1 如下：

```
unlock tables;
```

该条语句释放对表 t 和表 new_t 的写锁定。对表 t 首先发起锁请求的是线程 2，因此线程 2 优先获得了表 t 上的元数据写锁，执行完 insert 操作后释放该锁。线程 3 首先获取的是表 new_t、表 old_t 的互斥锁，最后才会请求表 t 上的互斥锁，所以线程 3 在线程 2 执行完毕之前都处于等待状态。rename 操作在 insert 操作之后执行。

- 什么时候释放 MDL?

为了确保事务串行化执行，MySQL 不允许一个会话对另一个会话的未完成事务执行 DDL 语句。在整个事务周期内，会话会一直拥有该对象的 MDL，直到这个事务结束锁才会自动释放。但 prepare 语句是一个特例，它会在语句执行完后就释放，不必等到事务结束。从 MySQL 8.0.13 开始，对处于 prepared 状态的 XA 事务，将在客户端断开连接和 MySQL 服务重新启动之间维护元数据锁定，直到执行 XA COMMIT 或 XA ROLLBACK 为止。所以，MDL 的释放是由数据库自身控制的，一般会在事务结束或回滚后自动释放。

- 如何监控 MDL?

performance_schema.metadata_locks 表中记录了 MDL 的相关信息，开启方式是在线开启 metadata_locks，具体操作如下：

```
    -- update performance_schema.setup_consumers set enabled = 'yes' where
name ='global_instrumentation';
    -- 此值默认已开启了，可检查确认。
```

```
update performance_schema.setup_instruments set enabled = 'yes' where
name ='wait/lock/metadata/sql/mdl';
```

如果希望重启也生效，则在配置文件中添加如下内容：

```
[mysqld] performance-schema-instrument='wait/lock/metadata/sql/mdl=ON'
```

- 如何优化 MDL？

MDL 一旦发生就会对业务造成极大的影响，因为后续所有对该表的访问都会被阻塞，造成连接积压。因此，日常要尽量避免 MDL 的发生，下面给出几点优化建议供读者参考。

（1）开启 metadata_locks 表记录 MDL。

（2）将参数 lock_wait_timeout 设置为较小值，使被阻塞端主动停止。

（3）规范使用事务，及时提交事务，避免使用大事务。

（4）增强监控告警，及时发现 MDL。

（5）DDL 操作及备份操作放在业务低峰期执行。

3.5 死锁

导致 MySQL 死锁的原因有很多，包括隔离级别、间隙锁、索引、业务逻辑等。

所谓死锁，指的是多个线程在运行过程中，因争夺资源而造成的一种互相等待的现象，如果没有外力打破，那么线程都无法继续向下运行。

为了方便读者更好地理解死锁，下面模拟几种死锁场景。首先创建测试表，并写入数据：

```
use martin;
drop table if exists dl;
create table `dl` (
`id` int not null auto_increment,
`a` int not null,
`b` int not null,
`c` int not null,
primary key (`id`),
key `idx_c` (`a`)
) engine=innodb default charset=utf8mb4;
drop table if exists dl_insert
create table `dl_insert` (
`id` int not null auto_increment,
`a` int not null,
`b` int not null,
`c` int not null,
primary key (`id`),
unique key `uniq_a` (`a`)
) engine=innodb default charset=utf8mb4;
```

```
insert into dl(a,b,c) values (1,1,1),(2,2,2);
drop table if exists dl_1;
create table dl_1 like dl;
insert into dl_1 select * from dl;
```

场景 1：同一张表的死锁实验如表 3-2 所示。

表 3-2　同一张表的死锁实验

session1	session2
begin;	begin;
select * from dl where a=1 for update; … 1 row in set (0.00 sec)	select * from dl where a=2 for update; … 1 row in set (0.00 sec)
select * from dl where a=2 for update;/* SQL1 */ 等待	
session2 提示死锁回滚后，SQL1 成功返回结果	select * from dl where a=1 for update; ERROR 1213 (40001): Deadlock found when trying to get lock; try restarting transaction
commit;	commit;

session1 在等待 session2 释放 a=2 的行锁，而 session2 在等待 session1 释放 a=1 的行锁。两个 session 互相等待对方释放资源，由此进入死锁状态。

场景 2：不同表的死锁实验如表 3-3 所示。

表 3-3　不同表的死锁实验

session1	session2
begin;	begin;
select * from dl where a=1 for update; … 1 row in set (0.00 sec)	select * from dl_1 where a=1 for update; … 1 row in set (0.00 sec)
select * from dl_1 where a=1 for update; /* SQL2 */等待	
session2 提示死锁回滚后，SQL1 成功返回结果	select * from dl where a=1 for update; ERROR 1213 (40001): Deadlock found when trying to get lock; try restarting transaction
commit;	commit;

这个实验也是两个 session 互相等待对方释放资源，由此进入死锁状态。

场景 3：间隙锁导致的死锁实验如表 3-4 所示。

表 3-4 间隙锁导致的死锁实验

session1	session2
set session transaction_isolation='REPEATABLE-READ'; /* 将会话隔离级别设置为 REPEATABLE READ */	set session transaction_isolation='REPEATABLE-READ'; /* 将会话隔离级别设置为 REPEATABLE READ */
begin;	begin;
select * from dl where a=1 for update; … 1 row in set (0.00 sec)	select * from dl where a=2 for update; … 1 row in set (0.00 sec)
insert into dl(a,b,c) values (2,3,3);/* SQL3 */ 等待	
session2 提示死锁回滚后，SQL1 成功返回结果	insert into dl(a,b,c) values (1,4,4);/* SQL4 */ ERROR 1213 (40001): Deadlock found when trying to get lock; try restarting transaction
commit;	commit;

REPEATABLE READ 隔离级别下存在间隙锁，可以知道 session1 需要等待 a=2 获得的间隙锁，而 session2 需要等待 a=1 获得的间隙锁，两个 session 互相等待对方释放资源，由此进入死锁状态。

场景 4：insert 语句的死锁实验如表 3-5 所示。

表 3-5 insert 语句的死锁实验

session1	session2	session3
begin;		
insert into dl_insert(a,b,c) value (3,3,3);		
	insert into dl_insert(a,b,c) value (3,3,3);/* 等待 */	insert into dl_insert(a,b,c) value (3,3,3);/* 等待 */
rollback;	执行成功	ERROR 1213 (40001): Deadlock found when trying to get lock; try restarting transaction

首先清空表 dl_insert：

```
truncate table dl_insert;
```

提醒：

a 字段有唯一索引。当 session1 执行完 insert 语句时，就会在索引 a=3 上加记录锁；当 session2 执行同样的 insert 语句时，唯一键冲突，加上读锁；同样，session3 也会加上读锁。

3.6 总结

本章从表级别和行级别两个层面介绍了 InnoDB 的锁的特性。只有理解了锁的特性，才能更好地优化数据库，减少锁的争用，提高数据库的并发性能。锁的内容特别多，对于初学者来说可能比较难，所以初学者应重点学习本章。第 4 章将介绍锁在 InnoDB 事务中的使用。

第4章 MySQL 的事务

事务（Transaction）是数据库操作的最小工作单元，也是一组操作的集合。事务是一个逻辑概念，事务中的操作要么全部成功，要么全部失败。事务既是区分文件系统和数据库的重要特征之一，也是一个关系型数据库的灵魂所在。

4.1 事务的特性

事务一般具有 4 个特性（ACID）。

- **A（Atomicity），原子性**：一个事务要么全部成功，要么全部失败。
- **C（Consistency），一致性**：事务的执行不能破坏数据库的完整性和一致性，事务执行前后的数据库必须处于一致的状态。
- **I（Isolation），隔离性**：隔离性一般指的是在并发环境下，多个事务之间相互隔离，一个事务的执行不能被其他事务破坏或干扰。
- **D（Durability），持久性**：事务一旦提交，那么对数据库中的数据的改变就是永久性的，即使发生断电等宕机事故也能恢复数据。

4.2 事务的实现

MySQL InnoDB 中的事务完全符合 ACID 的特性，那它是如何实现的呢？

InnoDB 中的事务的实现需要 3 个工具，即日志文件、锁、MVCC。

- 日志文件：包含 Redo Log 和 Undo Log，记录了数据修改前后的日志。第 6 章会详细介绍 Redo Log 和 Undo Log。

- 锁：锁在事务中主要用来实现隔离和并发。
- MVCC：中文全称为多版本并发控制，主要通过行数据中两个隐藏的字段（事务ID 和回滚指针）来实现。4.3 节会详细介绍 MVCC 的相关内容。

4.2.1 原子性的实现

InnoDB 通过 Undo Log 来实现原子性。Undo Log 的中文名称为回滚日志，其存储了数据修改前的多个版本。数据修改前会将旧数据写入 Undo Log 中，新数据通过隐藏的回滚指针指向旧数据。6.6 节会详细讲解关于 Undo Log 的相关内容，因此读者在此处只需要知道当事务需要回滚时将通过回滚指针在 Undo Log 中找到旧数据，从而实现事务的原子性。

4.2.2 一致性的实现

InnoDB 通过 Redo Log 和 Undo Log 来实现一致性。在崩溃恢复过程中，InnoDB 会通过 Redo Log 执行前滚操作，保证已提交的数据落盘成功，如果有未提交的事务就使用 Undo Log 自动回滚，以保证未提交的事务自动撤销，从而保证事务的一致性。

4.2.3 隔离性的实现

InnoDB 通过锁来实现事务的隔离性。

SQL 标准定义了 4 种隔离级别。

- READ UNCOMMITTED（读取未提交的数据）。

读取未提交的数据，也被称为脏读。一个事务可以看到另一个事务未提交的数据。该隔离级别一般很少使用。

- READ COMMITTED（读取已提交的数据）。

读取已提交的数据，也被称为不可重复读。一个事务只能看到另一个事务已经提交的数据，但同一个 select 在事务中多次执行可能会读取到不同的结果。这是大多数数据库系统的默认隔离级别（MySQL 除外）。

- REPEATABLE READ（可重复读）。

读取已提交的数据，多次读取数据不会出现不一致的情况。一个事务只能看到另一个事务已提交的数据，并且同一个 select 在事务中多次执行的结果一致。这是 MySQL 的默认隔离级别。

- SERIALIZABLE（串行读取）。

这是最高的隔离级别。SERIALIZABLE 通常强制事务排序，使其不可能相互冲突，从而解决幻读问题。简言之，它是在每个读的数据行上加上共享锁。这个隔离级别可能会导致大量的超时现象和锁竞争。

几种隔离级别如表 4-1 所示。

表 4-1 几种隔离级别

隔离级别	脏读	不可重复读	幻读
READ UNCOMMITTED	是	是	是
READ COMMITTED	否	是	是
REPEATABLE READ	否	否	是
SERIALIZABLE	否	否	否

InnoDB 对于 4 种隔离级别的实现方式如下。

（1）READ UNCOMMITTED 通过非锁定的方式读取数据。

（2）READ COMMITTED 通过 MVCC 读取数据。

（3）REPEATABLE READ 借助 MVCC 和锁实现。在 REPEATABLE READ 下，每次创建事务都会生成一个全局的唯一事务 ID，通过事务 ID 借助 MVCC 来读取之前事务的快照数据，从而实现可重复读。虽然这已经满足了 SQL 标准定义的要求，但 InnoDB 并不满足于此，它还可以通过间隙锁来解决幻读问题。

（4）SERIALIZABLE 的实现方式与 REPEATABLE READ 的实现方式类似。二者的不同之处在于，SERIALIZABLE 在自动提交关闭时将所有普通 select 都隐式转换为 select … for share。

隔离级别的设置如下：

```
-- READ UNCOMMITTED 读取尚未提交的数据
-- READ COMMITTED 读取已经提交的数据（可以解决脏读，Oracle 默认的隔离级别）
-- REPEATABLE READ 重复读取（可以解决脏读和不可重复读，MySQL 默认的隔离级别）
-- SERIALIZABLE 串行化（可以解决脏读、不可重复读和幻读，相当于锁表）
-- 查看当前会话的隔离级别
select @@transaction_isolation;
-- 查看全局的隔离级别
select @@global.transaction_isolation;
-- 设置当前会话的隔离级别，可选择 READ UNCOMMITTED、READ COMMITTED、REPEATABLE READ、SERIALIZABLE
set session transaction isolation level REPEATABLE READ;
-- 设置全局的隔离级别
set global transaction isolation level REPEATABLE READ;
-- 查看当前某个会话事务的隔离级别
select variable_name,variable_value from performance_schema.variables_by_thread  where thread_id IN (SELECT thread_id from performance_schema.threads where processlist_id =4686370)and variable_name = 'transaction_isolation';
```

4.3 MVCC 实现

MVCC 在并发处理上可以发挥重要作用。本节主要介绍 MVCC 实现。

4.3.1 什么是 MVCC

MVCC 是一种并发控制的方法，一般用在数据库管理系统中，用于实现对数据库的并发访问。MySQL InnoDB 通过保存数据快照来实现，MVCC 的出现提高了数据库的并发性能，有了更好的方式来处理读/写冲突，做到了即使有读/写冲突，也能做到不加锁，真正实现了非阻塞并发读。

4.3.2 实现的原理

对于 InnoDB，聚簇索引记录中包含 3 个隐藏的列。

- ROW ID：6 字节，隐藏的自增 ID，如果表没有主键，那么 InnoDB 会自动按 ROW ID 产生聚集索引树。
- DB_TRX_ID：6 字节 DB_TRX_ID 字段，表示最后更新的事务 ID（update、delete 和 insert）。此外，删除在内部被视为更新，DB_TRX_ID 被设置为当前版本号标记该行已软删除。
- DB_ROLL_PTR：7 字节回滚指针，指向前一个版本的 Undo Log 记录，组成 Undo 链表。如果更新了行，那么撤销日志记录包含在更新行之前重建行所需的信息。

提醒：

insert Undo Log 只在事务回滚时需要，事务提交之后就可以删除。update Undo Log 包括 update 和 delete，回滚和快照读都需要。

举例说明：

```
-- 环境准备
create table `t1` (
`id` int not null auto_increment,
`a` int not null,
`b` int not null,
primary key (`id`)
) engine=innodb charset=utf8mb4;
insert into t1(a,b) values (1,1);
```

表 t1 中的原始记录如图 4-1 所示。

a	b	row_id（行 ID）	trx_id（事务 ID）	r_id（回滚指针）
1	1	1	1	null

图 4-1 表 t1 中的原始记录

可以看出，首先在表 t1 中插入了一条记录，字段 a 为 1，字段 b 为 1，ROW ID 为 1，事务 ID 假设也为 1，回滚指针为 null。

更新表 t1 中的数据：

```
update t1 set a=3 where a=1;
```

更新后表 t1 中的记录如图 4-2 所示。

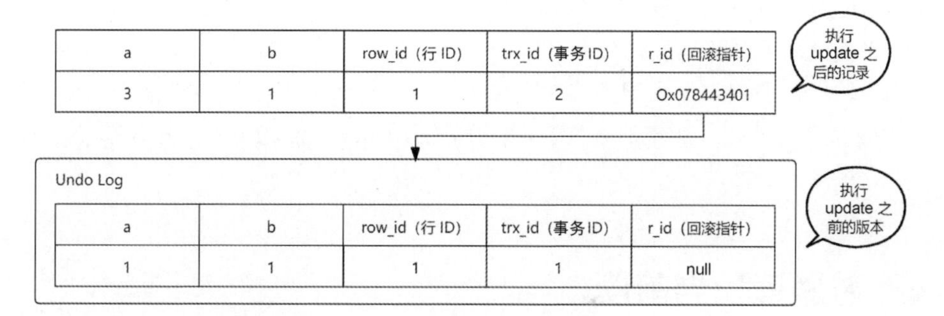

图 4-2　更新后表 t1 中的记录

下面结合图 4-2 分析将字段 a 的值修改为 3 的步骤。

（1）数据库先对满足条件的行添加排他锁。

（2）将原记录复制到 Undo 表空间中。

（3）将字段 a 的值修改为 3，事务 ID 的值修改为 2。

（4）回滚字段写入回滚指针的地址。

（5）提交事务释放排他锁。

再次更新表 t1 中的数据：

```
update t1 set a=4  where a=3;
```

第二次更新后表 t1 中的记录如图 4-3 所示。

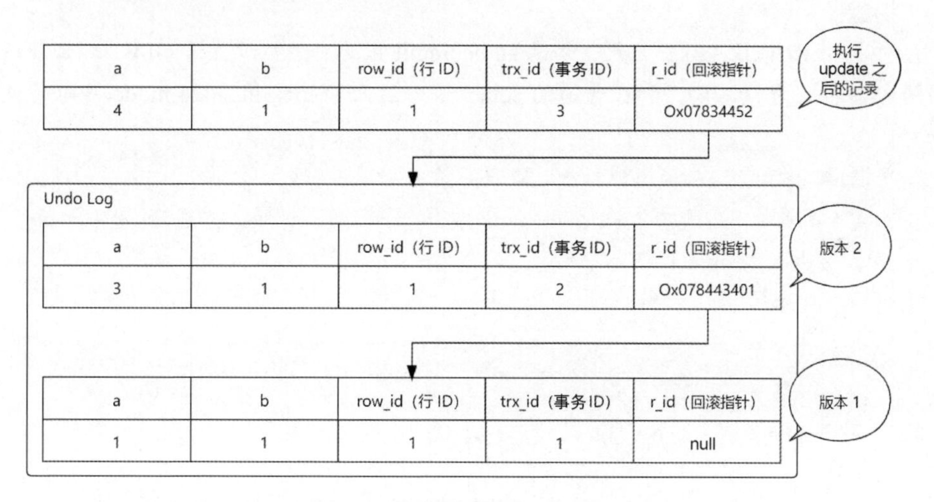

图 4-3　第二次更新后表 t1 中的记录

下面结合图 4-3 分析表 t1 第二次更新的步骤。

（1）数据库先对满足条件的行添加排他锁。

（2）将原记录复制到 Undo 表空间中。

（3）将字段 a 的值修改为 4，事务 ID 的值修改为 3。

（4）回滚字段写入回滚指针的地址。

（5）提交事务释放排他锁。

由实验可以看出，不同事务或相同事务对同一记录的修改，会导致该记录对应的 Undo Log 成为一条记录版本的线性表，即事务链，Undo Log 的链首就是最新的旧记录，链尾就是最老的旧记录。

4.4 普通读和当前读

前面提到了 MVCC 的出现是为了提高数据库的并发性能，用更好的方式处理读/写冲突，那么 MVCC 是如何提高数据库的并发性能和处理读/写冲突的？本节将通过普通读和当前读来详细讲解。

4.4.1 普通读

普通读（也称为快照读，英文名称为 Consistent Read）就是单纯的 select 语句，不包括 select ... for update 语句、select ... lock in share mode 语句。普通读的执行方式是生成 ReadView，直接利用 MVCC 机制来读取，并不会对记录加锁。

提醒：

对于 SERIALIZABLE 来说，如果 autocommit 系统变量被设置为 OFF，那么普通读的语句会转变为锁定读，和在普通的 select 语句后面加 lock in share mode 语句的效果一样。

普通读的实现方式：Undo Log + MVCC。

如图 4-4 所示，右侧两个单元格中的是数据：一行数据记录，主键 ID 是 10，object = 'Python'，被更新为 object = 'Go'。

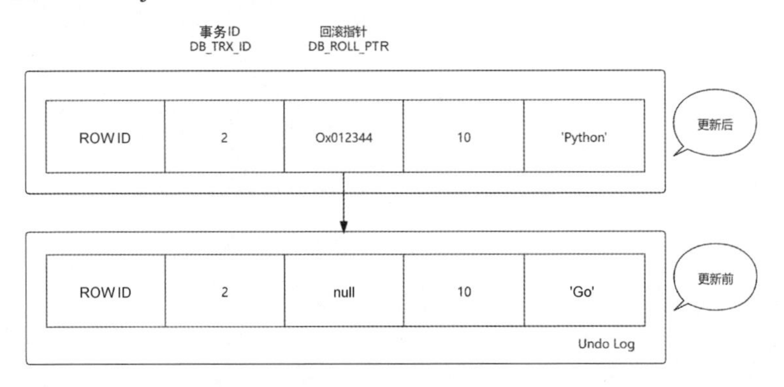

图 4-4 数据修改流程

事务先使用排他锁锁定该行，将该行当前的值复制到 Undo Log 中，然后真正地修改当前行的值，最后填写事务的 DB_TRX_ID，使用回滚指针 DB_ROLL_PTR 指向 Undo Log 中修改前的行。

4.4.2 当前读

当前读（也称为锁定读，英文名称为 Locking Read）读取的是最新版本，并且需要先获取对应记录的锁，如 select … lock in share mode 语句、select … for update 语句、update 语句、delete 语句和 insert 语句等。当然，获取什么类型的锁取决于当前事务的隔离级别、语句的执行计划、查询条件等因素。例如，假设要更新一条记录，但是另一个事务已经删除这条记录并且提交了，如果不加锁就会产生冲突。所以，更新的时候肯定要选择当前读，得到最新的信息并且锁定相应的记录。

当前读的实现方式：临键锁。

示例如下：

```
delete from t where age = 7;
```

为了方便实验，下面先创建测试表并写入数据：

```
create table t(
id int primary key,
age int,
key idx_age(age)
);
insert into t values (1,1),(2,3),(3,4),(4,4),(5,7),(6,7),(7,10),
(8,11);
```

然后进行实验，如表 4-2 所示。

表 4-2　临键锁的例子

线　程　A	线　程　B
begin;	
delete from t where age = 7;	
	begin;
	insert into t select 9,3; Query OK, 1 row affected (0.00 sec) Records: 1 Duplicates: 0 Warnings: 0
	insert into t select 10,4; ERROR 1205 (HY000): Lock wait timeout exceeded; try restarting transaction
	insert into t select 10,7; ERROR 1205 (HY000): Lock wait timeout exceeded; try restarting transaction
	insert into t select 10,9; ERROR 1205 (HY000): Lock wait timeout exceeded; try restarting transaction

续表

线 程 A	线 程 B
	insert into t select 10,10; Query OK, 1 row affected (0.00 sec) Records: 1 Duplicates: 0 Warnings: 0

经过测试可知，delete from t where age = 7 语句在字段 age 上的加锁范围为[4,10)，如图 4-5 所示。

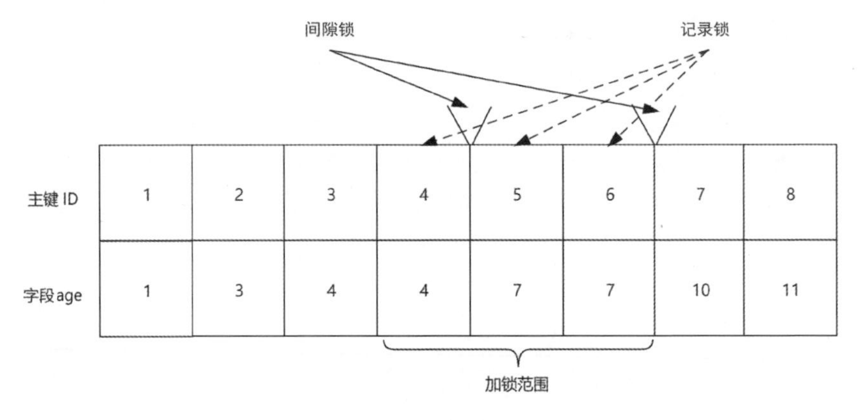

图 4-5 临键锁

4.4.3 小结

普通读的核心思想就是利用 MVCC 读取数据，减少锁的使用，大大减少读/写冲突，提高数据库混合读/写的并发性能。但是对于某些特殊场景，仅利用 MVCC 是不够的，所以 MySQL 借助当前读来解决这些特殊情况。总的来说，利用 MVCC 可以解决绝大多数的读/写冲突。

4.5 总结

本章主要介绍了事务的 ACID 特性和实现原理，同时着重介绍了 MVCC 实现。事务是区分 InnoDB 与其他存储引擎的重要指标。

第5章

MySQL的体系结构

和大多数数据库一样，MySQL 是一种 C/S 架构的程序，服务器端负责提供数据服务器，客户端负责和服务器端打交道，传递客户的请求和返回请求的结果。和其他数据库不同的是，MySQL 是一种采用插件式存储引擎的数据库，用户可以根据不同的使用场景选择或定制存储引擎。例如，事务类场景可以选择 InnoDB，非事务类场景可以选择 MyISAM。这些存储引擎究竟是怎样工作的呢？它们在 MySQL 中究竟扮演怎样的角色呢？本章主要介绍 MySQL 的体系结构。

5.1 MySQL的结构

MySQL 是一种存储引擎可插拔的关系型数据库，用户可以根据自己的需求选择不同的存储引擎。对于不同的存储引擎，Server 层会抽象出相同的 API，在切换存储引擎时无须进行大量的编码或流程更改即可正常使用，从而降低了使用和学习的成本。

如图 5-1 所示，MySQL 的结构大致分为两层，即 Server 层和存储引擎层。其中，Server 层又由连接层和 SQL 层两部分组成。

连接层的主要功能包括提供通信协议、用户密码认证、权限获取和线程分配。协议方面支持 Socket 协议和 TCP/IP 协议。

SQL 层的主要功能包括 SQL 解析、SQL 预处理、选择最优执行计划、权限验证、数据页缓存。

存储引擎层主要包含 InnoDB、MyISAM、NDB Cluster 等插件式存储引擎，用户可以根据自己的需求自行选择。MySQL 8.0 默认采用的存储引擎是 InnoDB。

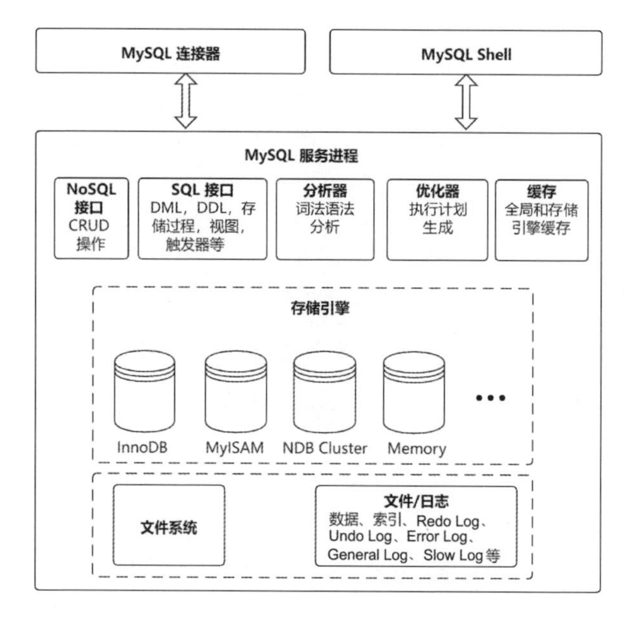

图 5-1　MySQL 的结构

5.2 存储引擎

存储引擎作为 MySQL 的重要组件，用于处理不同的 SQL 请求。其中，InnoDB 是默认的存储引擎，也是使用最广泛的存储引擎。MySQL 8.0 将 mysql 库也改为 InnoDB。

开发人员把存储引擎设计成可插拔式插件，这样就可以对正在运行的 MySQL 服务执行安装/卸载存储引擎的操作。

查询 MySQL 数据库支持哪些存储引擎很简单，只要执行一条 SQL 语句即可：

```
mysql> show engines\G
*************************** 1. row ***************************
      Engine: ARCHIVE
     Support: YES
     Comment: Archive storage engine
Transactions: NO
          XA: NO
  Savepoints: NO
*************************** 2. row ***************************
      Engine: BLACKHOLE
     Support: YES
     Comment: /dev/null storage engine (anything you write to it
disappears)
Transactions: NO
          XA: NO
  Savepoints: NO
*************************** 3. row ***************************
```

```
      Engine: MRG_MYISAM
     Support: YES
     Comment: Collection of identical MyISAM tables
Transactions: NO
          XA: NO
  Savepoints: NO
*************************** 4. row ***************************
      Engine: FEDERATED
     Support: NO
     Comment: Federated MySQL storage engine
Transactions: NULL
          XA: NULL
  Savepoints: NULL
*************************** 5. row ***************************
      Engine: MyISAM
     Support: YES
     Comment: MyISAM storage engine
Transactions: NO
          XA: NO
  Savepoints: NO
......
```

常见的存储引擎的主要特征和使用场景如表 5-1 所示。

表 5-1　常见的存储引擎的主要特征和使用场景

存储引擎	主要特征	使用场景
InnoDB	事务安全型存储引擎，完全符合 ACID 特性。同时，InnoDB 提供的行级锁定和一致性非锁定读取等功能可以提高数据库的并发性能。InnoDB 将用户数据以聚簇索引的形式存储，用来减少主键查询的 IO 消耗。同样，InnoDB 还支持外键引用等完整性约束	适用于 OLTP 场景
MyISAM	MySQL 最早提供的存储引擎。不支持事务、行锁及外键约束等功能	因为占用的空间相对较小，常被用于数仓环境、互联网环境，所以作者不建议使用
Memory	将所有的数据都存储在内存中，用于非关键数据的快速访问	适用于非关键业务场景
CSV	数据以文本方式存储在文件中。CSV 存储引擎允许用户以 CSV 格式导入或转储数据	适用于数据导入/导出场景
TokuDB	一个支持事务的“新”引擎，拥有出色的数据压缩功能	适用于访问频率不高的大数据场景或旧数据归档
BlackHole	黑洞引擎，写入的任何数据都会消失	适用于 Binlog 转储或测试

5.3 InnoDB 的体系结构

InnoDB 是 MySQL 8.0 默认采用的存储引擎，也是使用最广泛的存储引擎。InnoDB 的体系结构如图 5-2 所示。

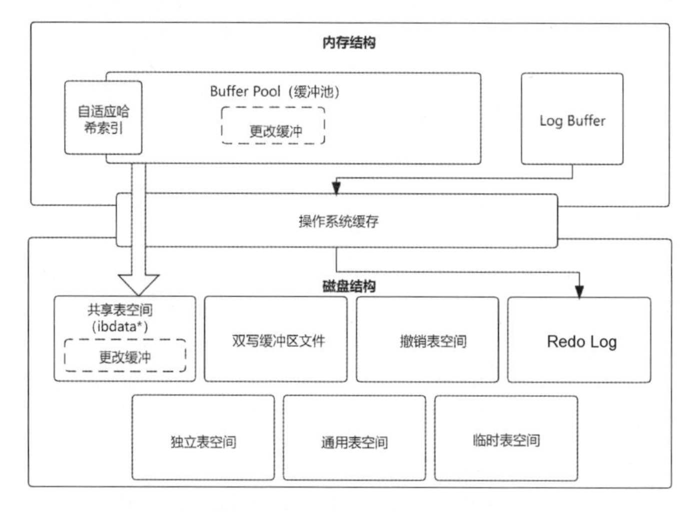

图 5-2 InnoDB 的体系结构

5.3.1 内存结构

缓冲池

缓冲池主要用于缓存数据页（Data Page）和索引页（Index Page）。缓冲池的存在大大提高了访问 InnoDB 的速度。为了提高缓冲池的利用率，防止热数据被冲洗，InnoDB 采用 LRU 算法管理缓冲池。下面详细介绍 LRU 算法。LRU 算法的实现逻辑如图 5-3 所示。

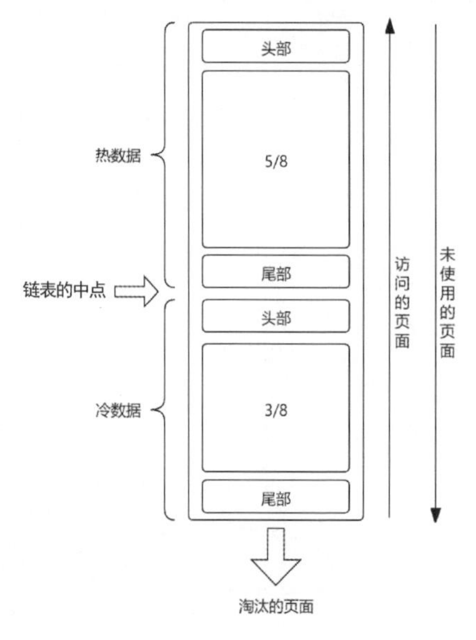

图 5-3 LRU 算法的实现逻辑

如图 5-3 所示，缓冲池中的数据页以链表的形式存储。热数据（New Sublist）被存储在链表的头部，冷数据（Old Sublist）被存储在链表的尾部。当向缓冲池中添加新页面时，最少使用的数据将被逐出链表，同时将新页面添加到链表的中点。

默认的 LRU 算法的规则包括以下几点。

- 3/8 的缓冲池部分用于存储冷数据。

- 冷数据和热数据相交的边界称为链表的中点。
- 当数据页首次被读入缓冲池时，它将被插入链表的中点（冷数据的头部）。
- 当链表中的冷数据被再次读取时，它将被移到热数据的头部。
- 随着热数据不断增多，缓冲池中未被访问的数据会向链表的尾部移动而被逐步淘汰。

更改缓冲区

更改缓冲区是一种特殊的数据结构，当二级索引页不在缓冲池时，它会缓存二级索引更改。更改的类型包括 insert、update、delete 等 DML 操作。更改缓冲区会缓存多次二级索引更改操作，并在合适的时间写入磁盘，如图 5-4 所示。

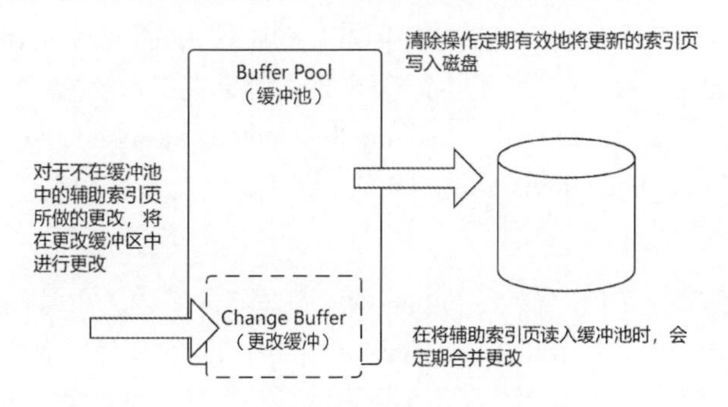

图 5-4　缓冲池

和聚集索引不同，二级索引可能是非唯一的，并且以相对随机的方式插入索引树。同样，delete 或 update 也可能会影响索引树中相邻的索引页。更改缓冲区的存在，可以减少大量的随机访问 I/O。

Q：为什么更改缓冲区的存在可以减少随机访问 I/O 呢？

A：这主要是因为二级索引数据的写入以页为基本单位，多次操作可能位于同一页面，将同一页面上的多次更改操作合并后再写入磁盘，可以将多次磁盘写入转换为一次磁盘写入。

如果索引包含降序索引列或主键包含降序索引列，则二级索引不支持更改缓冲。

自适应哈希索引

自适应哈希索引以哈希表的方式实现，由数据库自身实现并管理，使用者不能对其进行干预。需要注意的是，对于等值查找，自适应哈希索引可以提高查找效率。但范围查找或模糊查找是不能使用自适应哈希索引的。可以通过 show engine innodb status 语句查看自适应哈希索引的使用情况：

```
-------------------------------------
INSERT BUFFER AND ADAPTIVE HASH INDEX
-------------------------------------
Ibuf: size 1, free list len 1232, seg size 1234, 0 merges
merged operations:
```

```
 insert 0, delete mark 0, delete 0
discarded operations:
 insert 0, delete mark 0, delete 0
Hash table size 34679, node heap has 0 buffer(s)
Hash table size 34679, node heap has 0 buffer(s)
Hash table size 34679, node heap has 0 buffer(s)
Hash table size 34679, node heap has 0 buffer(s)
Hash table size 34679, node heap has 0 buffer(s)
Hash table size 34679, node heap has 2 buffer(s)
Hash table size 34679, node heap has 1 buffer(s)
Hash table size 34679, node heap has 3 buffer(s)
0.15 hash searches/s, 0.17 non-hash searches/s
```

通过 hash searches/s 指标和 non-hash searches/s 指标可以大概了解哈希索引的使用率。对于无法从自适应哈希索引中受益的场景，将自适应哈希索引关闭可以减少不必要的性能开销。自适应哈希索引是分区的。每个索引都绑定到一个特定的分区，每个分区都由一个单独的闩锁保护。分区由 innodb_adaptive_hash_index_parts 变量控制。innodb_adaptive_hash_index_parts 变量的默认值为 8，最大值为 512。

日志缓冲区

日志缓冲区是用来临时存储 Redo Log 的。日志缓冲区的大小由 innodb_log_buffer_size 变量定义，默认大小为 16MB。日志缓冲区的内容会定期刷新到磁盘，如果日志缓冲区设置得太小，那么在大事务情况下可能会导致日志缓冲区频繁刷新。所以，对于更新、插入或删除频繁的场景，建议增大 innodb_log_buffer_size 变量的取值，减少磁盘 I/O 消耗。除了 innodb_log_buffer_size 变量会影响日志缓冲区的刷新频率，日志缓冲区的刷新频率默认由 innodb_flush_log_at_trx_commit 变量和 innodb_flush_log_at_timeout 变量控制。所以，对于更新、插入或删除频繁的场景，建议增大 innodb_log_buffer_size 变量的取值，设置合理的刷新频率可以减少磁盘 I/O 消耗。

5.3.2 磁盘结构

InnoDB 的磁盘结构主要包含各种表空间文件、Redo Log 文件、双写缓冲区文件等。

1. 表空间

表空间包含系统表空间、独立表空间、通用表空间、撤销表空间、临时表空间。

系统表空间

系统表空间主要用于存储更改缓冲。如果用户未使用独立表空间或通用表空间，那么它可能还包含用户表数据和索引数据。在之前的版本中，系统表空间还包含 InnoDB 的字典表。在 MySQL 8.0 中，InnoDB 将字典表存储在 mysql 库中。在之前的版本中，系统表空间还包含双写缓冲区。从 MySQL 8.0.20 开始，双写缓冲区存储在单独的双写文件中。

独立表空间

独立表空间的特征是每个 InnoDB 表的数据和索引存储在单独的数据文件中。与共享表空间相比，独立表空间具有以下几点优势。

- 表删除后，占用的空间将返还操作系统，共享表空间不会缩小，只会置为空闲空间等待下一次的使用。
- alter table 的影子表所占用的空间不会返还操作系统。
- truncate table 在独立表空间中的性能更好。
- 独立表空间可以使用多个文件设备，可以用于 I/O 优化、空间管理或备份。
- 独立表空间可以使用表空间迁移。
- 独立表空间中的表支持的行格式为 dynamic 与 compressed。
- 当发生数据损坏且备份文件不可用时，使用独立表空间可以提高恢复概率。
- 独立表空间可以通过表空间文件大小计算或监控表的大小。
- 通用的 Linux 系统不允许并发写入同一文件，独立表空间或许可以提高并发性能。
- 表的大小受表空间大小的限制。独立表空间中每张表的大小最高可以达到 64 TB。

独立表空间具有以下几点劣势。

- 可能会导致更多的空间碎片。
- fsync（刷盘）操作无法合并多张表的写操作。
- 需要更多的文件句柄。mysqld 进程必须为每个表空间保留一个打开的文件句柄，独立表空间过多可能会影响性能。
- 需要更多的文件描述符号。
- 删除表时会扫描缓冲池，业务高峰期可能会导致系统不稳定，出现“毛刺”。
- 不能关闭表空间自增。

通用表空间

通用表空间是指通过 create tablespace 语句创建的共享表空间。通用表空间支持以下功能。

- 与系统表空间类似，可以存储多张表。
- 表空间中的元数据消耗的内存更少。
- 支持独立磁盘。
- 支持所有的行格式（redundant、compact、dynamic、compressed）。
- 支持表空间移动。

通用表空间的限制包括以下几点。

- 已经存在的表空间不能更改为通用表空间。
- 不支持创建临时通用表空间。
- 不支持临时表。
- 表删除后空间不支持回收，只能重用。

- alter table…discard tablespace 语句、alter table…import tablespace 语句不支持使用通用表空间中的表。
- 不支持分区表。
- 如果 MySQL 主从在同一主机上，则不支持 add datafile 语句。如果省略 add datafile 语句，则在数据目录中创建的文件名是唯一的。
- 从 MySQL 8.0.21 开始，不能在撤销表空间目录创建通用表空间。

撤销表空间

撤销表空间既包含撤销日志，又包含事务回滚记录。在初始化 MySQL 实例时会创建两个默认的撤销表空间，默认位置由 innodb_undo_directory 变量定义。如果未定义 innodb_undo_directory 变量，则在数据目录中创建。数据文件命名为 undo_001 和 undo_002。数据字典中定义的对应名称是 innodb_undo_001 和 innodb_undo_002。

从 MySQL 8.0.14 开始，可以在运行时使用 SQL 语句创建额外的撤销表空间。

临时表空间

临时表空间分为会话临时表空间和全局临时表空间。

会话临时表空间存储用户创建的临时表。从 MySQL 8.0.16 开始，用于磁盘内部临时表的存储引擎是 InnoDB。

MySQL 服务在启动时会创建一个包含 10 个临时表空间的池。池的大小永远不会缩小，并且表空间会根据需要自动添加到池中。在正常关闭或初始化时会删除临时表空间池。会话临时表空间在第一次请求创建临时表时，会从临时表空间池中分配给会话。一个会话最多分配两个表空间，一个用于用户创建的临时表，另一个用于优化器创建的内部临时表。分配给会话的临时表空间用于会话创建的所有临时表。当会话断开连接时，其临时表空间被截断并释放回临时表空间池中。

有 40 万个 table ID 用于会话临时表。因为每次启动 MySQL 服务时都会重新创建会话临时表空间池，所以当关闭 MySQL 服务时不会保留会话临时表空间的空间 ID，并且空间 ID 可能会被重用。

全局临时表空间（ibtmp1）用于存储用户修改临时表数据产生的回滚段。全局临时表空间在正常关闭或初始化时被删除，并在每次启动 MySQL 服务时重新创建。全局临时表空间在创建时会动态生成一个表空间 ID。如果无法创建全局临时表空间，那么 MySQL 服务拒绝启动。如果 MySQL 服务意外停止，那么不会删除全局临时表空间。在这种情况下，数据库管理员可以手动删除全局临时表空间或重新启动 MySQL 服务。重新启动 MySQL 服务会自动删除并重新创建全局临时表空间。

2. 表

使用 create table 语句就可以很轻松地创建一张 InnoDB 表，默认不需要指定 engine=innodb 子句：

```
use test;
create table yzl(
    a int not null auto_increment primary key,
    name varchar(20)
) engine=innodb;
```

行格式

InnoDB 支持 4 种行格式，即 redundant、compact、dynamic 和 compressed。

innodb_default_row_format 变量定义了默认行格式。

主键

建议每张表都定义一个主键。主键列最好具有以下特征。

- 查询语句最常使用。
- 不可为空。
- 不能重复。
- 很少更改。
- 最好是无符号整数。

查看表属性

执行一条 show table status 语句：

```
mysql> show table status from test like 'yzl' \G
*************************** 1. row ***************************
           Name: yzl
         Engine: InnoDB
        Version: 10
     Row_format: Dynamic
           Rows: 0
 Avg_row_length: 0
    Data_length: 16384
Max_data_length: 0
   Index_length: 0
      Data_free: 0
 Auto_increment: 1
    Create_time: 2021-05-30 20:53:26
    Update_time: NULL
     Check_time: NULL
      Collation: utf8mb4_0900_ai_ci
       Checksum: NULL
 Create_options:
        Comment:
1 row in set (0.01 sec)
```

除此之外，还可以通过 information_schema.innodb_tables 表查看：

```
mysql> select * from information_schema.innodb_tables where name=
'test/yzl'\G
*************************** 1. row ***************************
     TABLE_ID: 1106
```

```
         NAME: test/yzl
         FLAG: 33
       N_COLS: 5
        SPACE: 47
   ROW_FORMAT: Dynamic
ZIP_PAGE_SIZE: 0
   SPACE_TYPE: Single
 INSTANT_COLS: 0
1 row in set (0.02 sec)
```

3. 索引

索引分为聚集索引、二级索引、排序索引和全文索引。索引的原理可以参考第 2 章，此外不再赘述。

聚集索引和二级索引

聚集索引用于存储数据，一个好的聚集索引可以加快查询速度。聚集索引具有以下特征。

- 一张表只能有一个聚集索引。
- 默认在主键上定义聚集索引。
- 如果表上没有主键，那么表上的第一个唯一索引会被定义为聚集索引。
- 如果表上既没有主键也没有唯一索引，那么自动生成一个隐藏的唯一 ROW ID 列来构造聚集索引。

聚集索引以外的索引称为二级索引。二级索引中存储了索引列和主键列，在查找时就是通过主键来回表（关于回表的内容请参考 2.2.2 节）取数的。

索引的物理结构

除空间索引外，InnoDB 索引都是 B 树（B-tree）数据结构。空间索引使用的是 R 树（R-tree）数据结构。索引记录存储在树的叶子节点中。索引页的默认大小为 16KB，大小由 innodb_page_size 变量在实例初始化时设置。

当有新的记录插入聚集索引时，InnoDB 会保留 1/16 的页面空间用于后续的 insert 操作和 update 操作。

排序索引

排序索引的构建分为 3 个阶段。第一阶段，扫描聚集索引，生成索引条目并添加到排序缓冲区中。当排序缓冲区变满时，将排序后的条目写入临时文件，此过程也称为 run。第二阶段，将临时文件中的所有条目执行合并排序。第三阶段，将合并排序后的索引条目插入 B 树索引。

全文索引

全文索引是基于文本列（char 列、varchar 列或 text 列）创建的，用于加快行的查询或修改操作。全文搜索使用 match() … against 语句。

4. 双写缓冲区

双写缓冲区是一个存储区域。在 InnoDB 将数据页写入 InnoDB 数据文件前，先将数据页写入双写缓冲区中。这是为了在 MySQL 意外崩溃或宕机后，InnoDB 在崩溃恢复期间可以在双写缓冲区中找到完整的数据页副本。

虽然数据页会被写两次，但双写缓冲并不需要两倍的 I/O 开销。双写缓冲区的写入是一个连续的操作，只需要调用一次 fsync 操作，在 MySQL 8.0.20 之前，双写缓冲区位于系统表空间中。从 MySQL 8.0.20 开始，双写缓冲区存储在单独的双写缓冲文件中。

5.4 总结

本章从 Server 层和存储引擎层两方面介绍了 MySQL 的体系结构。其中，存储引擎层着重介绍 InnoDB，但这并不能说明 InnoDB 优于其他存储引擎。每个存储引擎都有其特色和存在的价值，用户应根据实际的应用场景进行选择。

第6章

MySQL 常用的日志文件

对于 MySQL 来说，日志文件尤为重要。MySQL 常见的日志文件有二进制日志（Binlog）、通用查询日志（General Log）、慢查询日志（Slow Log）、错误日志（Error Log）、重做日志（Redo Log）、回滚日志（Undo Log）等。本章主要介绍这些日志文件。

6.1 Binlog

对于 MySQL 来说，Binlog 是非常重要的。Binlog 经常用于复制和备份。如何合理地使用 Binlog，对我们来说尤为重要。

6.1.1 Binlog 基础

Binlog 包含描述数据库修改的语句，如 create table、update 等数据变更语句，不会记录类似 select、show 等不修改数据的语句。如果想记录所有的 SQL 语句，则可以使用 General Log，此部分内容将在 6.2 节进行详细讲解。

下面通过例子（在没有其他会话正在修改数据的 MySQL 环境中操作）展开介绍。

查看当前 Binlog 的位点：

```
mysql> show master status\G
*************************** 1. row ***************************
             File: mysql-bin.000014
         Position: 50089725
     Binlog_Do_DB:
 Binlog_Ignore_DB:
Executed_Gtid_Set: 10242962-da16-11eb-8ea5-fa163e1c875d:1-343328
1 row in set (0.00 sec)
```

创建一张表：

```
mysql> create table a(id int);
Query OK, 0 rows affected (0.18 sec)
```

查看 Binlog 信息(其中的 Binlog 文件和位点都是通过执行上面的 show master status 语句获取的)：

```
mysql> show binlog events in 'mysql-bin.000014' from 50089725  limit 5\G
*************************** 1. row ***************************
   Log_name: mysql-bin.000014
        Pos: 50089725
 Event_type: Gtid
  Server_id: 6666
End_log_pos: 50089802
       Info: SET @@SESSION.GTID_NEXT= '10242962-da16-11eb-8ea5-fa163e1c875d:343329'
*************************** 2. row ***************************
   Log_name: mysql-bin.000014
        Pos: 50089802
 Event_type: Query
  Server_id: 6666
End_log_pos: 50089912
       Info: use `test`; create table a(id int) /* xid=277803 */
2 rows in set (0.00 sec)
```

从上面的例子中可以看出，执行的 create table 语句会记录到 Binlog 中。

6.1.2 开启和关闭 Binlog

如果要开启 Binlog，就需要在配置文件的[mysqld]中加上如下语句：

```
log-bin = /data/mysql/binlog/mysql-bin
```

表示 Binlog 的存放路径为“/data/mysql/binlog/”，文件名为 mysql-bin 后接 Binlog 的序列号。例如：

```
[root@node1 binlog]# ll -hl /data/mysql/binlog/
total 194M
-rw-r-----. 1 mysql mysql 101M Nov 24 16:51 mysql-bin.000010
-rw-r-----. 1 mysql mysql 2.0K Nov 24 17:40 mysql-bin.000011
-rw-r-----. 1 mysql mysql  572 Nov 24 18:05 mysql-bin.000012
-rw-r-----. 1 mysql mysql  178 Nov 24 18:07 mysql-bin.000013
-rw-r-----. 1 mysql mysql  92M Dec  3 18:53 mysql-bin.000014
-rw-r-----. 1 mysql mysql  785 Dec 16 18:17 mysql-bin.000015
-rw-r-----. 1 mysql mysql  216 Dec  3 18:53 mysql-bin.index
```

为了跟踪使用了哪些 Binlog 文件，mysqld 还创建了一个 Binlog 索引文件，其中包含 Binlog 文件的名称。在默认情况下，该名称与 Binlog 文件具有相同的基本名称，扩展名为“.index”。如上面查询的内容为 mysql-bin.index。在本例中，其内容为如下形式：

```
/data/mysql/binlog/mysql-bin.000010
```

```
/data/mysql/binlog/mysql-bin.000011
/data/mysql/binlog/mysql-bin.000012
/data/mysql/binlog/mysql-bin.000013
/data/mysql/binlog/mysql-bin.000014
/data/mysql/binlog/mysql-bin.000015
```

如果没有指定文件名和路径，在[mysqld]中的配置如下：

```
log-bin
```

则默认存放在 datadir 下，Binlog 的文件名为主机名后接 Binlog 的序列号，如 datadir 为 “/data/mysql/data/”，主机名为 node1，Binlog 的全路径为如下形式：

```
/data/mysql/data/node1-bin.000001
```

一般建议指定一个基本名称，防止更改主机名时出现 Binlog 的文件名与之前不一致的现象。

如果要关闭 Binlog，就需要在配置文件中加上如下语句：

```
skip_log_bin
```

或者：

```
disable_log_bin
```

如果要关闭当前会话的 Binlog，则可以执行如下语句：

```
set sql_log_bin=0;
```

6.1.3 Binlog 的作用

Binlog 的作用主要有以下两个。

- 复制：主库的变更先写入 Binlog，然后传到从库进行回放。主从的具体原理会在第 9 章中详细介绍。
- 灾备：当误操作后，可以先把全备导入某个新的实例中，然后通过全备时间点到误操作中间的 Binlog 解析出所有事务（需要注意的是，把误操作这条 SQL 语句排除掉），并在新实例中执行这些事务，达到恢复到误操作前一刻的状态。

6.1.4 Binlog 记录的格式

Binlog 可以设置为以下几种日志格式。

- statement（基于 SQL 语句的格式）：每条会修改数据的 SQL 语句都会记录在 Binlog 中，不需要记录每行的变化。
- row（基于行）：会非常清楚地记录每行数据被修改的细节。
- mixed（混合模式）：以上两种格式的混合使用，默认采用的 statement 格式保存

Binlog，statement 格式无法准确复制的操作可以使用 row 格式保存 Binlog。MySQL 会根据执行的 SQL 语句选择保存日志的方式。

几种日志格式的优点和缺点如表 6-1 所示。

表 6-1 几种日志格式的优点和缺点

日志格式	优　点	缺　点
statement	日志量少，节约 IO，性能高	在主从复制中可能会导致主从数据不一致，如使用了不确定函数，类似 uuid()函数等
row	主从数据基本一致，支持闪回	日志量多
mixed	日志量少，节约 IO，性能高，解决了 statement 格式部分数据不一致的情况	不支持闪回，部分高可用架构不支持该格式，不方便将数据同步到其他类型的数据库

Binlog 记录的格式由参数 binlog_format 控制，如果要设置为 row 格式，则在[mysqld]中加上如下语句：

```
binlog_format = row
```

当然，也支持动态修改，修改参数 binlog_format 的全局值的方法如下：

```
mysql> set global binlog_format = 'row';
```

修改参数 binlog_format 的会话级别的方法如下：

```
mysql> set session binlog_format = 'row';
```

6.1.5 Binlog 的解析

Binlog 文件不能直接查看，需要通过 mysqlbinlog 工具解析。例如，在 row 格式下，解析 Binlog 的方法如下。

首先执行 create 语句：

```
mysql> show master status\G
*************************** 1. row ***************************
             File: mysql-bin.000022
         Position: 155
     Binlog_Do_DB:
 Binlog_Ignore_DB:
Executed_Gtid_Set:
1 row in set (0.00 sec)

mysql> create table test.b(id int);
Query OK, 0 rows affected (0.03 sec)
```

```
mysql> show master status\G
*************************** 1. row ***************************
             File: mysql-bin.000022
         Position: 348
     Binlog_Do_DB:
 Binlog_Ignore_DB:
Executed_Gtid_Set:
1 row in set (0.00 sec)
```

解析 Binlog：

```
[root@node1 binlog]# mysqlbinlog --start-position=155 mysql-bin.
000022 -vv >/data/000022.log
```

其中，--start-position 表示开始位点，-vv 表示显示详细信息。

查看解析结果：

```
[root@node1 binlog]# cat /data/000022.log
/*!50530 SET @@SESSION.PSEUDO_SLAVE_MODE=1*/;
/*!50003 SET @OLD_COMPLETION_TYPE=@@COMPLETION_TYPE,COMPLETION_TYPE=
0*/;
DELIMITER /*!*/;
# at 124
#201219 22:29:07 server id 150232  end_log_pos 124 CRC32 0x3064c199
Start: binlog v 4, server v 8.0.18 created 201219 22:29:07 at startup
# Warning: this binlog is either in use or was not closed properly.
ROLLBACK/*!*/;
BINLOG '
Mw7eXw/YSgIAeAAAAHwAAAABAAQAOC4wLjE4AAAAAAAAAAAAAAAAAAAAAAAAAAAAA
AAAAAAAAAA
AAAAAAAAAAAAAAAAAAAzDt5fEwANAAgAAAAABAAEAAAAYAAEGggAAAAICAgCAAAACg
oKKioAEjQA
CgGZwWQw
'/*!*/;
# at 155
#201219 22:35:23 server id 150232  end_log_pos 232 CRC32 0x54918d24
Anonymous_GTID  last_committed=0     sequence_number=1     rbr_only=no
original_committed_timestamp=1608388523536985
immediate_commit_timestamp=1608388523536985 transaction_length=193
# original_commit_timestamp=1608388523536985 (2020-12-19 22:35:23.
536985 CST)
# immediate_commit_timestamp=1608388523536985 (2020-12-19 22:35:23.
536985 CST)
/*!80001 SET @@session.original_commit_timestamp=1608388523536985*
//*!*/;
/*!80014 SET @@session.original_server_version=80018*//*!*/;
/*!80014 SET @@session.immediate_server_version=80018*//*!*/;
SET @@SESSION.GTID_NEXT= 'ANONYMOUS'/*!*/;
# at 232
#201219 22:35:23 server id 150232  end_log_pos 348 CRC32 0x5c565603
Query  thread_id=38   exec_time=0 error_code=0   Xid = 268
SET TIMESTAMP=1608388523/*!*/;
SET @@session.pseudo_thread_id=38/*!*/;
```

```
SET @@session.foreign_key_checks=1, @@session.sql_auto_is_null=0,
@@session.unique_checks=1, @@session.autocommit=1/*!*/;
SET @@session.sql_mode=1073741824/*!*/;
SET @@session.auto_increment_increment=2, @@session.auto_increment_
offset=1/*!*/;
/*!\C utf8mb4 *//*!*/;
SET @@session.character_set_client=255,@@session.collation_
connection=255,@@session.collation_server=255/*!*/;
SET @@session.lc_time_names=0/*!*/;
SET @@session.collation_database=DEFAULT/*!*/;
/*!80011 SET @@session.default_collation_for_utf8mb4=255*//*!*/;
/*!80013 SET @@session.sql_require_primary_key=0*//*!*/;
create table test.b(id int)
/*!*/;
SET @@SESSION.GTID_NEXT= 'AUTOMATIC' /* added by mysqlbinlog */ /*!*/;
DELIMITER ;
# End of log file
/*!50003 SET COMPLETION_TYPE=@OLD_COMPLETION_TYPE*/;
/*!50530 SET @@SESSION.PSEUDO_SLAVE_MODE=0*/;
```

由上述内容可以看出，执行 create table test.b(id int)语句后，该语句就会记录在 Binlog 中。

6.1.6 MySQL 8.0 Binlog 加密

从 MySQL 8.0.14 开始，可以对 Binlog 文件和中继日志文件进行加密，从而保护敏感数据。

可以通过在配置文件的[mysqld]中加上如下语句开启 Binlog 加密：

```
early-plugin-load       = keyring_file.so
keyring_file_data       = /data/mysql/keyring
binlog_encryption       = on
```

查看 Binlog 列表：

```
mysql> show binary logs;
+------------------+-----------+-----------+
| Log_name         | File_size | Encrypted |
+------------------+-----------+-----------+
| mysql-bin.000019 |       810 | No        |
| mysql-bin.000020 |       399 | No        |
| mysql-bin.000021 |       583 | No        |
| mysql-bin.000022 |       371 | No        |
| mysql-bin.000023 |       667 | Yes       |
+------------------+-----------+-----------+
5 rows in set (0.00 sec)
```

由此可以发现，最新的 Binlog Encrypted 已经变为 Yes。

下面尝试通过 mysqlbinlog 解析最新的 Binlog，具体如下：

```
[root@node1 binlog]# mysqlbinlog -start-position=155 mysql-bin.
000023 -vv >/data/000023.log ERROR: Reading encrypted log files directly
is not supported.
```

由此可以发现，已经解析不出结果。

应该使用 MySQL 的用户密码进行解析才可以，具体如下：

```
[root@node1 binlog]# mysqlbinlog --read-from-remote-server -uroot
-pxxx --start-position=155 mysql-bin.000023 -vv >/data/000023_01.log
```

--read-from-remote-server 参数表示从 MySQL 服务中读取 Binlog，而不是读取本地日志文件。读取远程 MySQL 的 Binlog 要求远程 MySQL 实例正在运行。

6.1.7 Binlog 的清除

对于一个繁忙的 MySQL 实例，其 Binlog 增长也是比较快的，因此，需要设置其保留天数，如果磁盘即将满，那么可能还要单独删除历史 Binlog。本节主要介绍 Binlog 的清除。

可以使用 purge binary logs 语句来删除指定 Binlog 的文件名或指定时间之前的 Binlog 文件，具体示例如下。

示例一，删除指定 Binlog 之前的文件：

```
mysql> show binary logs;
+------------------+-----------+-----------+
| Log_name         | File_size | Encrypted |
+------------------+-----------+-----------+
| mysql-bin.000001 |       714 | Yes       |
| mysql-bin.000002 |       714 | Yes       |
| mysql-bin.000003 |       667 | Yes       |
+------------------+-----------+-----------+
3 rows in set (0.00 sec)

mysql> purge binary logs to 'mysql-bin.000002';
Query OK, 0 rows affected (0.01 sec)

mysql> show binary logs;
+------------------+-----------+-----------+
| Log_name         | File_size | Encrypted |
+------------------+-----------+-----------+
| mysql-bin.000002 |       714 | Yes       |
| mysql-bin.000003 |       667 | Yes       |
+------------------+-----------+-----------+
2 rows in set (0.01 sec)
```

示例二，删除指定时间之前的 Binlog 文件。

查看 Binlog 文件：

```
[root@node1 binlog]# ll /data/mysql/binlog/
total 24
```

```
-rw-r-----. 1 mysql mysql 714 Dec 20 00:03 mysql-bin.000002
-rw-r-----. 1 mysql mysql 714 Dec 20 00:06 mysql-bin.000003
-rw-r-----. 1 mysql mysql 667 Dec 20 00:06 mysql-bin.000004
-rw-r-----. 1 mysql mysql 108 Dec 20 00:06 mysql-bin.index
```

删除指定时间之前的 Binlog 文件：

```
mysql> purge binary logs before '2020-12-20 00:06:00';
Query OK, 0 rows affected (0.01 sec)

mysql> show binary logs;
+------------------+-----------+-----------+
| Log_name         | File_size | Encrypted |
+------------------+-----------+-----------+
| mysql-bin.000003 |       714 | Yes       |
| mysql-bin.000004 |       667 | Yes       |
+------------------+-----------+-----------+
2 rows in set (0.00 sec)
```

当然，一般还是建议设置 expire_logs_days 参数或 binlog_expire_logs_seconds 参数。

expire_logs_days 参数定义了日志保留天数。binlog_expire_logs_seconds 参数定义了日志保留秒数，MySQL 8.0 建议设置这个参数，在未来的版本中可能会废除 expire_logs_days 参数。

当 Binlog 存在的时间超过 binlog_expire_logs_seconds 参数设置的时间时，则自动删除。

有时 Binlog 占用的磁盘空间会过大，如果要降低其保留时间，则可以进行如下操作：

```
mysql> show global variables like 'binlog_expire_logs_seconds' ;
+----------------------------+---------+
| Variable_name              | Value   |
+----------------------------+---------+
| binlog_expire_logs_seconds | 2592000 |
+----------------------------+---------+
1 row in set (0.00 sec)

mysql> set global binlog_expire_logs_seconds = 1296000;
Query OK, 0 rows affected (0.00 sec)

mysql> flush logs;
Query OK, 0 rows affected (0.02 sec)
```

如上所示，缩短保留时间后，需要执行 flush logs 语句才能删除之前的 Binlog。

6.1.8　Binlog 的落盘

Binlog 同步到磁盘的频率由 sync_binlog 参数控制。sync_binlog 参数大致有以下几种配置。

- sync_binlog = 0，禁用 MySQL 服务将 Binlog 同步到磁盘的功能，是由操作系统控制 Binlog 的刷盘。在这种情况下，性能比较好，但是当操作系统崩溃时可能会丢失部分事务。

- sync_binlog = 1，每个事务都会同步到磁盘。这是最安全的设置，但是磁盘写入次数的增加可能会导致性能下降。
- sync_binlog = N，表示每 N 个事务 Binlog 同步一次到磁盘。当操作系统崩溃时，服务器提交的事务可能没有被刷新到 Binlog 中，此时可能会丢失部分事务，虽然设置比较大的值可以提高性能，但是数据丢失的风险也会增加。

6.1.9 Binlog 相关的参数

本节主要介绍 Binlog 相关的参数。

- max_binlog_size：单个 Binlog 文件大小的最大值。
- log-slave-update：从库从主库接收的更新是否记录到从库自身的 Binlog 中，如果从库后面又接了从库，或者在从库上做备份，或者 MySQL 5.6 主从复制使用了 GTID 模式（具体原因见 9.2.1 节），那么建议开启这个参数。
- binlog-do-db：后面接库名，表示当前数据库只记录该参数设置的库的 Binlog，其他库都不记录。
- binlog-ignore-db：后面接库名，表示当前数据库不记录该参数设置的库的 Binlog，其他库都记录。

6.2 General Log

6.1 节介绍了 Binlog。Binlog 的特点是只记录数据修改语句，有时可能需要记录客户端执行的每条 SQL 语句，这时 General Log 就派上了用场。

6.2.1 General Log 的开启

开启 General Log 需要进行如下设置：

```
mysql> set global general_log = on;
Query OK, 0 rows affected (0.00 sec)

mysql> set global general_log_file = "/data/mysql/log/mysql-general.log";
Query OK, 0 rows affected (0.00 sec)
```

如果要永久生效，则需要在配置文件的[mysqld]中补充如下语句：

```
general_log      = on
general_log_file = /data/mysql/log/mysql-general.log
```

另外，可以定义 General Log 的输出方式，并由 log_output 参数控制（该参数对 Slow Log 同样生效）。log_output 参数的几个值对应的效果如下。

- TABLE，将记录保存在表中。
- FILE，将记录保存在日志文件中。
- NONE，禁用日志记录。

TABLE 和 FILE 可以同时开启。

6.2.2 General Log 的用法

确定 General Log 是否开启并确定其输出方式，需要进行如下设置：

```
mysql> show global variables like "general%";
+------------------+----------------------------------+
| Variable_name    | Value                            |
+------------------+----------------------------------+
| general_log      | ON                               |
| general_log_file | /data/mysql/log/mysql-general.log |
+------------------+----------------------------------+
2 rows in set (0.00 sec)

mysql> show global variables like "log_output";
+---------------+-------+
| Variable_name | Value |
+---------------+-------+
| log_output    | FILE  |
+---------------+-------+
1 row in set (0.00 sec)
```

进入 MySQL 执行一条查询语句：

```
mysql> select * from test.a;
Empty set (0.00 sec)
```

查看 General Log：

```
[root@node1 log]# tail /data/mysql/log/mysql-general.log
......
2020-12-20T20:12:22.481866+08:00    3214 Query select * from test.a
```

可以看到上面执行的 SQL 语句及执行的时间。

6.3 Slow Log

Slow Log 可以用于查找执行时间比较长的查询。当优化数据库时，Slow Log 往往是需要重点关注的日志文件。

6.3.1 Slow Log 的开启

开启 Slow Log 需要进行如下设置：

```
mysql> set global slow_query_log = 1;
Query OK, 0 rows affected (0.00 sec)

mysql> set global slow_query_log_file = "/data/mysql/log/mysql-slow.
log";
Query OK, 0 rows affected (0.00 sec)

mysql> set global long_query_time=1;
Query OK, 0 rows affected (0.00 sec)
```

下面对相关参数进行简要说明。

- slow_query_log：Slow Log 的开关。
- slow_query_log_file：Slow Log 的路径。
- long_query_time：慢查询阈值，如果 SQL 语句的执行时间超过该参数设置的值，则记录到 Slow Log 中。

如果需要MySQL重启也生效，则在MySQL的配置文件的[mysqld]中补充如下语句：

```
slow_query_log = 1
slow_query_log_file = /data/mysql/log/mysql-slow.log
long_query_time = 1
```

6.3.2 Slow Log 的特殊设置

可以使用 log_slow_admin_statements 参数开启记录管理语句（如 alter table 语句、create index 语句等），在默认情况下是不记录的。

可以使用 log_queries_not_using_indexes 参数开启记录不使用索引的查询（不管语句执行时间有没有超过 long_query_time 参数）。

如果检查行数少于 min_examined_row_limit 参数设置的值，则不会记录到 Slow Log 中。一般建议将 min_examined_row_limit 参数设置为 0。

在介绍 General Log 时提到了控制 General Log 和 Slow Log 输出方式的参数——log_output（详细解释请参考 6.2.1 节），因此，在配置慢查询时也需要关注该参数。

6.3.3 Slow Log 的内容解析

首先，确定是否开启慢查询：

```
mysql> show global variables like "slow_query_log";
+----------------+-------+
| Variable_name  | Value |
+----------------+-------+
| slow_query_log | ON    |
+----------------+-------+
1 row in set (0.00 sec)

mysql> show global variables like "slow_query_log_file";
+---------------------+--------------------------------+
| Variable_name       | Value                          |
+---------------------+--------------------------------+
| slow_query_log_file | /data/mysql/log/mysql-slow.log |
+---------------------+--------------------------------+
1 row in set (0.00 sec)

mysql> show global variables like "long_query_time";
+-----------------+----------+
| Variable_name   | Value    |
+-----------------+----------+
| long_query_time | 1.000000 |
+-----------------+----------+
1 row in set (0.00 sec)
```

其次，制造一条慢查询：

```
mysql> select sleep(1);
+----------+
| sleep(1) |
+----------+
|        0 |
+----------+
1 row in set (1.00 sec)
```

最后，查看慢查询：

```
[root@node1 log]# tail /data/mysql/log/mysql-slow.log
......
# Time: 2020-12-21T15:07:43.896151+08:00
# User@Host: root[root] @ localhost []  Id:   714
# Query_time: 1.000309  Lock_time: 0.000000 Rows_sent: 1
Rows_examined: 1
SET timestamp=1608534462;
select sleep(1);
```

下面对相关参数进行简要说明。

- Query_time：语句执行时间，单位为秒。
- Lock_time：获取锁的时间，单位为秒。
- Rows_sent：发送给客户端的行数。
- Rows_examined：MySQL Server 层检查的行数。

6.3.4 MySQL 8.0 慢查询额外信息的输出

从 MySQL 8.0.14 开始，新增了 log_slow_extra 参数。在输出方式为 FILE 的情况下，启用 log_slow_extra 参数可以输出一些额外字段，下面通过实验来说明：

```
mysql> set global log_slow_extra = on;
Query OK, 0 rows affected (0.00 sec)

mysql> select sleep(1);
+----------+
| sleep(1) |
+----------+
|        0 |
+----------+
1 row in set (1.00 sec)
```

查看慢查询：

```
[root@node1 log]# tail mysql-slow.log
......
# Time: 2020-12-21T16:07:56.475033+08:00
# User@Host: root[root] @ localhost []  Id:   714
# Query_time: 1.000282  Lock_time: 0.000000 Rows_sent: 1  Rows_examined: 1 Thread_id: 714 Errno: 0 Killed: 0 Bytes_received: 0 Bytes_sent: 56 Read_first: 0 Read_last: 0 Read_key: 0 Read_next: 0 Read_prev: 0 Read_rnd: 0 Read_rnd_next: 0 Sort_merge_passes: 0 Sort_range_count: 0 Sort_rows: 0 Sort_scan_count: 0 Created_tmp_disk_tables: 0 Created_tmp_tables: 0 Start: 2020-12-21T16:07:55.474751+08:00 End: 2020-12-21T16:07:56.475033+08:00
SET timestamp=1608538075;
select sleep(1);
```

下面对增加的部分参数进行简要说明。

- Thread_id：语句线程 ID。
- Errno：语句错误号。
- Killed：如果该语句终止，则错误号指示原因。如果该语句正常终止，则返回 0。
- Start：语句开始执行的时间。
- End：语句结束执行的时间。

6.4 Error Log

MySQL 的 Error Log 不仅包含错误信息，还包含启动和关闭的一些记录。在很多情况下，定位问题第一时间应该查看 Error Log。

6.4.1　Error Log 的配置

一般通过在配置文件的[mysqld]中加入如下内容来定义 Error Log 的路径和文件名：

```
log-error = /data/mysql/log/mysql.err
```

查看 Error Log 的路径：

```
mysql> show global variables like "log_error";
+---------------+---------------------------+
| Variable_name | Value                     |
+---------------+---------------------------+
| log_error     | /data/mysql/log/mysql.err |
+---------------+---------------------------+
1 row in set (0.00 sec)
```

6.4.2　Error Log 的切割

有时 Error Log 可能会比较大，这就需要重新生成一个新的，此时可以使用下面的方式：

```
[root@node1 log]# mv mysql.err mysql.err_20201221
[root@node1 log]# mysqladmin -uroot -pxxx flush-logs

[root@node1 log]# ll |grep mysql.err
-rw-r-----. 1 mysql mysql        0 Dec 21 17:07 mysql.err
-rw-r-----. 1 mysql mysql 30785772 Dec 21 11:56 mysql.err_20201221
```

其中，flush-logs 表示清除 Error Log。

6.4.3　借助 Error Log 定位的问题

当启动 MySQL 报错时，可以查看 Error Log 的内容，下面通过实验来介绍。

当启动 MySQL 时出现错误提示：

```
[root@node1 data]# /etc/init.d/mysql.server start
Starting MySQL.. ERROR! The server quit without updating PID file
(/data/mysql/data/node1.pid).
```

从这个提示中基本上看不到什么有效的信息，因此，可以查看 Error Log：

```
[root@node1 log]# tail mysql.err
2020-12-21T17:20:58.142695+08:00 0 [System] [MY-010931] [Server]
/usr/local/mysql/bin/mysqld: ready for connections. Version: '8.0.18'
socket: '/tmp/mysql.sock' port: 3306 MySQL Community Server - GPL
2020-12-21T17:20:58.341878+08:00 0 [System] [MY-011323] [Server] X
Plugin ready for connections. Socket: '/tmp/mysqlx.sock' bind-address:
'::' port: 33060
```

```
    2020-12-21T17:21:30.336246+08:00 0 [System] [MY-010910] [Server]
/usr/local/mysql/bin/mysqld: Shutdown complete (mysqld 8.0.18) MySQL
Community Server - GPL
    2020-12-21T17:22:39.214430+08:00 0 [System] [MY-010116] [Server]
/usr/local/mysql/bin/mysqld (mysqld 8.0.18) starting as process 26492
    2020-12-21T17:22:39.315322+08:00 1 [ERROR] [MY-012884] [InnoDB]
/data/mysql/data/ib_logfile0 can't be opened in read-write mode
    2020-12-21T17:22:39.315436+08:00 1 [ERROR] [MY-012930] [InnoDB]
Plugin initialization aborted with error Generic error
    2020-12-21T17:22:39.802832+08:00 1 [ERROR] [MY-010334] [Server]
Failed to initialize DD Storage Engine
    2020-12-21T17:22:39.803064+08:00 0 [ERROR] [MY-010020] [Server] Data
Dictionary initialization failed
    2020-12-21T17:22:39.803209+08:00 0 [ERROR] [MY-010119] [Server]
Aborting
    2020-12-21T17:22:39.806327+08:00 0 [System] [MY-010910] [Server]
/usr/local/mysql/bin/mysqld: Shutdown complete (mysqld 8.0.18) MySQL
Community Server - GPL
```

在第一个 ERROR 处有启动报错的原因：

```
/data/mysql/data/ib_logfile0 can't be opened in read-write mode
```

提示不能以读/写的模式打开 ib_logfile0 文件，因此，可以查看该文件的权限或属主是否正确：

```
[root@node1 log]# ll -h /data/mysql/data/ib_logfile0
-rw-r-----. 1 root root 2.0G Dec 21 17:21 /data/mysql/data/ib_logfile0
```

因为该文件的属主和属组不是 MySQL，所以可以对其进行修改：

```
[root@node1 data]# chown mysql.mysql ib_logfile0
```

再次启动 MySQL：

```
[root@node1 data]# /etc/init.d/mysql.server start
Starting MySQL... SUCCESS!
```

此时可以正常启动。

6.5 Redo Log

InnoDB 使用 Redo Log 来保证数据的一致性和可持久化。因为 Redo Log 对 MySQL 具有非常重要的作用，所以本节主要介绍 Redo Log。

6.5.1 Redo Log 初探

MySQL 采用的是 WAL（Write-Ahead Logging）技术，也就是先写日志再写磁盘。如果有修改操作，则先将操作记录在 Redo Log Buffer 中，然后将 Redo Log Buffer 中的数据刷新到磁盘的日志文件中，最后写入数据文件中。

Redo Log 记录了这个页做了什么改动，对 Redo Log 进行落盘，不仅可以保证数据持久化，还可以提高写入效率。

为什么说可以提高写入效率呢？这里介绍两点原因。

- MySQL 如果每次都按页落盘，即使有少量数据的修改，每次落盘也是整个数据页，那么 IO 成本将会非常高。而 Redo Log 记录的是缓冲池中页的修改记录，因此每次只需要对 Redo Log 进行落盘，而不需要对整个页落盘。这大大降低了落盘的数据量，同时节约了 IO 成本，从而提高了写入效率。
- 如果每次都是将页落盘，那么页会在不同的位置，因此落盘时基本上就是随机 IO；而有了 Redo Log，只将 Redo Log 落盘，就可以将这些随机 IO 转换成顺序 IO，这样也可以提高写入效率。

Redo Log 另一个很重要的作用就是崩溃恢复能力。事务在提交时会把 Redo Log 刷新到磁盘中，如果此时系统宕机了，那么重启之后，只要根据 Redo Log 的记录把数据页未更新的部分更新一下，就可以恢复事务所做的数据变更。

6.5.2 Redo Log 的落盘

Redo Log 由两部分组成：Redo Log 缓冲区和 Redo Log 文件。

Redo Log 缓冲区的大小通过 innodb_log_buffer_size 参数来设置。当事务更新时，一半先写入 Redo Log 缓冲区，再写入 Redo Log 文件。而具体的写入频率由 innodb_flush_log_at_trx_commit 参数控制。innodb_flush_log_at_trx_commit 参数有 3 个有效值，其对应的含义如下。

- 0，每秒将日志缓冲区写入日志文件一次，并在日志文件上执行磁盘刷新操作，未刷新日志的事务可能会在崩溃中丢失，此时 InnoDB 不再符合事务持久性的要求。
- 1，在每次提交事务时，日志缓冲区都会写入日志文件中，并在日志文件上执行磁盘刷新操作。
- 2，在每次提交事务后写入日志，并且日志每秒刷新一次到磁盘。未刷新日志的事务可能会在崩溃中丢失。当 MySQL 服务发生宕机，但操作系统没有发生宕机时，不会出现数据丢失。但是当操作系统宕机时，重启后可能会丢失 Redo Log 缓冲中还没有刷新到 Redo Log 文件中的数据。

下面通过一个实验来对比 innodb_flush_log_at_trx_commit 参数的 3 个有效值的性能差异。

创建测试表和批量写入数据的存储过程如下：

```
use test;
drop table if exists redo_t1;

create table `redo_t1` (
`id` int not null auto_increment,
```

```
`a` varchar(20) default null,
`b` int default null,
`c` datetime not null default current_timestamp,
primary key (`id`)
) engine=innodb charset=utf8mb4 ;

drop procedure if exists insert_t1;
delimiter ;;
create procedure insert_t1()
begin
declare i int;
set i=1;
while(i<=10000)do
insert into redo_t1(a,b) values(i,i);
set i=i+1;
end while;
end;;
delimiter ;
```

设置 innodb_flush_log_at_trx_commit 参数取不同的值，并运行批量写入数据的存储过程：

```
mysql> set global innodb_flush_log_at_trx_commit = 0;
Query OK, 0 rows affected (0.00 sec)

mysql> call insert_t1();
Query OK, 1 row affected (19.07 sec)

mysql> truncate table redo_t1;
Query OK, 0 rows affected (0.06 sec)

mysql> set global innodb_flush_log_at_trx_commit = 1;
Query OK, 0 rows affected (0.00 sec)

mysql> call insert_t1();
Query OK, 1 row affected (41.27 sec)

mysql> truncate table redo_t1;
Query OK, 0 rows affected (0.03 sec)

mysql> set global innodb_flush_log_at_trx_commit = 2;
Query OK, 0 rows affected (0.00 sec)

mysql> call insert_t1();
Query OK, 1 row affected (19.71 sec)
```

innodb_flush_log_at_trx_commit 参数的不同取值对数据写入的影响如表 6-2 所示。

表 6-2 innodb_flush_log_at_trx_commit 参数的不同取值对数据写入的影响

innodb_flush_log_at_trx_commit 参数的取值	10 000 行数据的写入时间
0	19.07 秒
1	41.27 秒
2	19.71 秒

从上面的实验可以看出，innodb_flush_log_at_trx_commit 参数设置为 0 或 2 的写入速度比设置为 1 的写入速度快很多。但是，如果某个 MySQL 实例将 innodb_flush_log_at_trx_commit 参数设置为 0 或 2，那么它其实已经不具备 ACID 中的 D（Durability，持久性）。在一般情况下，建议将 innodb_flush_log_at_trx_commit 参数设置为 1，这样可以保证 MySQL 在崩溃恢复时数据不丢失。

6.5.3 Redo Log 的数量及大小修改

MySQL 启动后，Redo Log 的大小和个数就是固定的，如可以配置 3 个大小为 2GB 的 Redo Log，文件名类似于 ib_logfile0。Redo Log 是循环写的，如图 6-1 所示。

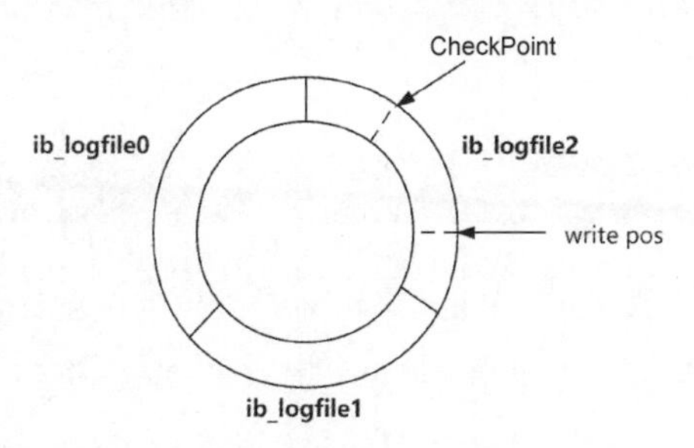

图 6-1 Redo Log

从第一个文件 ib_logfile0 开始写，ib_logfile0 写满了再写 ib_logfile1，直到写到最后一个文件 ib_logfile2，又继续从第一个文件 ib_logfile0 开始写。其中，write pos 是当前记录的位置，一边写一边移动；CheckPoint 是当前要擦除的位置，也是向后推移的。擦除记录前会确保记录已经更新到数据文件中。

Redo Log 的几个重要参数如下。

- innodb_log_group_home_dir：控制 Redo Log 的存放路径，如果没有配置该参数，那么 Redo Log 默认存放在数据目录下。
- innodb_log_file_size：控制 Redo Log 的大小，默认值为 48 MB，但不能超过 512GB 除以 innodb_log_files_in_group 参数配置的值，如果 innodb_log_files_in_group 参数的值为 2，那么 innodb_log_file_size 参数的最大值为 256 GB。
- innodb_log_files_in_group：控制 Redo Log 的数量。

如果需要修改，则在配置文件的[mysqld]中补充类似于如下的配置：

```
innodb_log_group_home_dir = /data/mysql/data
innodb_log_file_size = 2G
innodb_log_files_in_group = 3
```

这表示 Redo Log 有 3 个大小为 2GB 的文件，存放在目录“/data/mysql/data”下。

经验分享：

如果 innodb_log_file_size 参数设置得太小，则可能导致 MySQL 的 Redo Log 频繁切换，频繁地触发数据库的 CheckPoint，刷新脏页的次数随之增加，从而影响 IO 性能。另外，如果有一个大的事务把所有的 Redo Log 写满了还没有写完，就会导致日志不能切换，MySQL 可能就不能正常提供服务了。

innodb_log_file_size 参数设置得太大，虽然可以提升 IO 性能，但是当 MySQL 宕机时，恢复的时间也会很长。

配置完成之后需要重启生效。对应的文件如下：

```
[root@node1 data]# ll -h /data/mysql/data/ib_logfile*
-rw-r-----. 1 mysql mysql 2.0G Dec 22 18:20 /data/mysql/data/ib_
logfile0
-rw-r-----. 1 mysql mysql 2.0G Dec 22 18:20 /data/mysql/data/ib_
logfile1
-rw-r-----. 1 mysql mysql 2.0G Aug 11 11:11 /data/mysql/data/ib_
logfile2
```

6.5.4 CheckPoint

通过学习 6.5.3 节可知，CheckPoint 是当前要擦除的位置，而 Redo Log 在擦除记录前会确保记录已经更新到数据文件中。因此，也可以认为 CheckPoint 就是控制数据页刷新到磁盘的操作。

CheckPoint 的作用就是将缓冲池中的数据页刷新到磁盘。如果发生宕机重启，那么已经刷新的数据页不需要再进行恢复，只需要恢复 CheckPoint 之后的操作。

6.5.5 LSN

本节主要介绍 InnoDB 的 LSN（Log Sequence Number，日志序列号）。LSN 用来精确记录 Redo Log 的位置信息，大小为 8 字节（MySQL 5.6.3 之前是 4 字节）。LSN 的值是根据 Redo Log 写入量计算的，写入多少字节的 Log，LSN 就增长多少。例如，当前 Redo Log 的 LSN 为 100 字节，如果有一个事务写入了 100 字节，那么 LSN 就会变成 200 字节。

可以通过下面的方法来确认 LSN 信息：

```
mysql> show engine InnoDB status\G
......
---
```

```
LOG
---
Log sequence number 2216192457
Log buffer assigned up to 2216192457
Log buffer completed up to 2216192457
Log written up to 2216192457
Log flushed up to 2216192457
Added dirty pages up to 2216192457
Pages flushed up to 2216192457
Last checkpoint at 2216192457
119 log i/o's done, 0.00 log i/o's/second
......
```

下面对上面的结果进行简单说明。

- Log sequence number 表示整个数据库最新的 LSN 值。
- Log flushed up to 表示最新写入日志文件的事务产生的 LSN 值。
- Last checkpoint at 表示最新的数据页刷新到磁盘时的 LSN 值。

6.5.6 MySQL 8.0 中的 Redo Log 归档

在数据备份过程中可能会复制 Redo Log。如果 MySQL 频繁变更，那么复制 Redo Log 的速度就跟不上 Redo Log 的生成速度。因为 Redo Log 是以覆盖方式记录的，所以会丢失部分 Redo Log。

MySQL 8.0.17 引入了 Redo Log 归档（当然，这个功能在比较旧的版本中出现过，后面取消了），按照 Redo Log 记录顺序写入归档文件中，以解决备份时 Redo Log 丢失的情况。Redo Log 的开启由 innodb_redo_log_archive_dirs 参数控制，具体的配置方法如下。

创建用于 Redo Log 归档的文件夹：

```
[root@node1 mysql]# mkdir -p /data/mysql/redolog-archiving/redo-
20201222/
[root@node1 mysql]# chown -R mysql.mysql /data/mysql/redolog-archiving
[root@node1 mysql]# chmod 700 /data/mysql/redolog-archiving/redo-
20201222/
```

提醒：

归档目录必须满足以下条件。

- 目录必须存在，MySQL 不会主动创建归档目录。
- 目录不能让系统中的其他用户访问。
- 不能与现有的一些目录重复，如 datadir 等。

启用 Redo Log 归档：

```
mysql> set global innodb_redo_log_archive_dirs = "redolog-archiving:
/data/mysql/redolog-archiving/";
```

```
Query OK, 0 rows affected (0.00 sec)
```

提醒：

redolog-archiving 表示归档目录的标识符；“/data/mysql/redolog-archiving/”表示归档目录。

激活 Redo Log 归档：

```
mysql> do innodb_redo_log_archive_start("redolog-archiving","redo-20201222");
Query OK, 0 rows affected (0.03 sec)
```

提醒：

redolog-archiving 就是定义的归档目录的标识符，redo-20201222 表示保存归档文件的目录的子目录。

判断归档和 Redo Log 是否存在：

```
[root@node1 redo-20201222]# ll -h /data/mysql/redolog-archiving/redo-20201222
total 0
-r--r-----. 1 mysql mysql 0 Dec 22 17:28 archive.68810081-db80-11ea-b9aefa163e9b0aed.000001.log
```

执行变更操作：

```
mysql> create table a3 like a;
Query OK, 0 rows affected (0.04 sec)
```

判断归档的 Redo Log 的大小是否有变化：

```
[root@node1 redo-20201222]# ll -h /data/mysql/redolog-archiving/redo-20201222
total 12K
-r--r-----. 1 mysql mysql 12K Dec 22 17:28 archive.68810081-db80-11ea-b9aefa163e9b0aed.000001.log
```

停止 Redo Log 归档：

```
mysql> do innodb_redo_log_archive_stop();
Query OK, 0 rows affected (0.00 sec)
```

6.5.7 MySQL 8.0 中的 Redo Log 禁用

从 MySQL 8.0.21 开始可以禁用 Redo Log。这一项功能可以应用在新实例的数据导入过程中，具体的实验过程如下。

禁用 Redo Log 记录，直接执行下面的 SQL 语句：

```
mysql> alter instance disable innodb redo_log;

mysql> show global status like 'innodb_redo_log_enabled';
+-------------------------+-------+
```

```
| Variable_name           | Value |
+-------------------------+-------+
| innodb_redo_log_enabled | OFF   |
+-------------------------+-------+
```

运行 6.5.2 节创建的批量写入数据的存储过程：

```
mysql> call insert_t1();
Query OK, 1 row affected (21.61 sec)
```

改为开启 Redo Log 重新测试写入时间：

```
mysql> alter instance enable innodb redo_log;

mysql> show global status like 'innodb_redo_log_enabled';
+-------------------------+-------+
| Variable_name           | Value |
+-------------------------+-------+
| innodb_redo_log_enabled | ON    |
+-------------------------+-------+

mysql> truncate table redo_t1;
Query OK, 0 rows affected (0.11 sec)

mysql> call insert_t1();
Query OK, 1 row affected (40.78 sec)
```

可以把上面的结果做成一张表，如表 6-3 所示。

表 6-3　开启/关闭 Redo Log 对写入数据的影响

是否开启 Redo Log	写入 10 000 行数据的时间
开启	40.78 秒
关闭	21.61 秒

由上面的实验可知，关闭 Redo Log 会提升 MySQL 导入数据的速度，因此，当新创建实例时，在数据导入过程中短时间关闭 Redo Log 可以节省时间。但是 MySQL 在正式运行时，最好还是开启 Redo Log。

6.6　Undo Log

前面讲解的 Redo Log 记录了事务操作的变化。但是事务有时可能会回滚，此时 Undo Log 就会发挥作用。本节主要介绍 Undo Log。

6.6.1　初识 Undo Log

Undo Log 是单个事务所匹配的撤销日志记录的集合。Undo Log 包含事务版本号和修改前的记录，也应用于 MVCC（4.3 节详细介绍了 MVCC）。

当用户读取一行记录时，如果该记录已经被其他事务占用，那么当前事务可以通过 Undo Log 读取之前的行版本信息，因为没有事务需要对旧数据进行修改操作，所以也不需要加锁，以此来实现非锁定读取。

6.6.2 Undo Log 的 Purge

当事务提交时，InnoDB 不会立即删除 Undo Log，其他事务读取的是开启事务时最新提交的行版本信息，只要该事务不结束，就不能删除该行版本。

但是，事务在提交时会放入待清理的链表，由 Purge 线程判断是否有其他事务在使用 undo 段中表的上一个事务之前的版本，并决定是否可以清理 Undo Log 的日志文件。

6.6.3 两种 Undo Log

在事务执行过程中会产生两种 Undo Log。

- inscrt 的 undo 记录：insert 是不需要 Purge 线程的，只要事务提交了，就可以丢掉回滚记录。
- update 的 undo 记录（delete 也算在这里面）：delete 实际上不会直接执行删除，而是将 delete 对象打上 delete flag 标记，最终的 delete 操作是由 Purge 线程完成的。

update Undo Log 又分为两种情况，即判断 update 的列是否为主键。

- 如果不是主键列，则在 Undo Log 中直接反向记录是如何 update 的，即 update 是直接进行的。
- 如果是主键列，则 update 分两步执行，先删除旧的行，再插入新的数据。

6.6.4 Undo Log 的记录格式

Undo Log 的记录格式有以下 4 种。

- TRX_UNDO_INSERT_REC：记录插入时的 Undo Log 类型，只记录了表 ID 及主键信息。在回滚时，只需要通过主键在原 B+树中找到对应的记录进行删除即可。
- TRX_UNDO_UPD_EXIST_REC：更新一条存在记录的 Undo Log，会记录表 ID、主键、每个被更新的列的原始值和新值。在恢复时，根据主键信息修改成原来的值。
- TRX_UNDO_UPD_DEL_REC：更新一条已经打了删除标志记录的 Undo Log 类型，与 TRX_UNDO_UPD_EXIST_REC 相似。
- TRX_UNDO_DEL_MARK_REC：在删除记录时，对记录打删除标志的 Undo Log 类型，只记录了表 ID 及主键信息，用来在回滚或 Purge 时找到对应的记录即可。

6.6.5　回滚时刻

Undo Log 在 MySQL 回滚过程中也扮演着重要的角色。

数据库在启动过程中会执行如下操作。

- 恢复 Redo Log。
- 在 Undo Log 中，将回滚段的 undo 扫描出来并缓存。
- 依次处理每个 undo 段，根据 undo 段的状态决定后面的措施。
- 根据 TRX_UNDO_TRX_NO 按照从大到小的顺序排序。
- 执行与回滚相关的操作。

6.6.6　Undo Log 的相关配置

可以通过 innodb_rollback_segments 参数来配置回滚段的数量，参数可配置的范围为 1 ~ 128。

可以通过 innodb_undo_directory 参数指定 Undo 表空间所在的目录。如果没有指定该参数，则默认 Undo 表空间就是数据目录。

innodb_max_undo_log_size 参数表示每个 Undo Log 对应的日志文件的最大值。

innodb_undo_tablespaces 参数表示 InnoDB 使用的 Undo 表空间的数量。从 MySQL 8.0.14 开始，已经不能配置该参数。未来将移除该参数。

当启用 innodb_undo_log_truncate 参数时，如果超过 innodb_max_undo_log_size 参数配置的值，那么 Undo 表空间将被标记为截断。只有独立 Undo 表空间可以被截断，在 system 表空间中的 Undo Log 不可以被截断。如果配置为 ON，并且配置了两个或两个以上的 Undo 表空间数据文件，当某个日志文件的大小超过设置的最大值之后，就会自动收缩表空间数据文件。innodb_undo_tablespaces 参数的值必须大于或等于 2 才可以把 innodb_undo_log_truncate 参数设置为 ON。

innodb_purge_rseg_truncate_frequency 参数指定 purge 操作被唤起多少次之后才释放回滚段。当 Undo 表空间中的回滚段被释放时，Undo 表空间才会被截断。因此，innodb_purge_rseg_truncate_frequency 参数的值越小，Undo 表空间被尝试截断的频率越高。

6.7　总结

在初学 MySQL 时，读者可能会混淆 Binlog 和 Redo Log 或 Undo Log 和 Redo Log。因此，本节主要介绍 Binlog 和 Redo Log，以及 Undo Log 和 Redo Log 的区别。

6.7.1 Binlog 和 Redo Log 的区别

Binlog 和 Redo Log 的区别如下。

- Redo Log 是在 InnoDB 层产生的。Binlog 不单单记录 InnoDB 的修改，也记录其他任何存储引擎的修改。
- Redo Log 是物理逻辑格式的日志，记录的是每页的修改。Binlog 是一种逻辑日志，记录的是对应的变更 SQL。
- 在事务进行中会不断地写入 Redo Log，而 Binlog 只在事务提交时写入一次。

6.7.2 Undo Log 和 Redo Log 的区别

Undo Log 和 Redo Log 的区别如下。

- 从作用方面来说，Redo Log 用来保证事务的持久性，Undo Log 用来帮助事务回滚及 MVCC 实现。
- 从写入顺序来说，Redo Log 是顺序写的，Undo Log 是随机读/写的。

第7章

MySQL 的优化

MySQL 在生产环境中稳定和高效地运行，是决定整个系统稳定性和流畅性的关键所在。MySQL 参数、硬件和系统、业务 SQL、架构等许多因素都会影响 MySQL 的性能。

7.1 硬件优化

从硬件角度来讲，服务器的 CPU 资源、内存资源、磁盘 I/O 资源共同决定了 MySQL 运行的效率和稳定性，任何部分出现资源相对不足的情况，MySQL 服务本身就会出现性能问题，严重时 MySQL 服务可能会不可用。

7.1.1 硬件的选择

在选购服务器时，应针对不同的业务场景选择合适的硬件资源。下面就是选择硬件资源的一些建议。

（1）CPU 资源：对于 OLTP 业务，如电商业务、金融支付、网络游戏等场景，需要满足 MySQL 的高并发和低延迟的需求，选择更多核的 CPU 比选择主频更高的 CPU 的收益更大；如果 OLAP 业务主要是报表计算和复杂 SQL 的场景，业务特点是 SQL 复杂度高，运行时间长，并且扫描和拉取数据量大，那么选择主频更高的 CPU 比选择更多核的 CPU 的收益更大。

需要说明的是，在费用相同的情况下，作者倾向于使生产环境能够获得更多的 CPU 核数，而不是提高 CPU 的主频，因为更多的 CPU 核数不仅能处理较多的客户端 SQL，还能够为 MySQL 的后台任务提供更多的帮助，如 InnoDB 刷脏页、Purge 线程真正地删除记录和 Undo Log 等。

（2）内存资源：内存的读/写速度远远大于磁盘的读/写速度，因此，在理想情况下，MySQL 服务的内存大于数据和索引总存储的大小，会使数据和索引能够完全加载在缓存池中；当然，内存是比较昂贵的资源，即使 MySQL 服务内存总量较小，也要尽可能覆盖热数据和索引，从而保证内存中热数据的覆盖。

在选择 MySQL 服务的内存资源时，可以通过计算业务磁盘数据总量或业务热数据的总量，来估算需要选择的内存资源的大小。其中，需要多预留 10%左右，因为 MySQL 服务还有一些占用内存资源的操作，如连接时的 join buffer，以及排序时的 sort buffer 等。

（3）硬盘资源：磁盘分为机械硬盘和 SSD 硬盘。由于机械硬盘在数据读取与写入时使用磁头和马达的方式进行机械寻址，因此受限于磁头移动的速度和马达的转速。SSD 硬盘不依赖机械磁头和马达，而是采用闪存（Flash）技术，大幅度提高了 IO 读/写速度，尤其是在随机 IO 情况下的读/写速度。SSD 硬盘的随机访问延时一般小于 0.1 毫秒，而普通机械硬盘的随机访问延时一般为 3 毫秒左右，相差了几十倍。因此，在生产环境中，MySQL Server 的数据磁盘应尽量选择 IO 读/写速度较快的 SSD 磁盘。

目前的 SSD 硬盘主要有两种，一种是 SATA SSD 硬盘，另外一种是 PCIe SSD 硬盘。因为 PCIe SSD 硬盘的性能有成倍的提升，传输速度是 SATA SSD 硬盘的 2～3 倍，所以在费用充足的情况下，建议生产环境选择性能更高的 PCIe SSD 硬盘。

为了节省成本，在主库上可能使用性能较强的 SSD 硬盘，而在非核心业务的从库上则使用机械硬盘。但是这样会有一个问题，在主库读/写压力很大的情况下，即使 MySQL 8.0 使用了较优的多线程复制技术，依然可能会出现主从延迟的情况。

7.1.2 RAID 的选择

RAID（Redundant Arrays of Independent Disks）是独立磁盘冗余队列的简称，简单来说就是把多个较小的磁盘组成一个容量较大的磁盘，并提供数据冗余技术。RAID 主要分为 RAID 0、RAID 1、RAID 10、RAID 5 等模式。

1. RAID 0

如图 7-1 所示，RAID 0 是组建磁盘阵列最简单的模式。RAID 0 将两块以上的磁盘合并为一个大容量的磁盘。在存放数据时，分段后分散存储在这些磁盘中，因为读/写时都可以并行处理，所以在所有的级别中，RAID 0 的速度是最快的。但是，RAID 0 既没有冗余功能，也不具备容错能力，如果一个磁盘（物理）损坏，那么这个磁盘上的所有数据都会丢失。

2. RAID 1

如图 7-2 所示，RAID 1 是磁盘镜像，多个磁盘相互作为镜像，也就是在写一个磁盘时，同时写入另外一个磁盘，在不影响写性能的情况下，最大限度地保证数据的可靠性。

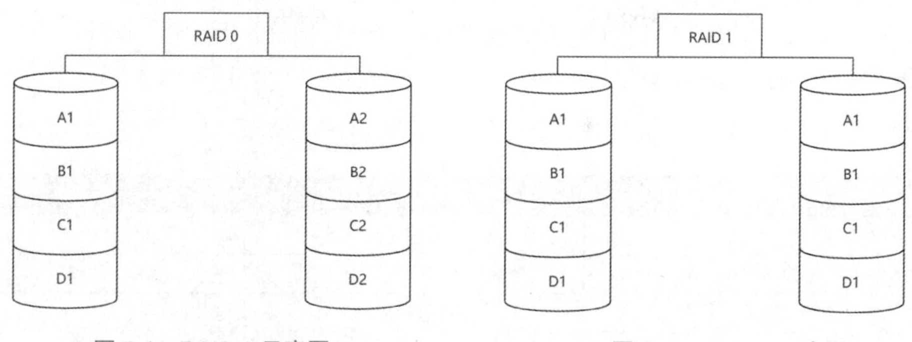

图 7-1　RAID 0 示意图　　　　图 7-2　RAID 1 示意图

3. RAID 10

如图 7-3 所示，RAID 10 也叫分片的镜像，就是在 RAID 1 的基础上再做 RAID 0，在磁盘做镜像的情况下，再做一份磁盘并行写入，这样就兼顾了可靠性和吞吐能力。

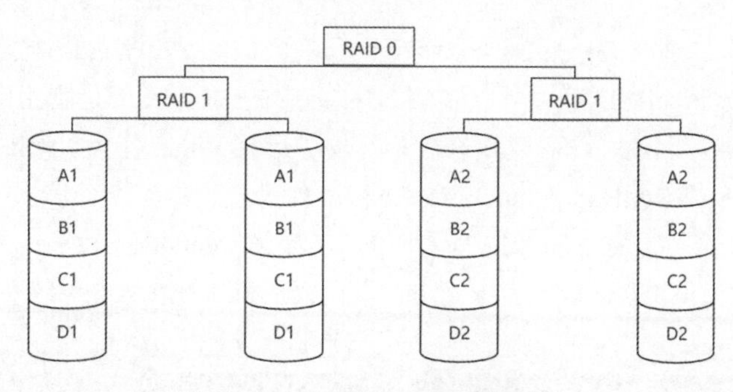

图 7-3　RAID 10 示意图

4. RAID 5

如图 7-4 所示，RAID 5 是分布式奇偶校验磁盘阵列，任何一个数据块都会在其他的磁盘上存放奇偶校验信息，假如一个磁盘损坏，可以根据其他的磁盘上的奇偶校验信息恢复数据，以保证数据的安全性。

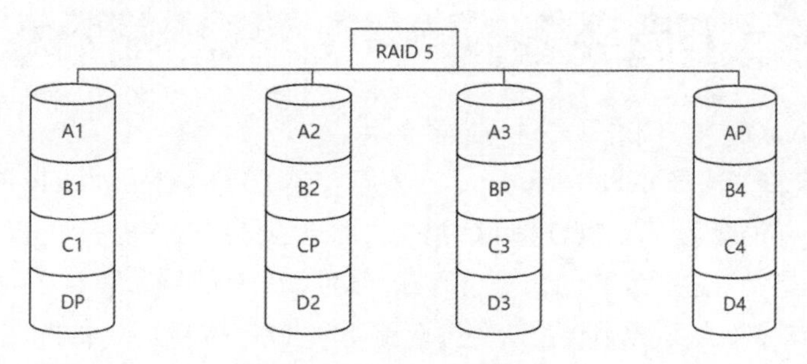

图 7-4　RAID 5 示意图

由表 7-1 可知，RAID 10 综合了 RAID 1 和 RAID 0 的优点，不但读/写速度快，而且性能可靠。因此，生产环境在选择 MySQL 服务器时，基于数据可靠性和高速读/写的需求，应该尽量选择 RAID 10；如果是对磁盘读/写性能的要求没有这么高的业务，则选择性能相对折中的 RAID 5。

表 7-1 RAID 各个模式的对比

RAID	磁盘数	是否冗余	特点	读/写速度
RAID 0	*N*	否	便宜、快速、数据可靠性不高	读快、写快
RAID 1	2*N*	有	贵、数据可靠	读快、写慢
RAID 10	2*N*	有	贵、快速、数据可靠	读快、写快
RAID 5	*N*+1	有	数据可靠、性能折中	读快、写取决于最慢的盘

7.2 操作系统的优化

MySQL 是一款适合在很多操作系统下运行的数据库，如 Windows、Linux、Fedora、Solaris、macOS、FreeBSD 等（可以参考 1.1.1 节中的内容），但是在生产环境中主流的操作系统是 Linux。因此，作者建议在生产环境中选择 Linux 作为 MySQL 的运行环境，并且使用 CentOS 或 RedHat。CentOS 或 RedHat 作为主流的生产环境操作系统，社区活跃度较高，有利于进行 MySQL 维护。CentOS 7 作为 CentOS 比较稳定的版本，从功能和稳定性来说，值得推荐；当然，RedHat 是企业版本，通过付费可以获得企业支持。

7.2.1 文件系统的选择

众所周知，CentOS 7 的默认文件系统是 xfs，CentOS 6 的是 ext4，CentOS 5 的是 ext3。从操作系统版本的演进来看，xfs 是 MySQL 的首选文件系统，因为 xfs 在大多数场景下整体 IOPS 的表现比 ext4 的更好、更稳定。

7.2.2 系统参数的选择

下面以 CentOS 7 为例对系统进行参数调优。

- **IO 调度算法选择 deadline/noop，尽量不使用 CFQ（Completely Fair Queuing，完全公平调度）**：因为 CFQ 把 I/O 请求按照进程分别放入进程对应的队列中。CFQ 的公平是针对进程而言的，提交的每个 I/O 请求的进程都有自己的 I/O 队列，轮转调动队列。默认先从当前队列中取出 4 个请求来处理，然后处理下一个队列中的 4 个请求，确保每个进程享有的 I/O 资源是均衡的。因此，在高并发场景下，CFQ 很可能会导致 I/O 的响应缓慢。
- **vm.swappiness**：具体介绍可以参考 1.1.3 节。

- **fs.file-max**：能够打开的文件句柄数，建议设置为 65 536。
- **numa**：建议关闭。
- **SELinux**：建议关闭。
- **net.core.somaxconn**：表示每个 socket 监听（listen）的 TCP 协议连接数的上限；MySQL 在使用 TCP 协议传输数据时，需要通过三次握手建立连接，在建立连接后，把连接暂存在一个叫 backlog 的队列中。net.core.somaxconn 参数就是队列长度的最大值。net.core.somaxconn 参数的默认值是 128，在 MySQL 服务繁忙或客户端集群规模较大时，默认值为 128 的 backlog 上限是远远不够的，超过 net.core.somaxconn 参数的限制就会引发网络重传或连接超时，所以建议将此参数设置为 65 536。
- **net.core.netdev_max_backlog**：此参数表示每个网络端口处理数据包的速度比内核处理数据包的速度快时，允许每个队列数据包的最大长度超过这个值就会被系统直接抛弃或拒绝，这个值和系统内核的处理速度有关，建议将此参数设置为 65 536。
- **net.ipv4.tcp_max_syn_backlog**：此参数表示在建立三次握手过程中，尚未完成三次握手的连接数上限值，所以称为半连接队列长度。当半连接请求超过此参数的设定值时，连接就被拒绝，建议将此参数设置为 65536。
- **net.ipv4.tcp_fin_timeout**：此参数用来设置保持在 FIN_WAIT_2 状态的时间，TCP 连接四次挥手时，如果此值设置得比较小，就会缩短 FIN_WAIT_2 到 TIME_WAIT 的时间，从而使连接更快地进入 TIME_WAIT 的状态，加速四次挥手的完成。此参数的单位为秒，这个值可以设置为 10～30 秒，建议设置为 10 秒。
- **net.ipv4.tcp_tw_reuse**：此参数表示开启重用，允许将 TIME_WAIT 套接字重新用于新的 TCP 连接，建议关闭。
- **net.ipv4.tcp_tw_recycle**：此参数表示开启在 TCP 连接中 TIME_WAIT 的快速回收，建议关闭。

7.2.3 MySQL 多实例资源隔离优化

在进行 MySQL 安装时，如果服务器的配置过高，那么可能需要在同一台服务器上安装多个 MySQL 实例。但是在生产环境中，会遇到某个实例的某种慢查询等原因导致 CPU、内存、IO 使用率过大，进而影响其他 MySQL 实例的问题。可以采用本节介绍的系统资源隔离的方式 Cgroups，来解决 MySQL 多实例安装时实例之间互相影响的问题。

Cgroups 是 Linux 内核提供的一种可以限制单个进程或多个进程所使用资源的机制，可以对 CPU、内存、磁盘 I/O 等资源实现精细化控制，Docker 的 CPU、内存、磁盘 I/O 的资源隔离就利用了 Cgroups 提供的精细化资源控制能力。因此，在安装多实例 MySQL 时，可以运用其资源隔离能力完成每个 MySQL 实例的 CPU、内存、磁盘 I/O 等资源的隔离。

Cgroups 总共有 9 种限制资源的子系统。

- **cpuset 子系统**：可以为 Cgroups 中的进程分配单独的 CPU 节点或内存节点。
- **memory 子系统**：可以限制进程的 memory 的使用量。
- **blkio 子系统**：可以限制进程的块设备 I/O。
- **cpuacct 子系统**：可以统计 Cgroups 中的进程的 CPU 使用报告。
- **CPU 子系统**：主要限制进程的 CPU 使用率。
- **devices 子系统**：可以控制进程能够访问某些设备。
- **net_cls 子系统**：先标记 Cgroups 中的进程的数据包，然后使用 tc 模块（traffic control）对数据包进行控制。
- **freezer 子系统**：可以挂起或恢复 Cgroups 中的进程。
- **ns 子系统**：可以使不同 Cgroups 下面的进程使用不同的 namespace。

如图 7-5 所示，把 MySQL 进程、监控进程、脚本进程等绑定到一个固定的资源集合中，可以将这个集合称为 css_set（Cgroups Subsystem Set）。这些进程只能使用 css_set 中规定的 CPU 资源、磁盘 I/O 资源、内存资源。当然，可以同时划分多个 css_set，但是每个进程只能绑定一个 css_set。

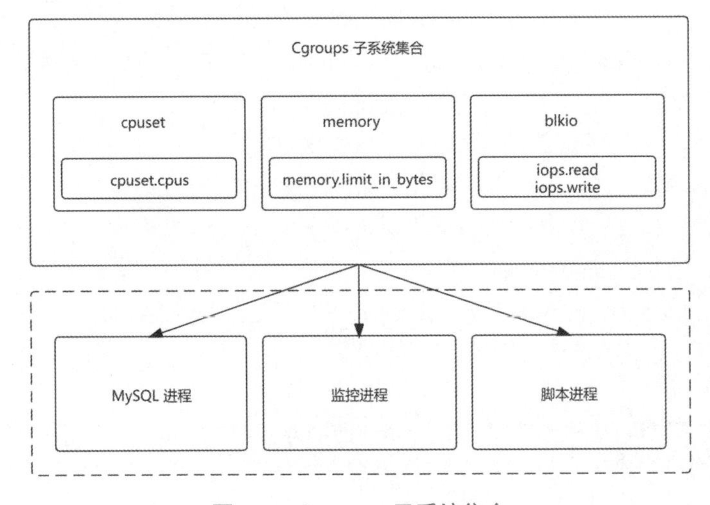

图 7-5　Cgroups 子系统集合

在安装多实例 MySQL 时，主要使用 cpuset、memory、blkio 这 3 种子系统资源限制模式，分别绑定 CPU、限制内存使用量、限制磁盘 IOPS 使用量。

Cgroups 的安装步骤如下：

```
# 安装依赖组件
yum -y install libcgroup libcgroup-tools

# 创建子系统目录
```

```
mkdir -p /cgroup/{cpuset,cpu,cpuacct,memory,devices,freezer,net_cls,
blkio}

# lsblk
NAME   MAJ:MIN RM  SIZE RO TYPE MOUNTPOINT
vda    253:0    0  100G  0 disk
└─vda1 253:1    0  100G  0 part /
vdb    253:16   0    3T  0 disk
└─vdb1 253:17   0    3T  0 part /data     # 数据盘


# 通过 Cgroups 设置 MySQL 隔离的规则

vim  /etc/cgconfig.conf

mount {
   cpuset  = /cgroup/cpuset;
   memory  = /cgroup/memory;
   blkio   = /cgroup/blkio;
}

group mysqld_3306 {
        cpuset {
                cpuset.cpus=0-1;
                cpuset.mems=0;
        }
        blkio {
            blkio.throttle.write_iops_device="252:0 8000";
            blkio.throttle.read_iops_device="252:0 8000";
        }
        memory  {
            memory.soft_limit_in_bytes=17179869184;
            memory.limit_in_bytes=25769803776;
        }
}

group mysqld_3406 {
        cpuset {
                cpuset.cpus=2;
                cpuset.mems=0;
        }
        blkio {
            blkio.throttle.write_iops_device="253:16 8000";
            blkio.throttle.read_iops_device="253:16 8000";
        }
        memory  {
            memory.soft_limit_in_bytes=17179869184;
            memory.limit_in_bytes=25769803776;
        }
}

group mysqld_3506 {
```

```
        cpuset {
                cpuset.cpus=3;
                cpuset.mems=0;
        }
        blkio {
            blkio.throttle.write_iops_device="253:16 8000";
            blkio.throttle.read_iops_device="253:16 8000";
        }
        memory  {
            memory.soft_limit_in_bytes=17179869184;
            memory.limit_in_bytes=25769803776;
        }
}

group mysqld_3506 {
        cpuset {
                cpuset.cpus=4-5;
                cpuset.mems=0;
        }
        blkio {
                blkio.throttle.write_iops_device="253:16 8000";
                blkio.throttle.read_iops_device="253:16 8000";
                }
                memory  {
                    memory.soft_limit_in_bytes=17179869184;
                    memory.limit_in_bytes=25769803776;
                }
        }


# 将 cgred 规则应用到进程之上

vim  /etc/cgrules.conf

*:mysqld_3306  cpuset,blkio,memory  mysqld_3306
*:mysqld_3406  cpuset,blkio,memory  mysqld_3406
*:mysqld_3506  cpuset,blkio,memory  mysqld_3506

# 启动 cgconfig 和 cgred
systemctl  start cgconfig
systemctl  start cgred

# 挂载资源
lssubsys -am
mount -t cgroup
```

通过以上步骤就可以实现 mysqld_3306 进程的资源隔离。需要注意的是，在配置/etc/cgrules.conf 时，进程的匹配是有条件的，必须是一个可执行进程，如*:mysqld_3306 表示进程名是 mysqld_3306。另外，如果使用的是 mysqld_safe 启动的 MySQL 进程，在安装多进程时，就需要修改 mysqld_safe 启动文件。

通过资源隔离后，可以启动一个 MySQL 进程查看资源的使用情况。最终发现 mysqld_3306 进程只会导致服务器的核 0 和 1 的使用率升高：

```
top - 16:10:39 up 53 days,  1:36,  1 user,  load average: 2.74, 2.66, 2.69
Tasks: 148 total,   1 running, 147 sleeping,   0 stopped,   0 zombie
%Cpu0  : 98.0 us,  2.0 sy,  0.0 ni,  0.0 id,  0.0 wa,  0.0 hi,  0.0 si,  0.0 st
%Cpu1  : 98.0 us,  1.7 sy,  0.0 ni,  0.3 id,  0.0 wa,  0.0 hi,  0.0 si,  0.0 st
%Cpu2  :  1.0 us,  1.3 sy,  0.0 ni, 96.1 id,  0.0 wa,  0.0 hi,  1.6 si,  0.0 st
%Cpu3  :  0.7 us,  1.0 sy,  0.0 ni, 97.7 id,  0.0 wa,  0.0 hi,  0.7 si,  0.0 st
KiB Mem :  8009444 total,   268660 free,   916204 used,  6824580 buff/cache
KiB Swap:        0 total,        0 free,        0 used.  6761020 avail Mem
```

Cgroups 的基本维护命令如下：

```
# 停止进程
systemctl  stop cgconfig
systemctl  stop cgred
cgclear

# 手动增加
cgcreate -g  cpu:/mysqld_3306
cgset -r cpuset.cpus=0-7 mysqld_3306

# 动态变更
cat  /sys/fs/cgroup/cpuset/mysqld_3306/cpuset.cpus
echo 0-10 >  /sys/fs/cgroup/cpuset/mysqld_3306/cpuset.cpus
```

需要指出的是，MySQL 8.0 新增的资源组功能用于调控线程优先级及绑定 CPU 核。第 16 章会详细介绍该功能。

7.3　参数调优

配置参数在 MySQL 运行过程中具有重要作用。设置合适的配置参数有助于 MySQL 高效、稳定地运行。当然，在某些情况下，如果参数设置得不合理，就会出现一些故障。因此，需要充分了解 MySQL 参数的特性，并选择合适的配置参数。

7.3.1　参数的加载顺序

MySQL 的配置文件的名称为 my.cnf，在单实例运行模式下，配置文件 my.cnf 的加载顺序为/etc/my.cnf → /etc/mysql/my.cnf/ → SYSCONFDIR/my.cnf → basedir/my.cnf（见

图 7-6），其中，SYSCONFDIR 表示在安装源码时指定的配置文件的选项，如果没有指定，就不加载。在启动 MySQL 服务的过程中，先按顺序扫描这些位置的 my.cnf 文件，然后逐个加载这些配置文件，后面的配置文件会覆盖前面的配置文件的配置项。因此，配置完 MySQL 之后，应该检查这些地方的配置文件，最好只保留/etc/my.cnf 这一个位置的配置文件，否则容易导致配置文件的修改失效。

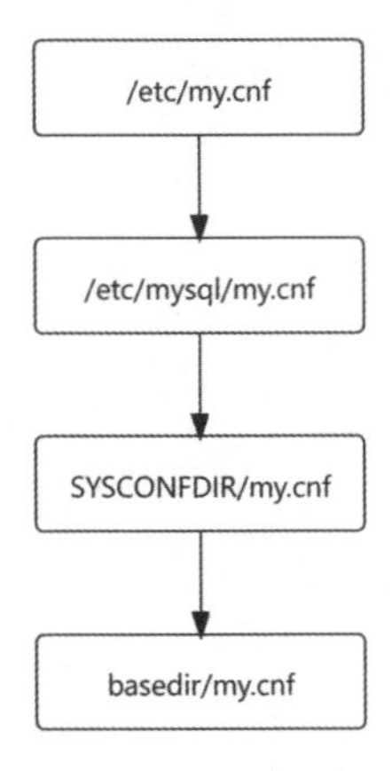

图 7-6　MySQL 配置文件的加载顺序

7.3.2　常用参数的调优

从 MySQL 5.6 之后，到目前的 MySQL 8.0，MySQL 默认的存储引擎是 InnoDB，因此，MySQL 的参数介绍和调优大部分是围绕 InnoDB 展开的。本节主要介绍一些常用参数的调优方式。

- **skip-name-resolve**：这个参数的默认值是 OFF，表示支持 MySQL 先检查主机名是否在缓存中，若不在缓存中则解析主机名。客户端在第一次建立连接时缓存 IP 和主机名的映射关系，并记录在 performance_schema 库的 host_cache 内存表中，同时 host_cache 内存表也会记录登录失败的错误信息，防止暴力破解 MySQL。host_cache 内存表中的内容如下：

```
mysql> select  IP,HOST,HOST_VALIDATED,SUM_CONNECT_ERRORS,FIRST_
ERROR_SEEN,
   LAST_ERROR_SEEN from performance_schema.host_cache\G;
   *************************** 1. row ***************************
                 IP: 172.15.13.253
               HOST: NULL
     HOST_VALIDATED: YES
   SUM_CONNECT_ERRORS: 0
    FIRST_ERROR_SEEN: 2021-10-30 23:56:31
     LAST_ERROR_SEEN: 2021-10-30 23:56:31
   1 row in set (0.00 sec)
```

在生产环境中，应该将 skip-name-resolve 参数设置为 ON，因为每次新建连接 MySQL

都要检查 host_cache 内存表是否存储解析缓存，如果 DNS 解析很慢，就会影响 MySQL 的新建连接。生产环境一般来说都是内网环境，所以一般不会出现暴力破解。

- **innodb_buffer_pool_size**：由于 MySQL 中的 InnoDB 缓冲池主要存放 InnoDB 的数据缓存页面、索引缓存页面、自适应哈希索引、change buffer、数据字典、join buffer、查询缓存数据等，因此 innodb_buffer_pool_size 参数对整个 MySQL 的性能具有非常重要的影响。

MySQL 可以在线动态调整 innodb_buffer_pool_size 参数的大小，使用 innodb_buffer_pool_resize_status 参数可以查看调整 innodb_buffer_pool_size 参数的进度和状态：

```
mysql> show status like "innodb_buffer_pool_resize_status";
+----------------------------------+----------------------------------------------------+
| Variable_name                    | Value                                              |
+----------------------------------+----------------------------------------------------+
| innodb_buffer_pool_resize_status | Completed resizing buffer pool at 210729 16:54:25. |
+----------------------------------+----------------------------------------------------+
1 row in set (0.00 sec)

mysql> set global innodb_buffer_pool_size = 4*1024*1024*1024;
Query OK, 0 rows affected (0.00 sec)

mysql> show status like "innodb_buffer_pool_resize_status";
+----------------------------------+----------------------------------------------------+
| Variable_name                    | Value                                              |
+----------------------------------+----------------------------------------------------+
| innodb_buffer_pool_resize_status | Completed resizing buffer pool at 210729 16:59:24. |
+----------------------------------+----------------------------------------------------+
1 row in set (0.00 sec)
```

针对单个实例来说，innodb_buffer_pool_size 参数分配的内存占总实例内存的 70%～80%为宜。调整 innodb_buffer_pool_size 参数的值，使其必须等于 innodb_buffer_pool_chunk_size 参数的值× innodb_buffer_ pool_instances 参数（本节后面会具体介绍）的值，或者使 innodb_buffer_pool_size 参数的值是 innodb_buffer_pool_chunk_size 参数的值× innodb_buffer_ pool_instances 参数的值的整数倍。innodb_buffer_pool_chunk_size 参数的默认值是 128MB。如果将 innodb_buffer_pool_size 参数的值改为不等于 innodb_buffer_pool_chunk_size 参数的值× innodb_buffer_ pool_instances 参数的值的整数倍，那么 MySQL 会自适应地调整 innodb_buffer_pool_size 参数的值，使其等于或为 innodb_buffer_pool_chunk_size 参数的值× innodb_buffer_ pool_instances 参数的值的整数倍。

下面通过实验验证 MySQL 是否会自适应地调整 innodb_buffer_pool_size 参数的值

等于或为 innodb_buffer_pool_chunk_size 参数的值× innodb_buffer_ pool_instances 参数的值的整数倍。

在进行实验之前，需要把配置文件 my.cnf 中的几个参数修改成如下值并重启 MySQL 服务使参数值生效：

```
innodb_buffer_pool_instances=5
innodb_buffer_pool_size=2G
innodb_buffer_pool_chunk_size=128M
```

下面进行验证：

```
mysql> select @@innodb_buffer_pool_instances;
+--------------------------------+
| @@innodb_buffer_pool_instances |
+--------------------------------+
|                              5 |
+--------------------------------+
1 row in set (0.00 sec)

mysql> select @@innodb_buffer_pool_size;
+---------------------------+
| @@innodb_buffer_pool_size |
+---------------------------+
|                2684354560 |
+---------------------------+
1 row in set (0.00 sec)

mysql> select @@innodb_buffer_pool_size/1024/1024/1024;
+------------------------------------------+
| @@innodb_buffer_pool_size/1024/1024/1024 |
+------------------------------------------+
|                           2.500000000000 |
+------------------------------------------+
1 row in set (0.00 sec)
```

可以发现，自适应 innodb_buffer_pool_size 参数调到了 2.5GB，超过了配置文件中配置的 2GB。

如上所述，如果将 innodb_buffer_pool_size 参数的值改为不等于 innodb_buffer_pool_chunk_size 参数的值× innodb_buffer_pool_instances 参数的值的整数倍，那么 MySQL 会自适应地调整 innodb_buffer_pool_size 参数的值，使其等于或为 innodb_buffer_pool_chunk_size 参数的值× innodb_buffer_pool_instances 参数的值的整数倍。如果 innodb_buffer_pool_size 参数的值为 2GB，那么 innodb_buffer_pool_size 参数的值除以 innodb_buffer_pool_chunk_size 参数的值× innodb_buffer_pool_instances 参数的值等于 3.2（可以使用下面的方法计算），不为整数。因此，自适应调整成 4 倍关系，也就是将 innodb_buffer_pool_size 参数的值调整成 2.5GB。

```
mysql> select 2 * 1024 * 1024 * 1024 / (5 * 128 * 1024 * 1024);
+---------------------------------------------------+
```

```
| 2 * 1024 * 1024 * 1024 / (5 * 128 * 1024 * 1024) |
+---------------------------------------------------+
|                                            3.2000 |
+---------------------------------------------------+
1 row in set (0.00 sec)

mysql> select 2.5 * 1024 * 1024 * 1024 / (5 * 128 * 1024 * 1024);
+-----------------------------------------------------+
| 2.5 * 1024 * 1024 * 1024 / (5 * 128 * 1024 * 1024) |
+-----------------------------------------------------+
|                                             4.00000 |
+-----------------------------------------------------+
1 row in set (0.01 sec)
```

当 innodb_buffer_pool_instances 参数的值大于 1 时，innodb_buffer_pool_size 参数的值必须大于 1GB：

```
mysql> set global innodb_buffer_pool_size=6*1024;
Query OK, 0 rows affected, 2 warnings (0.04 sec)

mysql> show warnings;
+---------+------+-----------------------------------------------------------
----------------------------------------------+
| Level   | Code | Message                                                   |
+---------+------+-----------------------------------------------------------
----------------------------------------------+
| Warning | 1292 | Truncated incorrect innodb_buffer_pool_size value:
'6144'                                        |
| Warning | 1210 | Cannot update innodb_buffer_pool_size to less than
1GB if innodb_buffer_pool_instances > 1. |
+---------+------+-----------------------------------------------------------
----------------------------------------------+
2 rows in set (0.01 sec)
```

通过以下公式计算 innodb_buffer_pool_size 参数的值设置得是否合理：

```
  performance_read = innodb_buffer_pool_read_requests / (innodb_
buffer_pool_reads + innodb_buffer_pool_read_requests )* 100%
```

其中，innodb_buffer_pool_read_requests 参数表示从 InnoDB 缓冲池中读取的请求数，innodb_buffer_pool_reads 参数表示未命中 InnoDB 缓冲池时从硬盘读取的请求数。

若 performance_read < 90%，则可以考虑增加 innodb_buffer_pool_size 参数的值：

```
mysql> show status like 'innodb_buffer_pool_read%';
+---------------------------------------+-----------+
| Variable_name                         | Value     |
+---------------------------------------+-----------+
| innodb_buffer_pool_read_ahead_rnd     | 0         |
| innodb_buffer_pool_read_ahead         | 59        |
| innodb_buffer_pool_read_ahead_evicted | 0         |
| innodb_buffer_pool_read_requests      | 426722235 |
| innodb_buffer_pool_reads              | 1177      |
+---------------------------------------+-----------+
```

```
5 rows in set (0.00 sec)

mysql> select 426710057/(426710057+1177)*100;
+--------------------------------+
| 426710057/(426710057+1177)*100 |
+--------------------------------+
|                        99.9997 |
+--------------------------------+
1 row in set (0.00 sec)
```

- **innodb_buffer_pool_instances**：上面提到了此参数，此参数表示 InnoDB 缓冲池被划分为多少个不同的内存区，通过划分不同的内存区，可以减少读/写线程的锁资源争抢冲突，提高 MySQL 的并发性能。每个内存的页通过哈希算法分配到这些内存区，每个内存区单独管理自己的 LRU 链表、free lists 等。综合各种测试结果，当 innodb_buffer_pool_instances=8（默认值）时，吞吐量和稳定性较为理想。
- **character-set-server**：此参数是 MySQL 库表的默认字符集，不用特意指定，MySQL 8.0 已经默认为 utf8mb4，utf8mb4 是兼容 utf8 的。
- ***timeout 相关参数。**
  - connect_timeout：此参数作用于 MySQl 客户端和 MySQL 服务端建立连接阶段，即在建立三次握手之后，MySQL 授权认证（authenticate）阶段。表示 MySQL 服务端等待 MySQL 客户端连接包的响应超时时间，建议设置为默认的 10 秒。

```
 # time telnet 172.27.163.114 3306
Trying 172.27.163.114...
Connected to 172.27.163.114.
Escape character is '^]'.
J
8.0.21
S=DJ8>~[

real    0m10.008s# 这个时间是 connect_timeout 时间,就是 MySQL 授权认证阶段的时间
user    0m0.000s
sys     0m0.003s
```

  - **interactive_timeout/wait_timeout**：此参数作用于 MySQL 客户端和 MySQL 服务端建立连接后，是 MySQL 关闭交互/非交互连接前空闲等待（sleep）的最长时间。interactive_timeout 参数表示交互连接空闲等待时间，如 MySQL 客户端建立的连接，此值默认是 28 800 秒，由于交互式 MySQL 客户端一般也不需要这么久的保持回话，因此推荐设置为 7200 秒；wait_timeout 参数表示非交互连接前空闲等待的最长时间，如 PHP、Java 等语言连接后，没有执行 SQL，MySQL 就会等待 wait_timeout 参数设置的时间之后断开连接。在程序连接池模式为了防止程序频繁的断开连接，建议设置为默认值 28 800 秒。

- ➢ **net_read_timeout/net_write_timeout**：此参数表示 MySQL 客户端和在终止连接前，MySQL Server 等待传输数据/写入数据的最长时间。例如，PHP 程序在执行了一个 SQL 查询后，因为 PHP 是短连接，所以查询完一个 SQL 就要断开连接，但是如果 MySQL 服务端还在向 MySQL 客户端传输数据，那么等待的最长时间就是 net_read_timeout 参数定义的值；net_read_timeout/net_write_timeout 参数保持默认值就可以，分别为 30 秒和 60 秒。
- ➢ **slave_net_timeout**：此参数表示从库在 slave_net_timeout 时间之内没有收到主库的任何数据（包括 Binlog、Heartbeat），从库认为已经断开连接。
- ➢ **lock_wait_timeout/innodb_lock_wait_timeout**：lock_wait_timeout 参数表示元数据锁的等待超时时间，而 innodb_lock_wait_timeout 参数表示 InnoDB 事务锁的等待超时时间。在某些情况下，元数据锁可能等待较长时间，所以 lock_wait_timeout 参数保持默认值 31 536 000 秒就可以，而 MySQL 在做普通的数据变更时，锁等待不宜过长，innodb_lock_wait_timeout 参数保持默认值 50 秒就可以。

- **lower_case_table_names**：此参数表示表名是否启用区分大小写，1 表示表名大小写不敏感，0 表示大小写敏感，建议设置为 1。例如，将参数值设置为 0 时，如果使用 mysqldump 迁移数据，假如没有将这个参数设置为 1，就可能导致表名覆盖从而发生表丢失。
- **max_connections**：此参数表示 MySQL 能够接受的最大连接数，超过最大连接数，就会报“too many connections”。需要指出的是，在 MySQL 8.0 中增加额外端口参数 admin_port，就可以通过在超过 max_connections 参数设置的最大连接数时，使用额外端口登录 MySQL 进行管理操作。
- **transaction_isolation**：此参数表示事务的 4 种隔离级别设置，关于事务的隔离级别请参考 4.2.3 节。默认的隔离级别是 REPEATABLE READ，但是建议在生产环境中将隔离级别设置为 READ COMMITTED，因为在 REPEATABLE READ 下存在较多的间隙锁，在 READ COMMITTED 下，锁的范围更小，锁的时间更短，并且能满足大部分生产业务的需要。
- **tmp_table_size**：此参数表示临时表的缓存大小，一个线程中 MySQL 的临时表如果超过这个值，就会在磁盘上创建临时表。max_heap_table_size 参数表示 MEMORY 内存引擎的表大小，因为临时表也是属于内存表，所以也会受此参数的限制，如果要增加 tmp_table_size 参数的大小也需要同时增加 max_heap_table_size 参数的大小。因此，临时表的内存缓存大小取决于 max_heap_table_size 参数和 tmp_table_size 参数的值中较小的那个。建议将 tmp_table_size 参数设置为默认值 16MB，如果业务中有较多的 group by 聚合查询产生临时表，则可以相应地增大该值。
- **read_buffer_size**：此参数表示每个线程中针对 MyISAM 表在顺序扫描时分配的内存，因为使用 MyISAM 的概率非常低，所以设置为 16MB 就可以。

- **read_rnd_buffer_size**：此参数表示在排序查询之后，保证以顺序的方式获取查询的数据。如果有很多 order by 查询语句，增加这个参数的值能够提升性能。在排序查询后，得到的是行数据指针，通过 key-value 的形式存在，对于 MyISAM 是数据的偏移量，对于 InnoDB 是主键或存储重新查询的全量数据（对于小片的数据是有益的）。假设排序查询后的数据使用的是行指针，并且行中的字段能够被转换成固定的大小（除了 blob/text 字段），MySQL 能够使用 read_rnd_buffer_size 参数优化数据读取。因为排序查询后的数据是以 key-value 的形式存在的，所以使用这些行指针读取数据，数据将以指针指向的顺序读取，导致在很大程度上是采用随机方式读取数据的。MySQL 先从 sort_buffer 中读取这些行指针数据，然后通过指针排序后存入 read_rnd_buffer 参数中，后面再通过指针读取数据时，基本上都是顺序读取的。
- **sort_buffer_size**：此参数表示每个连接在做排序时分配的一个内存。sort_buffer_size 参数面对的是所有的存储引擎，在业务排序操作中如果需要排序的字段和选择数据字段的数据量比较大，超过了 sort_buffer_size 参数的限制，就会使用磁盘文件进行排序。在通常情况下，建议将 sort_buffer_size 参数设置为 32MB。
- **slow_query_log/long_query_time**：这两个参数分别表示 Slow Log 是否开启、慢查询时间阈值，具体使用方式可参考 6.3 节，一般建议将 slow_query_log 参数设置为 1，long_query_time 参数设置为 1。如果业务有更高的 QPS 要求，则可以在测试环境中把 long_query_time 参数设置为更小的值，以提前优化。
- **log_queries_not_using_indexes**：此参数表示 SQL 在未使用索引的情况下，会记录到慢日志，建议打开。
- **expire_logs_days/binlog_expire_logs_seconds**：关于这两个参数的具体介绍可参考 6.1.7 节，建议将 expire_logs_days 参数设置为 7 天，binlog_expire_logs_seconds 参数设置为 604 800 秒。
- **explicit_defaults_for_timestamp**：此参数表示在创建表时，timestamp 字段的属性信息。

如果 explicit_defaults_for_timestamp = OFF，那么在创建表时，timestamp 字段的行为如下。

> 若 timestamp 字段没有显式地指明 null 属性，那么该列会被自动加上 not null 属性（其他类型的列如果没有被显式地指定 not null 属性，那么是允许 null 值的）。如果在该列中插入 null 值，那么自动设置为当前时间戳。
> 表中的第一个 timestamp 列，如果没有指定 null 属性或没有指定默认值，也没有指定 on update 语句，那么该列会自动被加上 default current_timestamp 属性和 on update current_timestamp 属性。
> 对于其他 timestamp 列（除第一个 timestamp 列之外），如果没有显式地指定

null 属性和 default 属性，那么自动设置为 not null default '0000-00-00 00:00:00'。（当然，这与 sql_mode 有关，如果 sql_mode 中包含'no_zero_date'，那么实际上是不允许将其默认值设置为'0000-00-00 00:00:00'的）。

如果 explicit_defaults_for_timestamp = ON，那么在创建表时，timestamp 字段的行为如下。

- 如果 timestamp 列没有显式地指定 not null 属性，那么默认该列可以为 null，此时向该列中插入 null 值时，会直接记录 null，而不是当前时间戳。
- 不会自动地为表中的第一个 timestamp 列加上 default current_timestamp 属性和 on update current_timestamp 属性。
- 如果 timestamp 列被加上了 not null 属性，并且没有设定默认值，此时向表中插入记录，同时该列没有指定值。当设置为 strict sql_mode 时，SQL 会直接报错。如果没有设置 strict sql_mode，那么向该列中插入'0000-00-00 00:00:00'会产生告警。

其实不建议在生产环境中使用 timestamp 字段，因为在使用时需要考虑时区转换的问题。如果非要使用，则可以将其设置为 explicit_defaults_for_timestamp = OFF。

- **sql_mode**：此参数表示 SQL 的语法校验，建议的值为 strict_trans_tables、no_engine_substitution、no_zero_date、no_zero_in_date、error_for_division_by_zero、no_auto_create_user。这些值的含义如下。
  - strict_trans_tables：是指值不能插入事务表中，会抛弃这个 SQL。
  - no_engine_substitution：是指如果在使用 create table 语句和 alter table 语句时指定的 engine 项不被支持，就会报错。
  - no_zero_date：是指'0000-00-00'这样的时间是否允许。
  - no_zero_in_date：是指'2010-00-01'这样的时间是否允许。
  - error_for_division_by_zero：是指在 insert 和 update SQL 中，如果零做除数，则报错。
  - no_auto_create_user：是指 MySQL 在创建空密码的用户时会报错。
- **gtid_mode/enforce_gtid_consistency**：这两个参数配合开启主从复制 GTID 模式，具体介绍可参考 9.2.1 节，在启用基于 GTID 模式的复制之前，必须将 gtid_mode 参数设置为 on，enforce_gtid_consistency 参数设置为 true。
- **log_slave_updates**：此参数开启表示从库会将主库的变更记录同时记录到 Binlog 中，在 MySQL 5.6 开启 GTID 模式时从库必须开启，MySQL 5.7 以后 MySQL.gtid_executed 表会记录从库 GTID 的执行位点，不再依据 Binlog 记录的 GTID 信息判断执行到的位点信息。
- **binlog_format**：此参数表示 Binlog 记录行格式，有 3 种格式可供选择，即 statement、mixed、row，具体介绍可参考 6.1.4 节。建议选择 row 格式，因为不管从主从复制一致性的角度来看（statement 格式和 mixed 格式在某些特殊情况下主从数据可能不一致），还是从数据恢复的角度来看（使用恢复工具通过 Binlog 恢复数据），row 格式都是比较合适的。

- **innodb_buffer_pool_dump_at_shutdown/innodb_buffer_pool_load_at_startup**：开启 innodb_buffer_pool_dump_at_shutdown 参数表示当 MySQL 服务关闭时，是否记录 InnoDB 缓冲池中缓存的页面。innodb_buffer_pool_load_at_startup 参数表示当 MySQL 服务启动时，InnoDB 缓冲池通过加载它关闭时缓存的页面自动预热。两个参数同时开启可以缩短重启时的预热过程。
- **innodb_io_capacity/innodb_io_capacity_max**：这两个参数是 MySQL 认为的磁盘 I/O 能力，InnoDB 刷脏页时的 IOPS 为 innodb_io_capacity，而合并插入缓冲时的 IOPS 为 innodb_io_capacity 的 5%。因此，如果磁盘没有如此高的 IOPS 能力，但是 MySQL 认为磁盘 IOPS 能力较强，就会出现磁盘 I/O 性能问题；如果磁盘的 IOPS 能力远远高于设定的 innodb_io_capacity 参数的值，就会造成资源浪费，并且影响读/写效率。在生产环境中，如果采用 SSD 磁盘，那么建议设置为 8000，innodb_io_capacity_max 参数的值建议设置为 innodb_io_capacity 参数的值的 2 倍，表示 InnoDB 后台任务工作的最大的 IOPS 能力。
- **max-allowed-packet**：此参数可以粗略表示每行 MySQL 数据的最大值，当一行记录超过了限制的大小时就会报错。如果使用了长字符串类型，则建议将此值设置为 1GB。
- **innodb_flush_neighbors**：此参数表示 InnoDB 在刷脏页的时候，是否会把相邻页也刷到磁盘中，因为一般来说机械硬盘时代磁盘寻道会花费较长时间，这样就减少了磁盘寻道时间，提升了效率。当然，刷相邻页获取收益是有前提的，就是针对 insert 操作较多的业务场景，刚好需要把相邻页也刷到磁盘中，然而 update 操作较多的业务场景，因为会把刷到磁盘的脏页数据又重新加载回磁盘，反而会增加磁盘 I/O 开销。在 MySQL 8.0 中，innodb_flush_neighbors 参数已经默认设置为 0，因为现在都是 SSD 磁盘，刷新相邻页的收益并不大，所以建议将此参数设置为 0。
- **innodb_log_file_size**：此参数表示 Redo Log 文件的大小，设置得过小或过大的优点和缺点均在 6.5.3 节中有讲解，建议将此参数设置为 2GB。
- **innodb_thread_concurrency**：此参数表示在同一时刻能够进入 InnoDB 的最大线程数，超过此设置就会进入线程排队中，建议保持默认值 0，即不进行限制。
- **innodb_print_all_deadlocks**：此参数表示是否将死锁信息都记录在 Error Log 中，建议打开。
- **innodb_strict_mode**：此参数表示创建表、修改表、创建索引等，如果有语法错误则直接抛出错误，建议开启。
- **innodb_buffer_pool_dump_pct**：此参数表示每个缓冲池读出和转储的最近使用页的百分比，此参数影响 MySQL 刷脏页的速度，所以设置的值不宜太大，太大的值就会导致脏页太多，从而影响写入性能，每次写入会强制刷脏页，建议将此参数设置为 40。

- **binlog_gtid_simple_recovery**：在没有开启这个参数时，MySQL 重启或恢复都会扫描全部的 Binlog 获取 gtid_executed 参数和 gtid_purged 参数的值，这样做会耗费很长时间。开启这个参数之后，MySQL 只扫描第一个 Binlog 文件和最后一个 Binlog 文件。需要注意的是，在中途开启 GTID 时，也会扫描前面所有的 Binlog 文件，直到获取到 gtid_executed 参数和 gtid_purged 参数的值。建议开启此参数。
- **log_timestamps**：此参数控制 Error Log、Slow Log、Genera Log 日志记录的时间的时区，建议设置为 system，因为默认为 UTC，所以会使日志记录的时间比现在慢 8 个小时。
- **sync_binlog**：此参数的具体介绍可参考 6.1.8 节，作者建议在生产环境中将此参数设置为 1，以保证数据的可靠性。
- **innodb_flush_log_at_trx_commit**：此参数的具体介绍可参考 6.5.2 节，作者建议在生产环境中将此参数设置为 1，以保证数据的可靠性。但是，在特殊情况下，可以将此参数设置为 0 或 2，如主从同步延迟时，为了加快从库的同步速度，临时把从库设置为 0 或 2。
- **innodb_flush_method**：表示用于将数据刷新到 InnoDB 数据文件和日志文件的方法，这可能会影响 I/O 吞吐量，有 fsync、O_DSYNC、O_DIRECT 等选项，O_DIRECT 表示不经过系统缓存的方式，直接刷写到磁盘，可以减少刷写文件系统的开销。需要指出的是，这种刷盘方式只适用于数据文件，如数据页刷脏的情况，但是 Redo Log 日志刷盘的情况不使用 O_DIRECT 方式，因为 Redo Log 在 innodb_flush_log_at_trx_commit=1 的情况下每次写磁盘文件都要刷盘，而 Linux 内核 direct IO 的使用条件就是要求缓存区的起始位置和数据读/写长度必须是磁盘逻辑块大小的整数倍，也就是 512 字节，否则会导致 direct IO 失败；而 Redo Log 刷写文件大小不能精确到 512 字节的整数倍，因此 Redo Log 在 innodb_flush_log_at_trx_commit=1 模式下不能使用 O_DIRECT 方式。

上面列举了 MySQL 调优的参数，并给出了推荐值，在实际的生产环境中，还可以根据实际情况灵活调整。

7.4　慢查询分析

如何获取慢查询呢？不仅可以通过 MySQL 的 Slow Log 或 SHOW PROCESSLIST 命令来获取，还可以通过业务记录的访问日志，或者通过 MySQL General Log、云服务器厂商提供的审计日志等手段来获取。但是这些慢查询如何分析其执行计划，或者如何得到慢在哪个位置，就需要借助工具来实现。通常使用 Explain 来分析慢日志，有时还会使用 Performance Schema 或 Trace 等工具寻找 SQL 的问题。

7.4.1 Explain

Explain 作为最常使用的慢日志分析工具，可以模仿 MySQL 优化器的执行计划，从而获取 SQL 的执行计划。用户可以从执行计划中得到如下信息。

- 多张表 join 时表的读取顺序。
- 每张表的预估扫描行数。
- SQL 的查询类型。
- 可能用到的索引情况。
- 实际用到的索引。
- 额外的一些信息，包括是否使用排序，以及是否使用覆盖索引等。

为了方便后面的实验，下面先创建两张测试表，并写入数据：

```
# 数据准备
mysql> use test
Database changed

create table `test1` (
  `id` int not null auto_increment,
  `videoid` int not null default 0,
  `memid` int not null default 0,
  primary key (`id`),
  key `idx_videoid` (`videoid`)
) engine=innodb default charset=utf8mb4;

create table `test2` (
  `id` int not null auto_increment,
  `videoid` int not null default 0,
  `taskid` int not null default 0,
  primary key (`id`),
  key `idx_videoid` (`videoid`)
) engine=innodb default charset=utf8mb4;

# 在两张测试表中插入数据
delimiter //
create procedure pro_test()
begin
  declare i int;
  set i=1;
  while(i<=10000)do
    insert into test1(videoid,memid) values(i, i);
    insert into test2(videoid,taskid) values(i+5, i+5);
    set i=i+1;
  end while;
end//
delimiter ;

call pro_test();
```

Explain 工具的 SQL 运行结果如下：

```
# 执行 explain 语句
mysql> explain select * from test1  limit 5\G
*************************** 1. row ***************************
           id: 1
  select_type: SIMPLE
        table: test1
   partitions: NULL
         type: ALL
possible_keys: NULL
          key: NULL
      key_len: NULL
          ref: NULL
         rows: 10195
     filtered: 100.00
        Extra: NULL
1 row in set, 1 warning (0.00 sec)
```

下面解释各个列的含义。

- id：select 单个语句标识符。这是 select 语句查询的有序序号，如果是 union 语句，那么结果可能为 null。
  - ➢ 如果 id 相同，那么执行顺序为由上至下。
  - ➢ 如果是子查询，那么 id 的序号会递增。id 值越大优先级越高，越先被执行。

在下面的例子中，若 id 相同，则先执行表 bb(test2)，然后执行的是表 aa（test1）：

```
mysql> explain  select  *  from  test1  aa  join  test2  bb  on
aa.videoid=bb.videoid limit 1\G
*************************** 1. row ***************************
           id: 1
  select_type: SIMPLE
        table: bb
   partitions: NULL
         type: ALL
possible_keys: idx_videoid
          key: NULL
      key_len: NULL
          ref: NULL
         rows: 10000
     filtered: 100.00
        Extra: NULL
*************************** 2. row ***************************
           id: 1
  select_type: SIMPLE
        table: aa
   partitions: NULL
         type: ref
possible_keys: idx_videoid
          key: idx_videoid
      key_len: 4
          ref: test.bb.videoid
```

```
         rows: 1
     filtered: 100.00
        Extra: NULL
2 rows in set, 1 warning (0.00 sec)
```

- select_type：select 子句的类型。
  - SIMPLE：简单 select，不使用 union 语句或子查询等。
  - PRIMARY：如果包含关联查询或子查询，那么最外层的查询部分标记为 PRIMARY。
  - UNION：union 语句或 union all 语句中的第二条子句或后面的 select 子句。
  - DEPENDENT UNION：与 union 语句相同，但是依赖外部查询。
  - DEPENDENT SUBQUERY：在 union 语句中，子查询中的第一条 select 子句，依赖外部查询。
  - SUBQUERY：子查询中的第一条 select 子句，结果不依赖外部查询。
  - DERIVED：派生表的 select 子句，from 的子查询。
  - UNCACHEABLE SUBQUERY：无法缓存其结果的子查询，必须对外部查询的每一行重新求值。

根据下面的例子，子查询中的第一条 SQL 语句的 explain 结果，select videoid from test2 where taskid = 9812 的 select_type 为 DEPENDENT SUBQUERY，也就是子查询中的第一条 select 子句，并且依赖外部查询；而 select videoid from test1 where memid = 234 是子查询中的第二条 select 子句，所以 EXPLAIN 结果中的 select_type 为 DEPENDENT UNION。

```
MySQL > explain select * from test1 where videoid in (select videoid from test2 where taskid = 9812 union select videoid from test1 where memid = 234)\G
*************************** 1. row ***************************
           id: 1
  select_type: PRIMARY
        table: test1
   partitions: NULL
         type: ALL
possible_keys: NULL
          key: NULL
      key_len: NULL
          ref: NULL
         rows: 10217
     filtered: 100.00
        Extra: Using where
*************************** 2. row ***************************
           id: 2
  select_type: DEPENDENT SUBQUERY
        table: test2
   partitions: NULL
         type: ref
possible_keys: idx_videoid
```

```
          key: idx_videoid
      key_len: 4
          ref: func
         rows: 1
     filtered: 10.00
        Extra: Using where
*************************** 3. row ***************************
           id: 3
  select_type: DEPENDENT UNION
        table: test1
   partitions: NULL
         type: ref
possible_keys: idx_videoid
          key: idx_videoid
      key_len: 4
          ref: func
         rows: 1
     filtered: 10.00
        Extra: Using where
*************************** 4. row ***************************
           id: NULL
  select_type: UNION RESULT
        table: <union2,3>
   partitions: NULL
         type: ALL
possible_keys: NULL
          key: NULL
      key_len: NULL
          ref: NULL
         rows: NULL
     filtered: NULL
        Extra: Using temporary
4 rows in set, 1 warning (0.00 sec)
```

- table：输出行所指向的表的名称，也可能是简称。
- partitions：如果使用分区，则表示分区的名字。
- type：join 的类型，常用的类型有 ALL、index、range、unique_subquery、index_subquery、index_merge、ref、ref_or_null、fulltext、eq_ref、const、system、NULL（表示性能从差到好）。
  - ALL：全表扫描，MySQL 将遍历全表，以找到匹配的行。
  - index：全索引扫描，MySQL 将遍历全索引，以找到匹配的行。
  - range：只检索给定范围的行，使用一个索引来选择行。
  - unique_subquery：in 形式的子查询，子查询返回不重复的唯一值。示例如下：

```
value in (select primary_key from single_table where some_expr)
```

  - index_subquery：类似于 unique_subquery，in 形式的子查询，但是子查询返回非唯一值。示例如下：

```
value in (select key_column from single_table where some_expr)
```

  - index_merge：该连接类型表示使用了索引合并优化方法。
  - ref：join 时非主键和非唯一索引的等值扫描。
  - ref_or_null：类似于 ref，但是在等值扫描时需要扫描包含 null 值的行。
  - fulltext：join 时使用全文索引。
  - eq_ref：类似于 ref，但使用的索引是唯一索引，对于每个索引键值，表中只有一条记录匹配，即多表连接中使用 primary key 或 unique key 作为关联条件。
  - const、system：当 MySQL 查询对某部分进行优化，并转换为一个常量时，使用这些类型访问。如果将主键置于 where 条件中，MySQL 就能将该查询转换为一个常量，system 类型是 const 类型的特例，当查询的表只有一行时使用 system。
  - NULL：MySQL 在优化过程中分解语句，执行时甚至不用访问表或索引，如从一个索引列中选取最小值可以通过单独索引查找完成。
- possible_keys：可能选择的索引。
- key：选择使用的索引。
- key_len：索引字段的长度。
- ref：列与索引的比较，即哪些列或常量被用于查找索引列上的值。
- rows：扫描出的行数（估算的行数）。
- filtered：根据条件过滤后的百分比。
- Extra：其他参考信息，这个参数其实也是比较重要的，如果想要查询高效，在出现 Using temporary 类型和 Using filesort 类型时应该格外关注，尽量不要出现这两种类型。
  - Using temporary：表示 MySQL 需要使用临时表来存储结果集，常见于排序和分组查询。

下面举例说明：

```
  mysql> explain select * from test1  group by memid\G
*************************** 1. row ***************************
           id: 1
  select_type: SIMPLE
        table: test1
   partitions: NULL
         type: ALL
possible_keys: NULL
          key: NULL
      key_len: NULL
          ref: NULL
         rows: 10195
     filtered: 100.00
        Extra: Using temporary
1 row in set, 1 warning (0.00 sec)
```

  - Using filesort：当 Query 中包含排序操作，并且无法利用索引进行的排序操作称为 filesort。当然，filesort 可能是指在内存或磁盘中进行排序，并不是字面意义上的文件排序。

具体示例如下：

```
 mysql> explain select * from test1  order by memid\G
*************************** 1. row ***************************
          id: 1
  select_type: SIMPLE
       table: test1
   partitions: NULL
        type: ALL
possible_keys: NULL
         key: NULL
      key_len: NULL
         ref: NULL
        rows: 10195
     filtered: 100.00
        Extra: Using filesort
1 row in set, 1 warning (0.00 sec)
```

➢ Using where：全表扫描后，过滤满足 where 条件的元素。

具体示例如下：

```
 mysql> explain select * from test1 where memid=1\G
*************************** 1. row ***************************
          id: 1
  select_type: SIMPLE
       table: test1
   partitions: NULL
        type: ALL
possible_keys: NULL
         key: NULL
      key_len: NULL
         ref: NULL
        rows: 10195
     filtered: 10.00
        Extra: Using where
1 row in set, 1 warning (0.00 sec)
```

➢ Using index：当 Query 使用了覆盖索引时，查询的字段和条件字段直接在二级索引就能完成，不回表（关于回表的内容请参考 2.2.2 节）查询时的情况如下：

```
 mysql> explain select videoid from test1 where  videoid=1\G
*************************** 1. row ***************************
          id: 1
  select_type: SIMPLE
       table: test1
   partitions: NULL
        type: ref
possible_keys: idx_videoid
         key: idx_videoid
      key_len: 4
```

```
         ref: const
        rows: 1
    filtered: 100.00
       Extra: Using index
1 row in set, 1 warning (0.00 sec)
```

➢ Using index condition：表示使用索引下推，索引下推的定义和具体示例请参考 2.3.1 节。

➢ Using join buffer (Block Nested Loop)：在关联查询中，被驱动表的关联字段如果没有索引就会用到 hash join，这也是 MySQL 8.0 重要的新特性。

具体示例如下：

```
mysql> explain select * from test1 aa join test2 bb on aa.memid=bb.taskid limit 10\G
*************************** 1. row ***************************
           id: 1
  select_type: SIMPLE
        table: aa
   partitions: NULL
         type: ALL
possible_keys: NULL
          key: NULL
      key_len: NULL
          ref: NULL
         rows: 10195
     filtered: 100.00
        Extra: NULL
*************************** 2. row ***************************
           id: 1
  select_type: SIMPLE
        table: bb
   partitions: NULL
         type: ALL
possible_keys: NULL
          key: NULL
      key_len: NULL
          ref: NULL
         rows: 10195
     filtered: 10.00
        Extra: Using where; Using join buffer (hash join)
2 rows in set, 1 warning (0.00 sec)
```

➢ Select tables optimized away：这个值意味着如果只使用索引，那么优化器可能仅从聚合函数结果中返回一行。

具体示例如下：

```
mysql> explain select min(videoid) from test2\G
*************************** 1. row ***************************
           id: 1
  select_type: SIMPLE
        table: NULL
```

```
   partitions: NULL
         type: NULL
possible_keys: NULL
          key: NULL
      key_len: NULL
          ref: NULL
         rows: NULL
     filtered: NULL
        Extra: Select tables optimized away
1 row in set, 1 warning (0.00 sec)
```

7.4.2 Performance Schema 分析

Performance Schema 用于监控 MySQL 服务，并且在运行时消耗很少的性能。Performance Schema 收集数据库服务器性能参数，并且表的存储引擎均为 performance_schema，而用户无法创建存储引擎为 performance_schema 的表。在 MySQL 数据库中，通过配置 Performance Schema 库的表启用 SQL 剖析，可以看到 SQL 的执行过程和耗时，开启方式如下：

```
mysql> show variables like 'performance_schema';
+--------------------+-------+
| Variable_name      | Value |
+--------------------+-------+
| performance_schema | ON    |
+--------------------+-------+
1 row in set (0.00 sec)

mysql> use performance_schema
Database changed

mysql> update performance_schema.setup_instruments set enabled =
'YES', timed = 'YES' where name like 'stage%';
Query OK, 108 rows affected (0.28 sec)
Rows matched: 124  Changed: 108  Warnings: 0

mysql> update performance_schema.setup_consumers set enabled = 'YES'
where name like 'events%';
Query OK, 8 rows affected (0.62 sec)
Rows matched: 12  Changed: 8  Warnings: 0
```

执行 SQL 语句：

```
mysql> select * from test.test1 order by memid desc limit 10;
+-------+---------+-------+
| id    | videoid | memid |
+-------+---------+-------+
| 10000 |   10000 | 10000 |
|  9999 |    9999 |  9999 |
|  9998 |    9998 |  9998 |
|  9997 |    9997 |  9997 |
```

```
| 9996 |    9996 | 9996 |
| 9995 |    9995 | 9995 |
| 9994 |    9994 | 9994 |
| 9993 |    9993 | 9993 |
| 9992 |    9992 | 9992 |
| 9991 |    9991 | 9991 |
+-------+---------+-------+
10 rows in set (0.00 sec)
```

查看执行过程中每个阶段的耗时情况：

```
mysql> select a.thread_id,sql_text,c.event_name,(c.timer_end - c.timer_
start) / 1000000000 AS 'duration (ms)' from `performance_schema`.events_
statements_history_long a join `performance_schema`.threads b on a.thread_
id = b.thread_id join `performance_schema`.events_stages_history_long c
on c.thread_id = b.thread_id and c.event_id between a.event_id and
a.end_event_id where b.processlist_id = connection_id() and a.event_name =
'statement/sql/select' order by a.thread_id,c.event_id;
+-----------+------------------------------------------------------
--+---------------------------------------------+---------------+
| thread_id | sql_text                                              |
event_name                                    | duration (ms) |
+-----------+------------------------------------------------------
--+---------------------------------------------+---------------+
|       100 | select * from test.test1 order by memid desc limit 10 |
stage/sql/starting                            |        0.0781 |
|       100 | select * from test.test1 order by memid desc limit 10 |
stage/sql/Executing hook on transaction begin. |        0.0008 |
|       100 | select * from test.test1 order by memid desc limit 10 |
stage/sql/starting                            |        0.0054 |
|       100 | select * from test.test1 order by memid desc limit 10 |
stage/sql/checking permissions                |        0.0397 |
|       100 | select * from test.test1 order by memid desc limit 10 |
stage/sql/checking permissions                |        0.0016 |
|       100 | select * from test.test1 order by memid desc limit 10 |
stage/sql/Opening tables                      |        0.0498 |
|       100 | select * from test.test1 order by memid desc limit 10 |
stage/sql/init                                |        0.0035 |
|       100 | select * from test.test1 order by memid desc limit 10 |
stage/sql/System lock                         |        0.0084 |
|       100 | select * from test.test1 order by memid desc limit 10 |
stage/sql/optimizing                          |        0.0047 |
|       100 | select * from test.test1 order by memid desc limit 10 |
stage/sql/statistics                          |        0.0368 |
|       100 | select * from test.test1 order by memid desc limit 10 |
stage/sql/preparing                           |        0.0387 |
|       100 | select * from test.test1 order by memid desc limit 10 |
stage/sql/executing                           |        2.6074 |
|       100 | select * from test.test1 order by memid desc limit 10 |
stage/sql/end                                 |        0.0007 |
|       100 | select * from test.test1 order by memid desc limit 10 |
stage/sql/query end                           |        0.0010 |
|       100 | select * from test.test1 order by memid desc limit 10 |
stage/sql/waiting for handler commit          |        0.0070 |
|       100 | select * from test.test1 order by memid desc limit 10 |
stage/sql/closing tables                      |        0.0045 |
```

```
|       100 | select * from test.test1 order by memid desc limit 10 |
stage/sql/freeing items                        |         0.0189 |
|       100 | select * from test.test1 order by memid desc limit 10 |
stage/sql/cleaning up                          |         0.0004 |
+-----------+----------------------------------------------------------
--+--------------------------------------------------+---------------+
18 rows in set (0.03 sec)
```

可以根据以上结果分析出每个阶段的耗时情况。对于平常的慢查询，可以通过上面的方式找到耗时比较久的阶段并做出优化调整。

7.4.3　Trace 追踪器

MySQL 5.6 提供了对 SQL 的追踪（Trace）。通过追踪能够进一步了解为什么优化器选择 A 执行计划而不是选择 B 执行计划，从而帮助用户更好地理解优化器行为。

首先打开追踪器，并设置为 JSON 格式：

```
mysql> set session optimizer_trace="enabled=on",end_markers_in_json=
on;
Query OK, 0 rows affected (0.08 sec)
```

在表 test1 上为 memid 也添加索引，以便于后面的实验：

```
mysql> alter table test.test1 ADD INDEX idx_memid(memid);
Query OK, 0 rows affected (0.34 sec)
Records: 0  Duplicates: 0  Warnings: 0
```

运行 SQL 语句：

```
mysql> select * from test.test1 where videoid>5000 and memid>8000;
......
```

查看追踪的分析结果：

```
select * from INFORMATION_SCHEMA.OPTIMIZER_TRACE;
```

Trace 追踪器的显示结果可以分为以下几个阶段。

- join_preparation：SQL 准备阶段。
- join_optimization：SQL 优化阶段。
- join_execution：SQL 执行阶段。

在 SQL 优化阶段，需要重点关注 analyzing_range_alternatives，因为其包含分析器分析的扫描行数和代价评估。

```
| select * from test1 where videoid>5000 and memid>8000 | {
  "steps": [
    {
      "join_preparation": {                              # SQL 准备阶段
        "select#": 1,
        "steps": [
          {
```

```
            "expanded_query": "/* select#1 */ select `test1`.`id` AS
`id`,`test1`.`videoid` AS `videoid`,`test1`.`memid` AS `memid` from
`test1` where ((`test1`.`videoid` > 5000) and (`test1`.`memid` > 8000))"
          }
        ] /* steps */
      } /* join_preparation */
    },
    {
      "join_optimization": {                          # SQL优化阶段
        "select#": 1,
        "steps": [
          {
            "condition_processing": {
              "condition": "WHERE",
              "original_condition": "((`test1`.`videoid` > 5000) and
(`test1`.`memid` > 8000))",
              "steps": [
                {
                  "transformation": "equality_propagation",
                  "resulting_condition": "((`test1`.`videoid` > 5000)
and (`test1`.`memid` > 8000))"
                },
                {
                  "transformation": "constant_propagation",
                  "resulting_condition": "((`test1`.`videoid` > 5000)
and (`test1`.`memid` > 8000))"
                },
                {
                  "transformation": "trivial_condition_removal",
                  "resulting_condition": "((`test1`.`videoid` > 5000)
and (`test1`.`memid` > 8000))"
                }
              ] /* steps */
            } /* condition_processing */
          },
          {
            "substitute_generated_columns": {
            } /* substitute_generated_columns */
          },
          {
            "table_dependencies": [
              {
                "table": "`test1`",
                "row_may_be_null": false,
                "map_bit": 0,
                "depends_on_map_bits": [
                ] /* depends_on_map_bits */
              }
            ] /* table_dependencies */
          },
          {
            "ref_optimizer_key_uses": [
            ] /* ref_optimizer_key_uses */
```

```
        },
        {
          "rows_estimation": [                          # 代价评估
            {
              "table": "`test1`",
              "range_analysis": {
                "table_scan": {                         # 全表扫描的代价和成本
                  "rows": 10380,
                  "cost": 1045.6
                } /* table_scan */,
                "potential_range_indexes": [            # 潜在的可以使用的索引
                  {
                    "index": "PRIMARY",
                    "usable": false,
                    "cause": "not_applicable"
                  },
                  {
                    "index": "idx_videoid",
                    "usable": true,
                    "key_parts": [
                      "videoid",
                      "id"
                    ] /* key_parts */
                  },
                  {
                    "index": "idx_memid",
                    "usable": true,
                    "key_parts": [
                      "memid",
                      "id"
                    ] /* key_parts */
                  }
                ] /* potential_range_indexes */,   #
                "setup_range_conditions": [
                ] /* setup_range_conditions */,
                "group_index_range": {
                  "chosen": false,
                  "cause": "not_group_by_or_distinct"
                } /* group_index_range */,
                "skip_scan_range": {
                  "potential_skip_scan_indexes": [
                    {
                      "index": "idx_videoid",
                      "usable": false,
                      "cause": "query_references_nonkey_column"
                    },
                    {
                      "index": "idx_memid",
                      "usable": false,
                      "cause": "query_references_nonkey_column"
                    }
                  ] /* potential_skip_scan_indexes */
```

```
              } /* skip_scan_range */,
              "analyzing_range_alternatives": {    # 使用索引方案分析
                "range_scan_alternatives": [
                  {
                    "index":"idx_videoid",    # 使用 idx_videoid 索引
                    "ranges": [
                      "5000 < videoid"
                    ] /* ranges */,
                    "index_dives_for_eq_ranges": true,
                    "rowid_ordered": false,
                    "using_mrr": false,
                    "index_only": false,
                    "rows": 5000,
                    "cost": 1750.3,
                    "chosen": false,
                    "cause": "cost"
                  },
                  {
                    "index": "idx_memid",       # 使用 idx_memid 索引
                    "ranges": [
                      "8000 < memid"
                    ] /* ranges */,
                    "index_dives_for_eq_ranges": true,
                    "rowid_ordered": false,
                    "using_mrr": false,
                    "index_only": false,
                    "rows": 2000,
                    "cost": 700.26,
                    "chosen": true
                  }
                ] /* range_scan_alternatives */,
                "analyzing_roworder_intersect": {
                  "usable": false,
                  "cause": "too_few_roworder_scans"
                } /* analyzing_roworder_intersect */
              } /* analyzing_range_alternatives */,
              "chosen_range_access_summary": {
                "range_access_plan": {
                  "type": "range_scan",
                  "index": "idx_memid",
                  "rows": 2000,
                  "ranges": [
                    "8000 < memid"
                  ] /* ranges */
                } /* range_access_plan */,
                "rows_for_plan": 2000,
                "cost_for_plan": 700.26,
                "chosen": true
              } /* chosen_range_access_summary */
            } /* range_analysis */
          }
        ] /* rows_estimation */
```

```
            },
            {
              "considered_execution_plans": [
                {
                  "plan_prefix": [
                  ] /* plan_prefix */,
                  "table": "`test1`",
                  "best_access_path": {
                    "considered_access_paths": [
                      {
                        "rows_to_scan": 2000,
                        "access_type": "range",
                        "range_details": {
                          "used_index": "idx_memid"
                        } /* range_details */,
                        "resulting_rows": 2000,
                        "cost": 900.26,
                        "chosen": true
                      }
                    ] /* considered_access_paths */
                  } /* best_access_path */,
                  "condition_filtering_pct": 100,
                  "rows_for_plan": 2000,
                  "cost_for_plan": 900.26,
                  "chosen": true
                }
              ] /* considered_execution_plans */
            },
            {
              "attaching_conditions_to_tables": {
                "original_condition": "((`test1`.`videoid` > 5000) and
(`test1`.`memid` > 8000))",
                "attached_conditions_computation": [
                ] /* attached_conditions_computation */,
                "attached_conditions_summary": [
                  {
                    "table": "`test1`",
                    "attached":   "((`test1`.`videoid`   >   5000)   and
(`test1`.`memid` > 8000))"
                  }
                ] /* attached_conditions_summary */
              } /* attaching_conditions_to_tables */
            },
            {
              "finalizing_table_conditions": [
                {
                  "table": "`test1`",
                  "original_table_condition":  "((`test1`.`videoid`  >
5000) and (`test1`.`memid` > 8000))",
                  "final_table_condition     ": "((`test1`.`videoid` >
5000) and (`test1`.`memid` > 8000))"
                }
              ] /* finalizing_table_conditions */
```

```
          },
          {
            "refine_plan": [
              {
                "table": "`test1`",
                "pushed_index_condition": "(`test1`.`memid` > 8000)",
                "table_condition_attached": "(`test1`.`videoid` > 5000)"
              }
            ] /* refine_plan */
          }
        ] /* steps */
      } /* join_optimization */
    },
    {
      "join_execution": {                        # SQL 执行阶段
        "select#": 1,
        "steps": [
        ] /* steps */
      } /* join_execution */
    }
  ] /* steps */
}
```

通过对 Trace 追踪器显示的结果进行分析，可以把 SQL 优化阶段中分析过程的关键信息提取出来，具体如下：

```
"range_analysis": {
   "table_scan": {                               # 全表扫描的代价和成本
      "rows": 10380,
      "cost": 1045.6
   } /* table_scan */,

   "analyzing_range_alternatives": {             # 使用索引方案分析
      "range_scan_alternatives": [
         {
            "index": "idx_videoid",              # 使用 idx_videoid 索引
            "ranges": [
              "5000 < videoid"
            ] /* ranges */,
            "rows": 5000,
            "cost": 1750.3,
            "chosen": false,
            "cause": "cost"
         },
         {
            "index": "idx_memid",                # 使用 idx_memid 索引
            "ranges": [
              "8000 < memid"
            ] /* ranges */,
            "rows": 2000,
            "cost": 700.26,
            "chosen": true
         }
```

```
        ] /* range_scan_alternatives */,
      } /* analyzing_range_alternatives */,

    } /* range_analysis */
```

MySQL 对比了全表扫描和两个索引扫描这 3 种方案的成本。如果使用全表扫描，那么扫描的是 10 380 行，成本是 1045.6；如果使用 idx_videoid 索引扫描，那么预计要扫描 5000 行，查询成本是 1750.3；如果使用 idx_memid 索引扫描，那么预计要扫描 2000 行，查询成本是 700.26。无论从扫描行数还是成本来对比，使用 idx_memid 索引扫描都是最优的，因此选择使用 idx_memid 索引扫描。

上面介绍了 Explain、Performance Schema、Trace 追踪器的使用方式和分析结果，下面介绍这 3 种工具的特点。

- Explain：针对 SQL 进行执行计划的评估，一般趋向于 SQL 本身性能的评估，评估结果可能和实际的执行结果不一样，有可能有误差。
- Performance Schema：对 SQL 的每个阶段的执行过程进行时间评估，是实际的执行结果。
- Trace 追踪器：与 Explain 相比，Trace 追踪器会对 SQL 的执行计划进行定量评估，让用户看到更详细的执行计划的评估过程，也是实际的执行结果。

在优化慢查询时，可以灵活地选用这 3 种工具中的一种或多种进行 SQL 问题定位。实际工作中选择 Explain 的可能多一些，这是因为 Explain 更灵活、方便，并且对实际业务没有影响。

7.5　SQL 语句优化

在 MySQL 运行过程中，什么经常导致 MySQL 所在的服务器的 CPU 飙升或 IOPS 飙升？那肯定是慢查询。优化慢查询的方式可以简单划分为 3 种。

- SQL 改写：先修改 SQL 语句的表达方式，然后改变执行计划。
- 添加索引：建立合理的索引，加快数据访问速度。
- 修改业务：让业务改变不需要或不合理的访问方式。

在 MySQL 运行过程中出现的慢查询，有时可能不是用其中的一种方式来进行 SQL 优化的，可能会同时使用两种甚至 3 种方式，以提高查询的速度。

7.5.1　分页查询优化

在业务场景中，经常会碰到翻页的需求，当遇到较大的翻页查询（也就是偏移量较大）时，如 order by id limit m,n 的情况，m 就是偏移量，因为要扫描前 m 行数据，然而前 m 行数据又是不需要的数据，所以效率比较低，如以下 SQL 语句：

```
create table `test_log` (
  `id` int not null auto_increment comment 'id',
  `member_id` bigint unsigned not null default '0' comment '发布者id',
  `content_id` bigint unsigned not null default '0' comment '文章id',
  primary key (`id`),
  key `content_id` (`content_id`)
) engine=innodb auto_increment=1 default charset=utf8 mb4;

delimiter //
create procedure pro_test_log()
begin
  declare i int;
  set i=1;
  while(i<=30000000)do
    insert into test_log(member_id,content_id) values(ceiling(rand()
*500000+500000),ceiling(rand()*500000+1000000));
    set i=i+1;
  end while;
end//
delimiter ;

call pro_test_log();


MySQL > select * from test_log order by id  limit 20000000, 10;
+----------+-----------+------------+
| id       | member_id | content_id |
+----------+-----------+------------+
| 20000001 |    937341 |    1283785 |
| 20000002 |    917499 |    1363522 |
| 20000003 |    605943 |    1258922 |
| 20000004 |    730179 |    1359410 |
| 20000005 |    735588 |    1091585 |
| 20000006 |    997736 |    1086795 |
| 20000007 |    606509 |    1454318 |
| 20000008 |    782026 |    1255983 |
| 20000009 |    830402 |    1368027 |
| 20000010 |    606902 |    1183156 |
+----------+-----------+------------+
10 rows in set (4.64 sec)
```

优化方案 1：利用子查询。

利用子查询也就是利用覆盖索引的方式先根据查询条件获取主键 ID，然后根据主键 ID 进行查询。

第一步，利用覆盖查询的方式获取满足条件的偏移量的主键 ID：

```
MySQL> select id from test_log order by id  limit 20000000, 1;
+----------+
| id       |
+----------+
| 20000001 |
+----------+
```

```
1 row in set (2.56 sec)
```

第二步，先根据第一步获取的偏移量的主键 ID 进行过滤，然后进行下一步查询：

```
MySQL > select * from test_log where id>=20000001 order by id  limit 
10;
+----------+-----------+------------+
| id       | member_id | content_id |
+----------+-----------+------------+
| 20000001 |    937341 |    1283785 |
| 20000002 |    917499 |    1363522 |
| 20000003 |    605943 |    1258922 |
| 20000004 |    730179 |    1359410 |
| 20000005 |    735588 |    1091585 |
| 20000006 |    997736 |    1086795 |
| 20000007 |    606509 |    1454318 |
| 20000008 |    782026 |    1255983 |
| 20000009 |    830402 |    1368027 |
| 20000010 |    606902 |    1183156 |
+----------+-----------+------------+
10 rows in set (0.00 sec)
```

综合以上两步，SQL 语句可以优化为如下形式：

```
MySQL > select * from test_log where id>=(select id  from test_log order
by id  limit 20000000,1) order by id limit 10;
+----------+-----------+------------+
| id       | member_id | content_id |
+----------+-----------+------------+
| 20000001 |    937341 |    1283785 |
| 20000002 |    917499 |    1363522 |
| 20000003 |    605943 |    1258922 |
| 20000004 |    730179 |    1359410 |
| 20000005 |    735588 |    1091585 |
| 20000006 |    997736 |    1086795 |
| 20000007 |    606509 |    1454318 |
| 20000008 |    782026 |    1255983 |
| 20000009 |    830402 |    1368027 |
| 20000010 |    606902 |    1183156 |
+----------+-----------+------------+
10 rows in set (2.57 sec)
```

通过进行子查询优化，效率提升了 50%左右。

优化方案 2：利用延迟 join。

与优化方案 1 一样，优化方案 2 利用的也是覆盖索引的原理。先利用覆盖索引获取满足条件的主键 ID，然后和原表进行 join：

```
MySQL > select a.* from test_log a join ( select id from test_log order
by id limit 20000000,10) b on a.id = b.id;
+----------+-----------+------------+
| id       | member_id | content_id |
+----------+-----------+------------+
| 20000001 |    937341 |    1283785 |
```

```
| 20000002 |    917499 |    1363522 |
| 20000003 |    605943 |    1258922 |
| 20000004 |    730179 |    1359410 |
| 20000005 |    735588 |    1091585 |
| 20000006 |    997736 |    1086795 |
| 20000007 |    606509 |    1454318 |
| 20000008 |    782026 |    1255983 |
| 20000009 |    830402 |    1368027 |
| 20000010 |    606902 |    1183156 |
+----------+----------+------------+
10 rows in set (4.09 sec)
```

优化方案 3：书签的方式。

所谓书签的方式，就是每次客户端记录上次查询的结束的位置，下次分页时直接从这个变量的位置开始查询就可以，从而避免 MySQL 扫描大量的数据再抛弃的操作。

7.5.2 not in 优化

有的人习惯使用 not in 来写 SQL 语句，但是查询字段使用 not in 是不使用索引的。下面通过一个实验进行验证。

新建一张表并写入数据：

```
create table `pre_log` (
  `id` int not null auto_increment comment 'id',
  `member_id` bigint unsigned not null default '0' comment '发布者 id',
  `content_id` bigint unsigned not null default '0' comment '文章 id',
  primary key (`id`),
  key `content_id` (`content_id`)
) engine=innodb auto_increment=1 default charset=utf8 mb4;

delimiter //
create procedure pre_log()
begin
  declare i int;
  set i=1;
  while(i<=1000000)do
    insert into pre_log(member_id,content_id) values(ceiling(rand()*
500000+500000),ceiling(rand()*500000+1000000));
    set i=i+1;
  end while;
end//
delimiter ;

call pre_log();

create table `test_log` (
  `id` int not null auto_increment comment 'id',
  `member_id` bigint unsigned not null default '0' comment '发布者 id',
  `content_id` bigint unsigned not null default '0' comment '文章 id',
  primary key (`id`),
```

```
  key `content_id` (`content_id`)
) engine=innodb auto_increment=1000001 default charset=utf8 mb4;

delimiter //
create procedure test_log()
begin
  declare i int;
  set i=1;
  while(i<=1000000)do
    insert into pre_log(member_id,content_id) values(ceiling(rand()*
500000+500000),ceiling(rand()*500000+1000000));
    set i=i+1;
  end while;
end//
delimiter ;

call test_log();
```

要执行的 SQL 语句如下：

```
select * from test_log where content_id  not in (select content_id from
pre_log);
```

执行计划如下：

```
MySQL > explain select * from test_log where content_id  not in(select
content_id from pre_log)\G
*************************** 1. row ***************************
           id: 1
  select_type: SIMPLE
        table: test_log
   partitions: NULL
         type: ALL
possible_keys: NULL
          key: NULL
      key_len: NULL
          ref: NULL
         rows: 998078
     filtered: 100.00
        Extra: NULL
*************************** 2. row ***************************
           id: 1
  select_type: SIMPLE
        table: <subquery2>
   partitions: NULL
         type: eq_ref
possible_keys: <auto_distinct_key>
          key: <auto_distinct_key>
      key_len: 9
          ref: test.test_log.content_id
         rows: 1
     filtered: 100.00
        Extra: Using where; Not exists
*************************** 3. row ***************************
```

```
           id: 2
  select_type: MATERIALIZED
        table: pre_log
   partitions: NULL
         type: index
possible_keys: content_id
          key: content_id
      key_len: 8
          ref: NULL
         rows: 998002
     filtered: 100.00
        Extra: Using index
3 rows in set, 1 warning (0.00 sec)
```

由执行计划可知，表 test_log 的 member_id 字段使用全索引扫描，扫描了 998 078 行，效率比较低。下面改写 SQL 语句：

```
MySQL > explain select * from test_log a left  join pre_log b on a.content_id=b.content_id where b.content_id is  null\G
*************************** 1. row ***************************
           id: 1
  select_type: SIMPLE
        table: a
   partitions: NULL
         type: ALL
possible_keys: NULL
          key: NULL
      key_len: NULL
          ref: NULL
         rows: 998078
     filtered: 100.00
        Extra: NULL
*************************** 2. row ***************************
           id: 1
  select_type: SIMPLE
        table: b
   partitions: NULL
         type: ref
possible_keys: content_id
          key: content_id
      key_len: 8
          ref: test.a.content_id
         rows: 1
     filtered: 100.00
        Extra: Using where; Not exists
2 rows in set, 1 warning (0.00 sec)
```

改成 left join 之后，由全索引扫描变成使用索引 content_id，扫描行数大大减少，效率提升非常明显。

7.5.3　order by 优化

order by 优化的核心是尽量使用排序字段的索引，避免利用 sort_buffer 排序，在数据量较大以至于 sort_buffer 放不下的情况下，还要把数据从内存中转到磁盘中来完成排序，性能会进一步恶化。尽可能使用表结构中的索引，其实就是 MySQL 排序优化的关键所在。表结构如下：

```
create table `test_order` (
  `id` int not null auto_increment comment 'id',
  `a` int unsigned not null default '0',
  `b` int unsigned not null default '0',
  `c` varchar(64) not null default '',
  `d` int default null,
  primary key (`id`),
  key `idx_a_b_c` (`a`,`b`,`c`),
  key `idx_d` (`d`)
) engine=innodb default charset=utf8mb4;

# 插入数据
delimiter //
create procedure pro_test_order()
begin
  declare i int;
  set i=1;
  while(i<=10000)do
    insert into test_order(a,b,c,d) values(i, i,substring(MD5(RAND()),
1,20),i);
    set i=i+1;
  end while;
end//
delimiter ;

call pro_test_order();
```

以下查询是可以用到索引 idx_a_b_c 的，MySQL 不用再利用 sort_buffer 排序：

```
select * from test_order where a = 100 order by b;
select * from test_order where a = 100 order by a;
select * from test_order where a = 100 and b = 200 order by b;
select * from test_order where a = 100 and b = 200 order by c;
select * from test_order where a = 100 order by b desc, c desc ;
select * from test_order where a = 100 order by b asc, c asc;
select * from test_order where a > 100 order by a;
select * from test_order where a = 100  and b > 200 order by b;
select * from test_order where a = 100  and b = 200 order by c desc ,id
desc ;
```

需要指出的是，idx_a_b_c(a,b,c)等价于 idx_a_b_c(a,b,c,id)，最后面的 id 在二级索引中是隐藏排序好的，不需要再对其进行排序。

下面详细列举一些利用索引 idx_a_b_c 完成排序的例子。

- 使用索引排序时不遵守最左前缀的原则，中间跳过字段：

```
MySQL >  explain select * from test_order where a = 100 order by c\G
*************************** 1. row ***************************
           id: 1
  select_type: SIMPLE
        table: test_order
   partitions: NULL
         type: ref
possible_keys: idx_a_b_c
          key: idx_a_b_c
      key_len: 4
          ref: const
         rows: 1
     filtered: 100.00
        Extra: Using filesort
1 row in set, 1 warning (0.00 sec)

MySQL > explain select * from test_order  order by a, c\G
*************************** 1. row ***************************
           id: 1
  select_type: SIMPLE
        table: test_order
   partitions: NULL
         type: ALL
possible_keys: NULL
          key: NULL
      key_len: NULL
          ref: NULL
         rows: 9999
     filtered: 100.00
        Extra: Using filesort
1 row in set, 1 warning (0.00 sec)
```

- order by 中的升降和索引中的默认升降不一致，无法使用索引排序。在下面的例子中，SQL 语句在排序时并没有用到索引：

```
MySQL > explain select * from test_order where a=100 order by b asc,c
desc\G
*************************** 1. row ***************************
           id: 1
  select_type: SIMPLE
        table: test_order
   partitions: NULL
         type: ref
possible_keys: idx_a_b_c
          key: idx_a_b_c
      key_len: 4
          ref: const
         rows: 1
     filtered: 100.00
        Extra: Using filesort
1 row in set, 1 warning (0.00 sec)
```

- 索引的前半部分是范围查询，后半部分是排序，无法使用索引排序。在下面的例子中，SQL 语句进行了全表扫描：

```
MySQL> explain select * from test_order where a>100 order by b\G
*************************** 1. row ***************************
           id: 1
  select_type: SIMPLE
        table: test_order
   partitions: NULL
         type: ALL
possible_keys: idx_a_b_c
          key: NULL
      key_len: NULL
          ref: NULL
         rows: 9999
     filtered: 49.99
        Extra: Using where; Using filesort
1 row in set, 1 warning (0.00 sec)
```

- 索引的某个字段只是被索引了一部分，无法使用索引排序。在下面的例子中，索引 idx_a_b_c(a,b,c)变为 idx_a_b_c(a,b,c(32))：

```
MySQL > explain select * from test_order where a = 100 and b = 200 order
by c\G
*************************** 1. row ***************************
           id: 1
  select_type: SIMPLE
        table: test_order
   partitions: NULL
         type: ref
possible_keys: idx_a_b_c
          key: idx_a_b_c
      key_len: 8
          ref: const,const
         rows: 1
     filtered: 100.00
        Extra: NULL
1 row in set, 1 warning (0.00 sec)
```

- 排序的字段顺序和索引中的字段顺序不一致，无法使用索引排序。在下面的例子中，SQL 语句进行了全表扫描：

```
MySQL > explain select * from test_order order by b,a\G
*************************** 1. row ***************************
           id: 1
  select_type: SIMPLE
        table: test_order
   partitions: NULL
         type: ALL
possible_keys: NULL
          key: NULL
      key_len: NULL
          ref: NULL
```

```
         rows: 9999
     filtered: 100.00
        Extra: Using filesort
1 row in set, 1 warning (0.00 sec)
```

- 排序的字段在不同的索引中，无法使用索引排序：

```
MySQL > explain select * from test_order order by a,d\G
*************************** 1. row ***************************
           id: 1
  select_type: SIMPLE
        table: test_order
   partitions: NULL
         type: ALL
possible_keys: NULL
          key: NULL
      key_len: NULL
          ref: NULL
         rows: 9999
     filtered: 100.00
        Extra: Using filesort
1 row in set, 1 warning (0.00 sec)
```

需要指出的是，MySQL 8.0 已经支持倒序索引。虽然以前的版本也支持在新建索引时使用 idx_d(a,b,c desc)，但实际上并没有真正地支持倒序索引。MySQL 8.0 支持倒序索引后，针对索引 idx_abc(a asc ,b desc)，在使用 SQL 语句 order by a,b desc 排序时，也能够保证各个字段都可以使用索引。

7.5.4 group by 优化

group by 优化的核心也是尽量利用 group by 字段的索引。group by 字段如果不使用索引，一般会在全表扫描后建立临时表。其中，每个组中的所有行都是连续的。如果不仅有聚合函数（如 min()、max()、sum()），还使用建立的临时表发现组并应用聚合函数，就会导致 SQL 语句执行得非常慢。因此，应该尽量避免 group by 字段不使用索引的情况。下面是 group by 字段能使用索引的情况：

```
select * from test_order where a = 100 group by b;
select * from test_order where a = 100 group by a;
select * from test_order where a = 100 and b = 200 group by b;
select * from test_order where a = 100 and b = 200 group by c;
select * from test_order where a > 100 group by a;
select * from test_order where a = 100  and b > 200 group by b;
```

需要指出的是，在 MySQL 8.0 中，group by 字段已经将排序去掉。所以，之前版本的分组优化如果不在排序时使用 group by null，那么 MySQL 8.0 中就没有必要这样写了。

7.5.5　索引 hint 优化

在实际的生产环境中，索引过多、数据选择过多、索引选择性不好等因素可能会导致 MySQL 经常选错索引，甚至不使用索引而全表扫描，由此出现慢查询。此时可以通过在 SQL 语句中选择 hint 来帮助 MySQL 选择对的索引，最常用的两个 hint 方式就是 force index 和 ignore index。

SQL 语句的 where 条件选择的数据过多导致全表扫描的示例如下：

```
create table `test_log` (
  `id` int not null auto_increment comment 'id',
  `member_id` bigint unsigned not null default '0' comment '发布者 id',
  `content_id` bigint unsigned not null default '0' comment '文章 id',
  primary key (`id`),
  key `content_id` (`content_id`)
) engine=innodb auto_increment=1000001 default charset=utf8 mb4;

delimiter //
create procedure test_log()
begin
  declare i int;
  set i=1;
  while(i<=1000000)do
    insert into pre_log(member_id,content_id) values(ceiling(rand()*
500000+500000),ceiling(rand()*500000+1000000));
    set i=i+1;
  end while;
end//
delimiter ;

call test_log();

MySQL >  explain select * from test_log where   content_id > 100000
and  content_id <  10000000\G
*************************** 1. row ***************************
           id: 1
  select_type: SIMPLE
        table: test_log
   partitions: NULL
         type: ALL
possible_keys: content_id
          key: NULL
      key_len: NULL
          ref: NULL
         rows: 998078
     filtered: 50.00
        Extra: Using where
1 row in set, 1 warning (0.00 sec)
```

通过 Explain 发现使用了全表扫描，没有使用 content_id 字段索引，使用 force index 方式后变为如下形式：

```
MySQL > explain select * from test_log force index(content_id) where content_id > 100000 and content_id < 10000000\G
*************************** 1. row ***************************
           id: 1
  select_type: SIMPLE
        table: test_log
   partitions: NULL
         type: range
possible_keys: content_id
          key: content_id
      key_len: 8
          ref: NULL
         rows: 499039
     filtered: 100.00
        Extra: Using index condition
1 row in set, 1 warning (0.00 sec)
```

使用 force index 之后，SQL 语句准确地选择了 content_id 字段索引，扫描行数减少为原来的一半，提高了查询效率。

7.6 总结

通过优化，可以提高单条 SQL 语句的查询效率，以及数据库的稳定性和可用性。但是，如果站在更高的角度来看问题，只有将 SQL 优化和业务架构优化相结合，才能进一步保证整个系统的稳定性和可靠性。例如，在电商秒杀场景中，减库存会造成锁等待，同时引发一连串的死锁检测，这就需要结合业务做架构优化，如改为队列减库存，从而减少并发库存的操作。因此，不仅需要关注 SQL 优化，还需要关注系统架构的合理性和健壮性。

第 8 章

MySQL 的规范

规范的表结构往往可以降低 MySQL 出现问题的概率。本章主要介绍 MySQL 的规范。

8.1 建表的规范

本节总结了一些建表规范。

（1）库名、表名、字段名全部采用小写形式。

这是为了防止出现大小写不一致而找不到对应表的情况。

（2）避免使用 MySQL 的保留字。

使用 MySQL 的保留字（如 add、all、alter、order、group、column 等）有时会带来不必要的麻烦，如下所示：

```
mysql> create table aa(id int,column varchar(10));
ERROR 1064 (42000): You have an error in your SQL syntax; check the manual that corresponds to your MySQL server version for the right syntax to use near 'column varchar(10))' at line 1

mysql> create table aa(id int,`column` varchar(10));
Query OK, 0 rows affected (0.05 sec)

mysql> select * from aa;
Empty set (0.00 sec)

mysql> insert into aa select 1,'a';
Query OK, 1 row affected (0.01 sec)
Records: 1  Duplicates: 0  Warnings: 0

mysql> select * from aa where column='a';
```

```
ERROR 1064 (42000): You have an error in your SQL syntax; check the manual that corresponds to your MySQL server version for the right syntax to use near 'column='a'' at line 1

mysql> select * from aa where `column`='a';
+------+--------+
| id   | column |
+------+--------+
|    1 | a      |
+------+--------+
1 row in set (0.00 sec)
```

在上面的实验中，column 就是保留字，如果不加反引号，在创建表或根据该字段查询时，都会出现报错。因此，不建议使用 MySQL 的保留字。

（3）表名、列名建议不要超过 30 个字符。

（4）临时库表、备份库表的命名。

临时库表必须以 tmp 加上日期为后缀，如 student_info_tmp_20210319。

备份库表必须以 bak 加上日期为后缀，如 student_info_bak_20210319。

（5）索引命名。

- 非唯一索引建议按照"idx_字段名"进行命名。
- 唯一索引建议按照"uniq_字段名"进行命名。

（6）关于主键的几点建议。

- 表必须有主键。
- 不使用有业务意义的列作为主键，以免受业务变化的影响。
- 不使用更新频繁的列作为主键。
- 不使用 UUID、MD5 等作为主键，因为它们可能会导致数据过于离散。
- 建议使用非空的唯一键作为主键，并配置自增或发号器。

（7）建议使用 InnoDB。

InnoDB 具有支持事务、行锁设计、在高并发场景下性能更好等特性。因此，在绝大多数业务场景下，InnoDB 都是第一选择。

（8）使用 utf8mb4 字符集，数据排序规则使用 utf8mb4_general_ci。

utf8mb4 为万国码，无乱码风险；与 utf8 编码相比，utf8mb4 支持 Emoji 表情。

（9）所有表、字段都需要增加 comment 来描述此表、字段的含义。

具体示例如下：

```
status tinyint not null default '1' comment '1 代表记录有效，0 代表记录无效';
```

这便于协作开发人员知道每个字段的含义。

（10）如无特殊要求，表必须包含记录创建时间和更新时间的字段。

具体示例如下：

```
create_time datetime not null default current_timestamp comment '记录创建时间',
```

```
    update_time datetime not null default current_timestamp on update
current_timestamp comment '记录更新时间',
```

（11）用尽量少的存储空间来存储一个字段的数据。

- 能用 int 的就不用 char 或 varchar。
- 能用 tinyint 的就不用 int。
- 使用 unsigned 存储非负数值。

（12）尽可能不使用 text 类型或 blob 类型。

使用 text 类型或 blob 类型，会浪费更多的磁盘空间和内存空间。如果无法避免使用 text 类型或 blob 类型，则建议独立出一张表，使用主键或其他唯一的字段来对应，以避免影响原表的查询效率。

（13）禁止在数据库中存储明文密码。

数据安全第一，防止密码泄露。

（14）索引设计。

在设计索引时，建议考虑以下因素。

- 经常作为条件、排序或 join 关联的字段，建议加上索引。
- 单表索引数不建议过多，因为索引也会占用空间。
- 如果可以使用覆盖索引，或者几个字段经常同时作为条件，则可以考虑使用联合索引。
- 不在低基数的列上创建索引，如性别字段。

（15）不建议使用外键。

在有外键的情况下，update 操作与 delete 操作都会涉及相关联的表，这不仅会影响 SQL 的性能，还会大大提高死锁出现的概率。

（16）线上业务禁止使用存储过程、视图、触发器、Event 等。

在高并发的情况下，这些功能很可能会影响数据库的性能，如果有类似的需求，则建议把这些逻辑放到服务层实现。

（17）单表字段数不宜过多，建议小于 30 个字段，也可依据业务场景确定。

（18）规范的表示例如下：

```
create table student_info (
  id int (11) unsigned not null auto_increment comment '主键',
  stu_name varchar (10) not null default '' comment '姓名',
  stu_class varchar (10) not null default '' comment '班级',
  stu_num int (11) not null default '0' comment '学号',
  stu_score smallint unsigned not null default '0' comment '总分',
  tuition decimal (5, 2) not null default '0' comment '学费',
  phone_number varchar (20) not null default '0' comment '电话号码',
  create_time datetime not null default current_timestamp comment
'记录创建时间',
  update_time datetime not null default current_timestamp on update
current_timestamp comment '记录更新时间',
```

```
    status tinyint not null default '1' comment '1 代表记录有效，0 代表记录无效',
    primary key (id),
    unique key uniq_stu_num (stu_num),
    key idx_stu_score (stu_score),
    key idx_update_time_tuition (update_time, tuition)
   ) engine = InnoDB charset = utf8mb4 comment '学生信息表';
```

8.2 部署和操作的规范

规范的部署和操作可以让 MySQL 更加安全，并且可以提高数据库的性能。本节总结了一些部署和操作的规范。

（1）选择合适的 MySQL 版本。

不建议使用太旧的版本。因为很多特性旧版本都没有，并且性能也没有新版本的好。线上环境建议使用 GA（General Availability，正式发布的版本）。

（2）必须开启 Binlog。

6.1.3 节介绍了 Binlog 的两个主要作用（复制和灾备），所以在通常情况下，必须开启 Binlog。

（3）对数据安全要求较高的场景，建议设置为“双 1”。

innodb_flush_log_at_trx_commit 参数（详细介绍可参考 6.5.2 节）和 sync_binlog 参数（详细介绍可参考 6.1.8 节）都设置为 1。

（4）配置不区分大小写。

可以将 lower_case_table_names 参数设置为 1，表示表名以小写形式存储在磁盘上，并且不区分大小写。

（5）如果没有特殊说明，那么业务用户只有增、删、查、改的权限。

权限最小化可以大大降低误删库的风险。

（6）合理设置缓冲池。

将 innodb_buffer_pool_size 参数设置为机器内存的 60% ~ 75%。

（7）批量导入、导出、更新、删除数据，可能会导致主从延迟和磁盘空间增加的操作（如碎片整理、增减字段等），建议在业务低峰操作，并且要提前通知 DBA 协助观察。

防止这些批量操作对线上业务的影响。例如，批量删除数据可能会导致主从延迟，如果有从库提供业务查询，可能会导致读取延迟。碎片整理、增减字段等操作，短时间需要大量的磁盘空间，可能会导致数据库磁盘跑满。

（8）如果有可能导致 MySQL QPS 上升，应提前告知 DBA。

如果超过现有数据库配置所能承载的最大 QPS，则需要考虑扩容。

（9）删除表或库要求尽量先修改表名，观察几天，确定对业务没有影响，再删除表。

防止有其他不知道的业务连接了该库或该表。

8.3　SQL 的规范

良好的 SQL 习惯能大大降低慢查询出现的概率。本节主要介绍一些 SQL 的规范。

（1）避免隐式转换。

当操作符与不同类型的操作对象一起使用时，就会发生类型转换。某些转换是隐式的，称为隐式转换。具体示例如下：

```
use test;                          /* 使用 test 数据库 */

drop table if exists t1;           /* 如果表 t1 存在则删除表 t1 */

create table `t1` (                /* 创建表 t1 */
  `id` int not null auto_increment,
  `a` varchar(20) default null,
  `b` int default null,
  `c` datetime not null default current_timestamp,
  primary key (`id`),
  key `idx_a` (`a`) using btree,
  key `idx_b` (`b`) using btree
) engine=innodb  default charset=utf8mb4;

drop procedure if exists insert_t1; /* 如果存在存储过程 insert_t1，则删除 */
delimiter ;;
create procedure insert_t1()        /* 创建存储过程 insert_t1 */
begin
  declare i int;                    /* 声明变量 i */
  set i=1;                          /* 设置 i 的初始值为 1 */
  while(i<=10000)do                /* 对满足 i<=10000 的值进行 while 循环 */
    insert into t1(a,b) values(i,i);  /* 写入表 t1 中的 a 字段和 b 字段的值
都为 i 当前的值 */
    set i=i+1;                      /* 将 i 加 1 */
  end while;
end;;
delimiter ;
call insert_t1();                   /* 运行存储过程 insert_t1 */
```

需要注意的是，表 t1 的 a 字段为 varchar 类型。

对 a 字段的值不加单引号的情况如下：

```
mysql> explain select a,b,c from t1 where a=100\G
*************************** 1. row ***************************
           id: 1
  select_type: SIMPLE
        table: t1
   partitions: NULL
         type: ALL
possible_keys: idx_a
          key: NULL
      key_len: NULL
          ref: NULL
```

```
        rows: 10000
    filtered: 10.00
       Extra: Using where
1 row in set, 3 warnings (0.00 sec)
```

由执行计划可知，不加单引号会导致无法使用 a 字段的索引，扫描行数也达到了 1 万多行。这正是隐式转换导致的。

对 a 字段的值加单引号的情况如下：

```
mysql> explain select a,b,c from t1 where a='100'\G
*************************** 1. row ***************************
           id: 1
  select_type: SIMPLE
        table: t1
   partitions: NULL
         type: ref
possible_keys: idx_a
          key: idx_a
      key_len: 83
          ref: const
         rows: 1
     filtered: 100.00
        Extra: NULL
1 row in set, 1 warning (0.00 sec)
```

由执行计划可知，加上单引号就会使用 a 字段的索引，扫描行数也只有 1 行。

由上面的实验可以看出，隐式转换导致查询不能正常使用索引，这是非常恐怖的。所以，在写 SQL 语句时，需要结合表结构来确定 SQL 语句中的条件字段类型，避免出现隐式转换的情况。

（2）尽量不使用 select *，只选择需要的字段。

这是因为使用 select *读取不需要的列，会增加 CPU 负载、磁盘 I/O、网络流量的消耗，并且容易在增加或删除字段后导致程序报错。

（3）禁止单条 SQL 语句同时更新多张表。

（4）禁止使用以“%”开头的模糊查询。

以“%”开头的模糊查询大多是不能使用索引的。

（5）在 SQL 中不建议使用 sleep()。

使用 sleep()可能会增加 SQL 加锁的时间，从而影响并发性能。

（6）避免大表的 join。

这可能会导致数据库高负载，从而影响其他查询。

（7）同一张表的多条 alter 语句合成一次操作。

例如，分开的两条 alter 语句如下：

```
mysql> alter table t1 add column d int DEFAULT NULL;
Query OK, 0 rows affected (0.23 sec)
Records: 0  Duplicates: 0  Warnings: 0
```

```
mysql> alter table t1 add column e int DEFAULT NULL;
Query OK, 0 rows affected (0.05 sec)
Records: 0  Duplicates: 0  Warnings: 0
```

合并后如下：

```
mysql> alter table t1 add column d int DEFAULT NULL,add column e int
DEFAULT NULL;
Query OK, 0 rows affected (0.05 sec)
Records: 0  Duplicates: 0  Warnings: 0
```

8.4　总结

公司应先制定符合自身要求的 MySQL 规范，然后严格按照规范进行操作，这样可以避免很多问题。

作者见过单张表上百个字段导致管理困难、在业务高峰批量更新导致在从库上的查询延迟等问题，这些都是因为没有制定好规范或没有严格按照规范操作。

第 9 章

MySQL 的主从复制

MySQL 主从复制是将来自一个 MySQL 数据库实例（Master 节点）的数据复制到一个或多个 MySQL 数据库实例（Slave 节点）。主从复制是 MySQL 的核心功能，使用主从复制可以完成 MySQL 的数据同步、备份、高可用、迁移等工作。根据业务需要，既可以选择复制 MySQL 数据库中的所有数据库，也可以选择复制部分数据库或部分数据表。

整个 MySQL 主从复制操作主要由 3 个线程完成，其中，一个线程（dump 线程）在 Master 节点上，两个线程（SQL 线程和 I/O 线程）在 Slave 节点上。MySQL 主从复制的实现过程如图 9-1 所示。

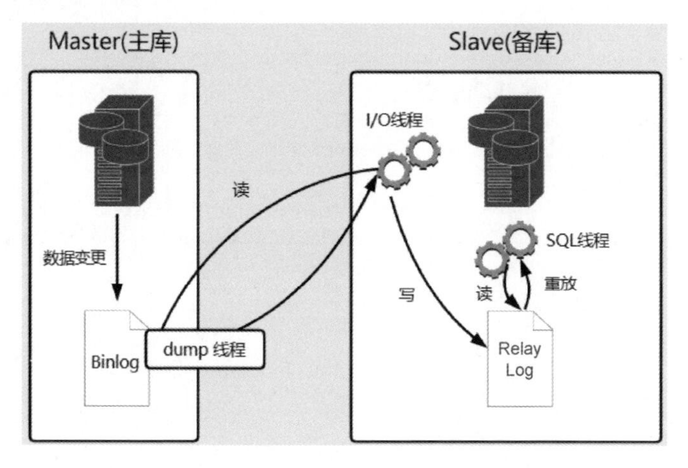

图 9-1 MySQL 主从复制的实现过程

主从复制的过程大致如下。

（1）Slave 节点执行 change master to 连接上 Master 节点，连接上 Master 节点后，发送 Binlog 的位点信息。

（2）Slave 节点的 I/O 线程和 Master 节点的 dump 线程建立连接。

（3）Slave 节点的 I/O 线程向 Master 节点发起 Binlog 的请求。

（4）Master 节点的 dump 线程根据 Slave 节点的请求，将本地 Binlog 以 events 的方式发送给 Slave 节点的 I/O 线程。

（5）Slave 节点的 SQL 线程应用 Relay Log，并且把应用过的日志记录到 relay-log.info 中，在默认情况下，已经应用过的 Relay Log 会自动被清理掉。

9.1　主从复制的搭建

安装主从数据库后，MySQL 主从复制的配置步骤如下。

（1）Master 节点和 Slave 节点开启 Binlog（Slave 节点可以选择不开启，但从可扩展性的角度来说建议开启），同时设置 Master 节点和 Slave 节点的 Server-ID，并保证 Server-ID 不相同。修改配置文件 my.cnf。

在 Master 节点上修改配置文件 my.cnf：

```
server-id=20210331
log-bin = /data/mysql80binlog/mysql-bin
binlog_format=row
```

在 Slave 节点上修改配置文件 my.cnf：

```
server-id=20210332
log-bin = /data/mysql80binlog/mysql-bin
binlog_format=row
```

（2）在 Master 节点上创建用户，并授权 replication slave 权限：

```
mysql> create user rep@'172.16.%'  identified by '1234abcd';
Query OK, 0 rows affected (0.01 sec)

mysql> grant replication slave on *.* to 'rep'@'172.16.%'  ;
Query OK, 0 rows affected (0.00 sec)
```

（3）在 Master 节点上查看开始同步的位点信息。执行 show master status 命令，获取开始同步的位点信息：

```
mysql> show master status\G
*************************** 1. row ***************************
             File: mysql-bin.000002
         Position: 156
     Binlog_Do_DB:
 Binlog_Ignore_DB:
Executed_Gtid_Set:
1 row in set (0.00 sec)
```

（4）在 Slave 节点初始化 Slave 节点连接 Master 节点的同步信息：

```
mysql> change master to
  -> master_host='172.16.163.114',
  -> master_user='rep',
  -> master_password='1234abcd',
  -> master_log_file='mysql-bin.000002',
  -> master_log_pos=156;
Query OK, 0 rows affected, 2 warnings (0.01 sec)
```

（5）Slave 节点执行 start slave 命令开启同步复制，并使用 show slave status 命令查看同步状态。需要重点关注 Slave_IO_Running 和 Slave_SQL_Running，其中，Slave_IO_Running 表示 Slave 节点是否能够正常从 Master 节点同步数据，Slave_SQL_Running 表示回放 Relay Log 文件中的 Binlog 时是否正常：

```
mysql> start slave;
Query OK, 0 rows affected (0.01 sec)

mysql> show slave status\G;
*************************** 1. row ***************************
               Slave_IO_State: Waiting for master to send event
                  Master_Host: 172.16.163.114
                  Master_User: rep
                  Master_Port: 3306
                Connect_Retry: 60
              Master_Log_File: mysql-bin.000003
          Read_Master_Log_Pos: 156
               Relay_Log_File:
iZ2zehcv8qx066s1gjy5zsZ-relay-bin.000003
                Relay_Log_Pos: 371
        Relay_Master_Log_File: mysql-bin.000003
             Slave_IO_Running: Yes                        # I/O 线程同步正常
            Slave_SQL_Running: Yes                        # SQL 线程同步正常
              Replicate_Do_DB:
          Replicate_Ignore_DB:
           Replicate_Do_Table:
       Replicate_Ignore_Table:
      Replicate_Wild_Do_Table:
  Replicate_Wild_Ignore_Table:
                   Last_Errno: 0
                   Last_Error:
                 Skip_Counter: 0
          Exec_Master_Log_Pos: 156
              Relay_Log_Space: 766
              Until_Condition: None
               Until_Log_File:
                Until_Log_Pos: 0
           Master_SSL_Allowed: No
           Master_SSL_CA_File:
           Master_SSL_CA_Path:
              Master_SSL_Cert:
            Master_SSL_Cipher:
               Master_SSL_Key:
```

```
          Seconds_Behind_Master: 0
  Master_SSL_Verify_Server_Cert: No
                  Last_IO_Errno: 0
                  Last_IO_Error:
                 Last_SQL_Errno: 0
                 Last_SQL_Error:
    Replicate_Ignore_Server_Ids:
               Master_Server_Id: 20210431
                    Master_UUID: 4feb66d2-e77e-11ea-96fd-00163e08e185
               Master_Info_File: mysql.slave_master_info
                      SQL_Delay: 0
            SQL_Remaining_Delay: NULL
        Slave_SQL_Running_State: Slave has read all relay log; waiting
for more updates
             Master_Retry_Count: 86400
                    Master_Bind:
        Last_IO_Error_Timestamp:
       Last_SQL_Error_Timestamp:
                 Master_SSL_Crl:
             Master_SSL_Crlpath:
             Retrieved_Gtid_Set:
              Executed_Gtid_Set:
                  Auto_Position: 0
           Replicate_Rewrite_DB:
                   Channel_Name:
             Master_TLS_Version:
         Master_public_key_path:
          Get_master_public_key: 0
              Network_Namespace:
  1 row in set (0.00 sec)
```

如上所示，Slave_IO_Running 和 Slave_SQL_Running 的值都为 YES，表示成功地建立了主从复制。

9.2　GTID 复制

传统的基于 Binlog Position 复制的方式有一个严重的缺点。如图 9-2 所示，在 Master 节点出现宕机，发生高可用切换时，必须知道新的 Master 节点的位点信息，即 Binlog 文件和 Position 位点的信息，这就给实现高可用带来了困难。

如果采用 GTID 复制模式，Master 节点宕机后，Slave 节点如果要选择新的 Master 节点作为数据源同步，无须指定 Binlog 文件和 Position 位点的信息，直接指向新的 Master 节点就可以实现故障转移和 Slave 节点同步续传。

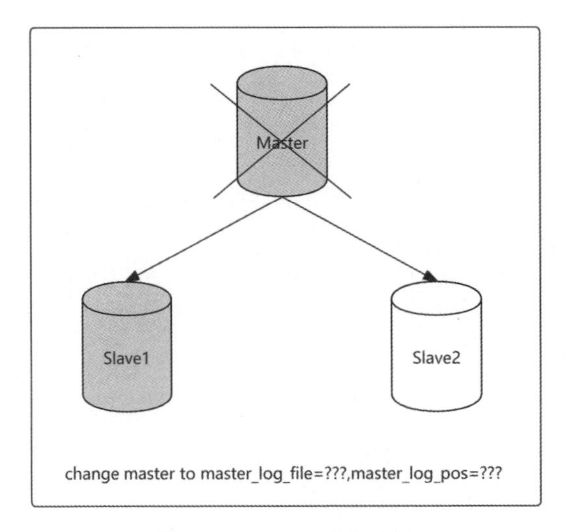

图 9-2　Master 节点宕机

9.2.1　GTID 主从复制的配置

在 MySQL 主从复制的搭建步骤中，如果使用 GTID 复制模式配置主从复制，那么 9.1 节中的后三个步骤会变为如下形式。

（1）Master 节点和 Slave 节点开启 GTID 复制模式，并修改配置文件 my.cnf：

```
# Master 节点
enforce-gtid-consistency=true
gtid-mode=on

# Slave 节点
enforce-gtid-consistency=true
gtid-mode=on
log-slave-updates=true
```

下面对上面几个参数的含义进行解释。

- gtid-mode：表示是否开启 GTID 模式。
- enforce-gtid-consistency：如果开启该参数，则表示只允许执行可以使用 GTID 安全记录的语句来强制 GTID 一致性，用于保证开启 GTID 复制模式后事务的安全。
- log-slave-updates：表示在 Slave 节点上，Binlog 是否记录 Master 节点传过来的执行日志，如果在 MySQL 5.6 主从架构上使用 GTID 模式，则必须开启此参数，因为要依据记录的 Binlog 来定位 GTID 同步的复制位点；MySQL 5.7 可以不开启此参数，因为 MySQL 5.7 的每个事务都会更新表的 gtid_executed 信息，依据 gtid_executed 信息便能定位复制位点，但是还是建议开启，这样可以增加 MySQL 级联复制的扩展性。

（2）在 Slave 节点上初始化 Slave 节点连接 Master 节点的同步信息：

```
    mysql> change master to
    ->      master_host='172.16.163.114',
    ->      master_user='rep',
    ->      master_password='abcd1234',
    ->      master_port=3306,
    ->      master_auto_position = 1;
Query OK, 0 rows affected, 2 warnings (0.04 sec)
```

（3）Slave 节点开启同步复制。Slave 节点执行 start slave 命令开启同步复制，并使用 show slave status 命令查看同步状态，Slave_IO_Running 表示 Slave 节点从 Master 节点同步数据是否正常，Slave_SQL_Running 表示回放 Relay Log 中的 Binlog 日志时是否正常：

```
mysql> start slave;
Query OK, 0 rows affected (0.00 sec)

mysql> show slave status\G;
*************************** 1. row ***************************
               Slave_IO_State: Waiting for master to send event
                  Master_Host: 172.16.163.114
                  Master_User: rep
                  Master_Port: 3306
                Connect_Retry: 60
              Master_Log_File: mysql-bin.000002
          Read_Master_Log_Pos: 156
               Relay_Log_File:
iZ2zehcv8qx066s1gjy5zsZ-relay-bin.000002
                Relay_Log_Pos: 371
        Relay_Master_Log_File: mysql-bin.000002
             Slave_IO_Running: Yes
            Slave_SQL_Running: Yes
              Replicate_Do_DB:
          Replicate_Ignore_DB:
           Replicate_Do_Table:
       Replicate_Ignore_Table:
      Replicate_Wild_Do_Table:
  Replicate_Wild_Ignore_Table:
                   Last_Errno: 0
                   Last_Error:
                 Skip_Counter: 0
          Exec_Master_Log_Pos: 156
              Relay_Log_Space: 598
              Until_Condition: None
               Until_Log_File:
                Until_Log_Pos: 0
           Master_SSL_Allowed: No
           Master_SSL_CA_File:
           Master_SSL_CA_Path:
              Master_SSL_Cert:
            Master_SSL_Cipher:
               Master_SSL_Key:
```

```
          Seconds_Behind_Master: 0
  Master_SSL_Verify_Server_Cert: No
                  Last_IO_Errno: 0
                  Last_IO_Error:
                 Last_SQL_Errno: 0
                 Last_SQL_Error:
    Replicate_Ignore_Server_Ids:
               Master_Server_Id: 20210431
                    Master_UUID: 4feb66d2-e77e-11ea-96fd-00163e08e185
               Master_Info_File: mysql.slave_master_info
                      SQL_Delay: 0
            SQL_Remaining_Delay: NULL
        Slave_SQL_Running_State: Slave has read all relay log; waiting
for more updates
             Master_Retry_Count: 86400
                    Master_Bind:
        Last_IO_Error_Timestamp:
       Last_SQL_Error_Timestamp:
                 Master_SSL_Crl:
             Master_SSL_Crlpath:
             Retrieved_Gtid_Set:
              Executed_Gtid_Set:
                  Auto_Position: 1
           Replicate_Rewrite_DB:
                   Channel_Name:
             Master_TLS_Version:
         Master_public_key_path:
          Get_master_public_key: 0
              Network_Namespace:
    1 row in set (0.00 sec)
```

9.2.2 GTID 的相关知识

GTID 的英文全称为 Global Transaction ID，即全局事务 ID，此标识符不但对发起事务的库来说是唯一的，而且在给定复制拓扑的所有库中都是唯一的，GTID 的结构为 UUID:trans_id，类似于如下形式：

```
    4feb66d2-e77e-11ea-96fd-00163e08e185:1-2
```

其中，4feb66d2-e77e-11ea-96fd-00163e08e185 就是 UUID，对于每个 MySQL 实例来说都是唯一的，记录在$datadir/auto.cnf 中，在复制结构中，两个实例的 UUID 必须保持不同，否则就会报错。1-2 是 trans_id，trans_id 表示事务在提交时分配的序列号，可以唯一标记某个 MySQL 实例执行的一个事务，每提交一个事务，序列号加 1。因此，在一般情况下事务号是连续的。

在使用 GTID 时，有些参数比较重要，下面对其进行解释。

gtid_executed

gtid_executed 表示执行过的 GTID 集合，每次提交事务时都会更新。gtid_executed

是只读变量，可以通过以下几条命令来查看：

```
mysql> show master status\G;
*************************** 1. row ***************************
             File: mysql-bin.000004
         Position: 529
     Binlog_Do_DB:
 Binlog_Ignore_DB:
Executed_Gtid_Set: 4feb66d2-e77e-11ea-96fd-00163e08e185:1-2
1 row in set (0.00 sec)

mysql>  show global variables like '%gtid_executed';
+---------------+------------------------------------------+
| Variable_name | Value                                    |
+---------------+------------------------------------------+
| gtid_executed | 4feb66d2-e77e-11ea-96fd-00163e08e185:1-2 |
+---------------+------------------------------------------+
1 row in set (0.01 sec)

mysql> select * from mysql.gtid_executed;
+--------------------------------------+----------------+--------------
-----+
| source_uuid                          | interval_start | interval_end |
+--------------------------------------+----------------+--------------
-----+
| 4feb66d2-e77e-11ea-96fd-00163e08e185 |              1 |            1 |
| 4feb66d2-e77e-11ea-96fd-00163e08e185 |              2 |            2 |
+--------------------------------------+----------------+--------------
-----+
2 rows in set (0.00 sec)
```

gtid_purged

gtid_purged 表示已经被清除的 GTID 集合，并且经常被用在 GTID 复制模式下，跳过主从复制错误。由于 Binlog 保存时间有限，因此 GTID 有的时候在实例上并不能全部保存，已经被清除的 GTID 集合会记录在 gtid_purged 参数中，并且 gtid_purged 是 gtid_executed 的子集：

```
mysql> show variables like '%gtid_purged%';
+---------------+------------------------------------------+
| Variable_name | Value                                    |
+---------------+------------------------------------------+
| gtid_purged   | 4feb66d2-e77e-11ea-96fd-00163e08e185:1-2 |
+---------------+------------------------------------------+
1 row in set (0.00 sec)
```

gtid_next

gtid_next 用于指定是否及如何获取下一个 GTID。当此参数设置为 AUTOMATIC 时，系统会自动分配一个 GTID，如果事务回滚或没有写入 Binlog 文件时则不会分配；可以手动设置 gtid_next 的值，即告诉 Slave 节点下一个要执行的 GTID 值。gtid_next 经常被用在 GTID 复制模式下，跳过主从复制错误。

gtid_executed_compression_period

gtid_executed_compression_period 表示控制每执行多少个事务，对 gtid_executed 集合进行压缩，默认值为 1000。因此，过一段时间后，上面的 gtid_executed 集合会压缩成如下内容：

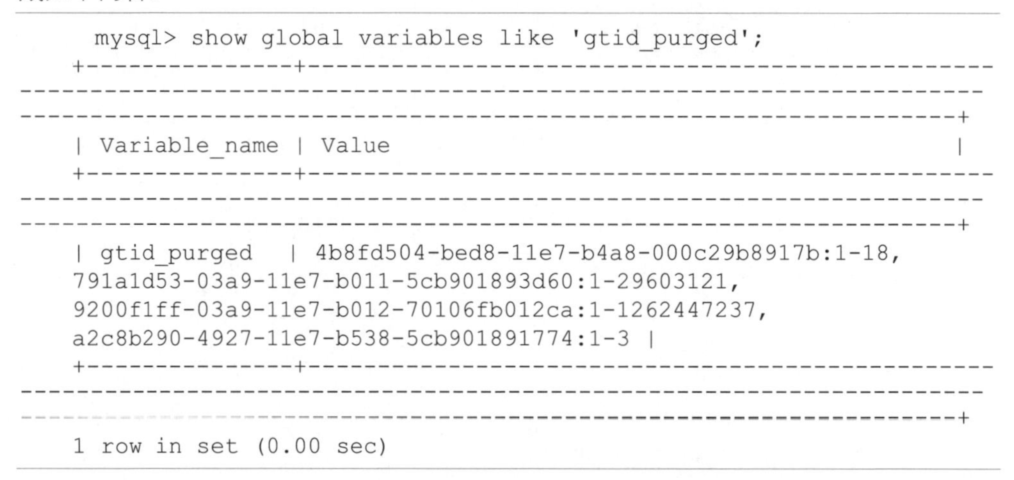

```
mysql> show global variables like 'gtid_purged';
+---------------+------------------------------------------------------------------------------------------------------------------------------------------------------------+
| Variable_name | Value                                                                                                                                                      |
+---------------+------------------------------------------------------------------------------------------------------------------------------------------------------------+
| gtid_purged   | 4b8fd504-bed8-11e7-b4a8-000c29b8917b:1-18,
791a1d53-03a9-11e7-b011-5cb901893d60:1-29603121,
9200f1ff-03a9-11e7-b012-70106fb012ca:1-1262447237,
a2c8b290-4927-11e7-b538-5cb901891774:1-3 |
+---------------+------------------------------------------------------------------------------------------------------------------------------------------------------------+
1 row in set (0.00 sec)
```

9.2.3 GTID 的自动定位

在传统的基于 Binlog 文件和 Position 位点主从复制的同步中，Slave 节点拉取同步的 Binlog 的定位是基于 Slave 节点记录的 Binlog 文件和 Position 位点来定位同步位点的。换句话说，必须同时指定位点信息，才能开始或修复中断的主从复制。但是 GTID 复制模式采用的是基于 GTID 信息的自动定位方式，这个过程如下。

（1）Slave 节点向 Master 节点发送一个 GTID 集合，其中包含已经收到和已经提交的事务，此 GTID 集合等于 select @@GLOBAL.gtid_executed 与 select received_transaction_set from performance_schema.replication_connection_status 查询结果的并集。

（2）Master 节点会比较其 Binlog 中记录的所有事务和 Slave 节点发送的 GTID 集合，并将差集发送给 Slave 节点。

（3）Binlog 传输的 Slave 节点存储到 Relay Log 后，Slave 节点读取这个 GTID 的这个值，并且对比 Slave 节点的 gtid_executed 集合中是否有该 GTID 的值。

（4）若存在该 GTID 的值，则说明该 GTID 的事务已经执行，会忽略 Slave 节点。

（5）若不存在该 GTID 的值，则设置 gtid_next，即告诉 Slave 节点下一个要执行的 GTID 的值。

（6）若 Slave 节点缺失的 GTID 已经被 Master 节点清除，则复制中断，Master 节点将错误发送给 Slave 节点。

9.2.4 使用 GTID 复制模式的限制

由于基于 GTID 复制模式需要依赖事务，因此在使用它时有一些限制。

- **非 InnoDB 的表和 InnoDB 的表在同一个事务中**：因为在同一个事务中，对非 InnoDB 的表的更新与 InnoDB 的表的更新混合在一起，可能导致将多个 GTID 分配给同一个事务，破坏了事务和 GTID 之间一对一的对应关系。
- **create table … select 语句**：在 MySQL 5.7 中，由于 create table …select 语句会生成两个 SQL，一个是 DDL 创建表 SQL，另一个是 insert into 插入数据的 SQL。DDL 会导致自动提交，所以这个 SQL 至少需要两个 GTID，但是在 GTID 复制模式下，只能为这个 SQL 生成一个 GTID，如果强制执行就会导致和上面更新非事务引擎一样的结果。但是在 MySQL 8.0.21 之后是支持 DDL 的原子性的，因此 create table … select 语句就不再受限制。
- **临时表**：在函数、触发器、存储过程、事务内部不支持创建临时表和删除临时表，但是在 MySQL 8.0.13 之后，则支持在函数、触发器、存储过程、事务内部创建临时表和删除临时表。

9.3 MySQL 复制报错的处理

MySQL 主从复制过程中经常会出现复制报错的情况，进而导致主从复制中断，此时若能根据报错信息快速修复主从同步中断错误，就能避免重新搭建从库，从而缩短对业务的影响时间。

9.3.1 主从复制 crash-safe

MySQL 在复制过程中，发生 slave crash-unsafe 导致复制中断，既可能是 I/O 线程的原因，也可能是 SQL 线程的原因。为了实现 slave crash-safe，MySQL 主从复制在单线程复制前提下的配置如下。

- 使用 MySQL 5.6 及其以上版本。
- 存储引擎使用 InnoDB。
- 主从节点配置“双 1”。
- **从库参数 relay_log_info_repository = TABLE**：将 SQL 线程的位置存储在 mysql.slave_relay_log_info 表中，并与事务提交一起更新，保证记录始终准确。从 MySQL 8.0.23 开始，该参数已经被弃用，默认将 SQL 线程的位置存储在 mysql.slave_relay_log_info 表中。
- **从库参数 relay_log_recovery = ON**：Slave 节点发生 Crash 重启后，系统会清理

现有的 Relay Log 信息，I/O 线程会从 salve_relay_log_info 记录的位点信息重新拉取 Master 节点的 Binlog。

9.3.2 跳过 GTID 模式下的复制中断错误

在 GTID 模式下可能会发生复制中断，有时需要跳过复制错误，如下所示：

```
mysql> show slave status\G;
*************************** 1. row ***************************
               Slave_IO_State: Waiting for master to send event
                  Master_Host: 172.16.163.114
                  Master_User: rep
                  Master_Port: 3306
                Connect_Retry: 60
              Master_Log_File: mysql-bin.000001
          Read_Master_Log_Pos: 1032
               Relay_Log_File:
iZ2zehcv8qx066s1gjy5zsZ-relay-bin.000002
                Relay_Log_Pos: 663
        Relay_Master_Log_File: mysql-bin.000001
             Slave_IO_Running: Yes
            Slave_SQL_Running: No
              Replicate_Do_DB:
          Replicate_Ignore_DB:
           Replicate_Do_Table:
       Replicate_Ignore_Table:
      Replicate_Wild_Do_Table:
  Replicate_Wild_Ignore_Table:
                   Last_Errno: 1062
                   Last_Error: Could not execute Write_rows event on
table test5.runoob_tbl; Duplicate entry '4' for key 'runoob_tbl.PRIMARY',
Error_code: 1062; handler error HA_ERR_FOUND_DUPP_KEY; the event's master
log mysql-bin.000001, end_log_pos 709
                 Skip_Counter: 0
          Exec_Master_Log_Pos: 448
              Relay_Log_Space: 2532
              Until_Condition: None
               Until_Log_File:
                Until_Log_Pos: 0
           Master_SSL_Allowed: No
           Master_SSL_CA_File:
           Master_SSL_CA_Path:
              Master_SSL_Cert:
            Master_SSL_Cipher:
               Master_SSL_Key:
        Seconds_Behind_Master: NULL
Master_SSL_Verify_Server_Cert: No
                Last_IO_Errno: 0
                Last_IO_Error:
               Last_SQL_Errno: 1062
```

```
               Last_SQL_Error: Could not execute Write_rows event on
table test5.runoob_tbl; Duplicate entry '4' for key 'runoob_tbl.PRIMARY',
Error_code: 1062; handler error HA_ERR_FOUND_DUPP_KEY; the event's master
log mysql-bin.000001, end_log_pos 709
    Replicate_Ignore_Server_Ids:
              Master_Server_Id: 20210431
                   Master_UUID: 4feb66d2-e77e-11ea-96fd-00163e08e185
              Master_Info_File: mysql.slave_master_info
                     SQL_Delay: 0
           SQL_Remaining_Delay: NULL
       Slave_SQL_Running_State:
            Master_Retry_Count: 86400
                   Master_Bind:
       Last_IO_Error_Timestamp:
      Last_SQL_Error_Timestamp: 210117 16:22:26
                Master_SSL_Crl:
            Master_SSL_Crlpath:
            Retrieved_Gtid_Set:
4feb66d2-e77e-11ea-96fd-00163e08e185:1-3
             Executed_Gtid_Set:
4feb66d2-e77e-11ea-96fd-00163e08e185:1,
   a34f9d82-54f1-11eb-8634-00163e0e55db:1
                 Auto_Position: 1
          Replicate_Rewrite_DB:
                  Channel_Name:
            Master_TLS_Version:
        Master_public_key_path:
         Get_master_public_key: 0
             Network_Namespace:
   1 row in set (0.00 sec)
```

在 GTID 模式下，跳过复制错误和普通模式不太一样，不能直接执行 set global SQL_SLAVE_SKIP_COUNTER = 1 命令，而是先找到复制错误的 GTID，那么应该如何找到报错的 GTID 值呢?

首先，需要理解以下两个参数的意义。

Retrieved_Gtid_Set：记录 Relay Log 文件从 Master 节点获取的 Binlog 文件的位置。

Executed_Gtid_Set：记录本机执行的 Binlog 文件的位置。

其次，从 Executed_Gtid_Set 获取到的 GTID 值就是目前本机已经执行过的 GTID 值。一般来说，GTID+1 就是导致主从同步中断的 GTID 值，记录为 GTID_NEXT。

最后，只要使用空事务跳过这个 GTID_NEXT 值就可以。

需要指出的是，GTID 的生成受 gtid_next 参数的控制，在 Master 节点上，gtid_next 参数的默认值是 AUTOMATIC，即每次事务在提交时自动生成新的 GTID，MySQL 从当前已执行的 GTID 集合（即 gtid_executed）中找一个大于 0 的未使用的最小值作为下一个事务 GTID。也就是说，GTID 中间可能有空洞，但是在自动生成 GTID 时，这些空洞会被填上。因此，不能通过 GTID 中的事务号精确地确定事务的顺序，事务的顺序应由事务记录处于 Binlog 中的位置决定。必须通过 Binlog 中的先后顺序的位置来精确地确定 GTID_NEXT。在通常情况下，使用 GTID+1 来确定 GTID_NEXT 已经基本满足需求了。

在上一个例子中，报错的 GTID 为 4feb66d2-e77e-11ea-96fd-00163e08e185:1 的下一个值，即 4feb66d2-e77e-11ea-96fd-00163e08e185:2，并执行以下步骤：

```
    mysql> stop slave;
    Query OK, 0 rows affected (0.01 sec)

    mysql> set @@session.gtid_next= '4feb66d2-e77e-11ea-96fd-00163e08
e185:2';
    Query OK, 0 rows affected (0.00 sec)

    mysql>  begin;commit;
    Query OK, 0 rows affected (0.00 sec)

    Query OK, 0 rows affected (0.00 sec)

    mysql> set session gtid_next = AUTOMATIC;
    Query OK, 0 rows affected (0.00 sec)

    mysql> start slave;
    Query OK, 0 rows affected (0.00 sec)

    mysql> show slave status\G;
    *************************** 1. row ***************************
                   Slave_IO_State: Waiting for master to send event
                      Master_Host: 172.16.163.114
                      Master_User: rep
                      Master_Port: 3306
                    Connect_Retry: 60
                  Master_Log_File: mysql-bin.000001
              Read_Master_Log_Pos: 1032
                   Relay_Log_File: iZ2zehcv8qx066s1gjy5zsZ-relay-bin.000005
                    Relay_Log_Pos: 458
            Relay_Master_Log_File: mysql-bin.000001
                 Slave_IO_Running: Yes
                Slave_SQL_Running: Yes
                  Replicate_Do_DB:
              Replicate_Ignore_DB:
               Replicate_Do_Table:
           Replicate_Ignore_Table:
          Replicate_Wild_Do_Table:
      Replicate_Wild_Ignore_Table:
                       Last_Errno: 0
                       Last_Error:
                     Skip_Counter: 0
              Exec_Master_Log_Pos: 1032
                  Relay_Log_Space: 1279
                  Until_Condition: None
                   Until_Log_File:
                    Until_Log_Pos: 0
```

```
             Master_SSL_Allowed: No
             Master_SSL_CA_File:
             Master_SSL_CA_Path:
                Master_SSL_Cert:
              Master_SSL_Cipher:
                 Master_SSL_Key:
          Seconds_Behind_Master: 0
  Master_SSL_Verify_Server_Cert: No
                  Last_IO_Errno: 0
                  Last_IO_Error:
                 Last_SQL_Errno: 0
                 Last_SQL_Error:
    Replicate_Ignore_Server_Ids:
               Master_Server_Id: 20210431
                    Master_UUID: 4feb66d2-e77e-11ea-96fd-00163e08e185
               Master_Info_File: mysql.slave_master_info
                      SQL_Delay: 0
            SQL_Remaining_Delay: NULL
        Slave_SQL_Running_State: Slave has read all relay log; waiting
for more updates
             Master_Retry_Count: 86400
                    Master_Bind:
        Last_IO_Error_Timestamp:
       Last_SQL_Error_Timestamp:
                 Master_SSL_Crl:
             Master_SSL_Crlpath:
             Retrieved_Gtid_Set:
4feb66d2-e77e-11ea-96fd-00163e08e185:1-3
              Executed_Gtid_Set: 4feb66d2-e77e-11ea-96fd-00163e08e185:
1-3,
  a34f9d82-54f1-11eb-8634-00163e0e55db:1
                  Auto_Position: 1
           Replicate_Rewrite_DB:
                   Channel_Name:
             Master_TLS_Version:
         Master_public_key_path:
          Get_master_public_key: 0
              Network_Namespace:
  1 row in set (0.00 sec)
```

9.4 MySQL 半同步复制

MySQL 5.5 之前的版本一直采用的是异步复制的方式。Master 节点的事务提交不会管 Slave 节点的同步进度，若 Slave 节点同步数据延迟，Master 节点此时崩溃，就会导致数据丢失。因此，在 MySQL 5.5 中引入了半同步复制，Master 节点在应答客户端提交事务前需要保证至少接收一个 Slave 节点并写到 Relay Log 中。

- **异步复制**：Master 节点在写事务时，Binlog 事件被写入 Binlog 文件中，此时 Master

节点会通知 dump 线程将这些新 Binlog 事件发送给 Slave 节点，Master 节点就会继续处理新的事务并提交，而此时不能保证这些 Binlog 事件是否能够传到任何一个 Slave 节点。

- **半同步复制**：Master 节点在提交事务时，需要等待至少收到一个 Slave 节点写入 Binlog 到 Relay Log 文件之后的反馈，Master 节点不需要等待所有 Slave 节点返回并收到 Binlog 文件的确认信息。需要指出的是，此时 Slave 节点只是在 Binlog 写入 Relay Log 文件后，向 Master 节点发送一个反馈，而不是已经在 Slave 节点重放执行完毕才发送反馈。
- **全同步复制**：当 Master 节点提交事务之后，所有的 Slave 节点必须收到回放，并且提交这些事务，同时为 Master 节点发送一个反馈，Master 节点才能执行 commit 操作。随之出现的问题是 Master 节点提交事务的时间过长。

9.4.1 MySQL 半同步复制的注意事项

在使用 MySQL 半同步复制时，需要注意以下几点。

- Master 节点和至少一个 Slave 节点配置了半同步，如果 Master 节点或所有的 Slave 节点没有开启半同步复制，那么 Master 节点都会使用异步复制。
- Slave 节点会在连接到 Master 节点时通知其是否配置了半同步复制。
- 在半同步复制中，Master 节点等待 Slave 节点返回确认信息的过程中，如果发生异常，或者一直等待直到超过 rpl_semi_sync_master_timeout 配置的时间点，同步复制将退化为异步复制。
- 在退化为异步复制后，如果 Slave 节点追上了 Master 节点，那么 Master 节点又会重新转为半同步复制。
- 在半同步复制中，Master 节点将 Binlog 事件发送给 Slave 节点，Slave 节点必须等到一个事务的所有 Binlog 事件都接收完毕，才会将信息返回给 Master 节点。

9.4.2 MySQL 半同步复制中的无损复制

在 MySQL 半同步复制中，Master 节点提交事务且被阻塞的过程中（等待 Slave 节点返回确认消息），Master 节点处理线程不会返回去继续处理当前事务，而是一直等待 Slave 节点返回确认消息，Master 节点在收到确认消息后才会把控制权交给当前线程，之后继续处理当前事务的后续动作。处理完之后，此时 Master 节点的事务已经提交，同时至少有一个 Slave 节点也已经收到了此事务的 Binlog，这样就可以保证 Master 节点和至少一个 Slave 节点的数据一致。

上述 MySQL 半同步复制过程称为 after_commit 模式，即 Master 节点在确认收到 Slave 节点的返回确认消息之后，才提交事务。这里面就有数据丢失的风险，因为在

Master 节点提交（commit）当前事务之后，Slave 节点若没有收到消息，并且没有返回确认消息，那么客户端已经成功提交事务，此时 Master 节点崩溃，Slave 节点提升为 Master 节点，但是刚提交成功的事务会消失，这就会造成数据丢失。为了解决这个问题，在 MySQL 5.7 中增加了半同步复制增强版的参数 after_sync。

MySQL 事务的提交过程涉及 Binlog 的分为两个步骤，即 write 和 fsync。第一步，write 是把 Binlog 从 Binlog Cache 写入磁盘文件；第二步，调用 fsync 做磁盘持久化，然后提交 MySQL 事务。在 after_commit 模式下，Master 节点在事务提交之后等待 Slave 节点返回确认消息，所以会有数据不一致问题。在 after_sync 模式下，Master 节点是在事务提交之前，即调用 fsync 之后，等待 Slave 节点返回确认消息。此时，如果发生了主从切换，那么客户端在此之前看不到提交的事务。与 after_commit 模式相比，虽然都存在丢失数据的风险，但是由于返回消息确认的位置不同，这样就有一个很大的区别，也就是其他事务是否看得见当前事务的修改操作，after_commit 模式由于在 InnoDB 提交后，此时事务已经提交，对其他事务可见，如果此时 Master 节点宕机并发生主从切换，那么用户在 Master 节点找不到刚刚那个事务修改后的数据，就可以看作数据丢失，因为用户已经看到过数据。无损复制在 fsync Binlog 后进行 Binlog 发送和返回消息确认，由于此时并没有提交事务，对于其他事务来说不可见，因此就算发生了主从切换，新 Master 节点虽然也没有刚刚那个事务修改后的数据，但用户并没有看见过新数据，也就称不上数据丢失。

9.4.3 无损复制的配置和参数

由于无损复制对于主从一致性的保证，因此推荐主从复制使用无损复制。下面提到的半同步复制也都是指无损复制。

1. 半同步复制的配置

MySQL 半同步复制的配置有两种方式：一种是配置文件方式，另一种是在线命令行方式。

配置文件方式

Master 节点的配置文件 my.cnf 如下：

```
plugin_dir=/opt/mysql/lib/plugin
plugin_load = "rpl_semi_sync_master=semisync_master.so"
loose_rpl_semi_sync_master_enabled = 1
```

Slave 节点的配置文件 my.cnf 如下：

```
plugin_dir=/opt/mysql/lib/plugin
plugin_load = "rpl_semi_sync_slave=semisync_slave.so"
loose_rpl_semi_sync_slave_enabled = 1
```

在线命令行方式

Master 节点执行如下命令：

```
mysql> install plugin rpl_semi_sync_master SONAME 'semisync_master.so';
Query OK, 0 rows affected (0.07 sec)

mysql> set global rpl_semi_sync_master_enabled=1;
Query OK, 0 rows affected (0.00 sec)
```

为了保证重启后继续生效，需要在配置文件中加入 rpl_semi_sync_master_enabled = 1。

Slave 节点执行如下命令：

```
mysql> install plugin rpl_semi_sync_slave SONAME 'semisync_slave.so';
Query OK, 0 rows affected (0.07 sec)

mysql> set global rpl_semi_sync_slave_enabled=1;
Query OK, 0 rows affected (0.00 sec)
```

为了保证重启后继续生效，需要在配置文件中加入 rpl_semi_sync_slave_enabled = 1。

使用在线命令行方式配置完半同步复制之后，需要重启 I/O 线程才能生效，具体操作如下：

```
mysql> stop slave io_thread;
Query OK, 0 rows affected (0.08 sec)

mysql> start slave io_thread;
Query OK, 0 rows affected (0.04 sec)
```

2. 半同步复制的参数

Master 节点配置了如下参数。

- **rpl_semi_sync_master_enabled**：Master 节点开启半同步复制。
- **rpl_semi_sync_master_timeout**：当半同步复制发生超时时，会暂时关闭半同步复制，转而使用异步复制。
- **rpl_semi_sync_master_trace_level**：用于开启半同步复制时的调试级别，默认值是 32。
- **rpl_semi_sync_master_wait_for_slave_count**：Master 节点必须等待多少个 Slave 节点的返回确认信息才可以提交，默认值为 1。
- **rpl_semi_sync_master_wait_no_slave**：默认值为 ON，当状态变量 rpl_semi_sync_master_clients 中的值小于 rpl_semi_sync_master_wait_for_slave_count 中的值时，rpl_semi_sync_master_status 的值为 ON，只有当事务提交后等待 rpl_semi_sync_master_timeout 超时后，rpl_semi_sync_master_status 的值才会变为 OFF，即降级为异步复制。如果将此参数设置为 OFF，当状态变量 rpl_semi_sync_master_clients 中的值小于 rpl_semi_sync_master_wait_for_slave_count 中的值时，rpl_semi_sync_master_status 的值立即显示为 OFF，即立即降级为异步复制。

- **rpl_semi_sync_master_wait_point**：控制等待 Ack 的逻辑处于整个事务提交过程的哪个阶段，目前支持两种模式，即 after_commit 和 after_sync。

Slave 节点配置了如下参数。

- **rpl_semi_sync_slave_enabled**：Slave 节点开启半同步复制。
- **rpl_semi_sync_slave_trace_level**：用于开启半同步复制时的调试级别，默认值是 32。

Master 节点的状态参数如下：

```
mysql> show status like '%semi%';
+--------------------------------------------+-------+
| Variable_name                              | Value |
+--------------------------------------------+-------+
| Rpl_semi_sync_master_clients               | 1     |
| Rpl_semi_sync_master_net_avg_wait_time     | 0     |
| Rpl_semi_sync_master_net_wait_time         | 0     |
| Rpl_semi_sync_master_net_waits             | 0     |
| Rpl_semi_sync_master_no_times              | 0     |
| Rpl_semi_sync_master_no_tx                 | 0     |
| Rpl_semi_sync_master_status                | ON    |
| Rpl_semi_sync_master_timefunc_failures     | 0     |
| Rpl_semi_sync_master_tx_avg_wait_time      | 0     |
| Rpl_semi_sync_master_tx_wait_time          | 0     |
| Rpl_semi_sync_master_tx_waits              | 0     |
| Rpl_semi_sync_master_wait_pos_backtraverse | 0     |
| Rpl_semi_sync_master_wait_sessions         | 0     |
| Rpl_semi_sync_master_yes_tx                | 0     |
+--------------------------------------------+-------+
14 rows in set (0.01 sec)
```

Slave 节点的状态参数如下：

```
mysql> show status like '%semi%';
+----------------------------+-------+
| Variable_name              | Value |
+----------------------------+-------+
| Rpl_semi_sync_slave_status | ON    |
+----------------------------+-------+
1 row in set (0.00 sec)
```

下面对上面的参数进行简单的解释。

- **Rpl_semi_sync_master_clients**：当前处于半同步状态的 Slave 节点的个数。
- **Rpl_semi_sync_master_net_avg_wait_time**：Master 节点等待 Slave 节点回复的平均等待时间，单位为毫秒。
- **Rpl_semi_sync_master_net_wait_time**：Master 节点等待 Slave 节点响应的总时间。
- **Rpl_semi_sync_master_net_waits**：Master 节点等待 Slave 节点回复的总的等待次数，即半同步复制的总次数，不管失败还是成功，不计算半同步失败后的异步复制。
- **Rpl_semi_sync_master_no_times**：Master 节点关闭半同步复制的次数。

- **Rpl_semi_sync_master_no_tx**：Master 节点没有收到 Slave 节点的回复而提交的次数，即半同步复制没有成功提交的次数。
- **Rpl_semi_sync_master_status**：ON 表示活动状态（半同步），OFF 表示非活动状态（异步），用于表示主节点使用的是异步复制还是半同步复制。
- **Rpl_semi_sync_master_timefunc_failures**：Master 节点调用时间函数（如 gettimeofday 函数等）失败的次数。
- **Rpl_semi_sync_master_tx_avg_wait_time**：Master 节点花费在每个事务上的平均等待时间。
- **Rpl_semi_sync_master_tx_wait_time**：Master 节点等待事务的总时间。
- **Rpl_semi_sync_master_tx_waits**：Master 节点等待成功的次数，即 Master 节点没有等待超时的次数，也就是成功提交的次数。
- **Rpl_semi_sync_master_wait_pos_backtraverse**：Master 节点维护了变量 wait_file_name_和 wait_file_pos_，当主库上多个事务都在等待备库的响应时，这两个变量记录了所有等待中最小的那个 Binlog 位置。如果这时一个新的事务加入等待，并且该事务需要等待的 Binlog 位置比变量 wait_file_name_和 wait_file_pos_的值还小，则更新这两个变量的值，并将 Rpl_semi_sync_master_wait_pos_backtraverse 的值自增一次。
- **Rpl_semi_sync_master_wait_sessions**：当前有多少个 session 在等待 Slave 节点的回复。
- **Rpl_semi_sync_master_yes_tx**：Master 节点成功接收到 Slave 节点的回复的次数，即半同步复制成功提交的次数。
- **Rpl_semi_sync_slave_status**：Slave 节点上的半同步复制状态，ON 表示已经被启用，OFF 表示非活动状态。

9.4.4 无损复制的改进

本节主要介绍无损复制相对于之前复制的改进之处。

- **Master 节点等待 Slave 节点返回信息的时间点不同。**无损复制在 MySQL Server 层的 fsync Binlog 后等待返回确认信息，半同步复制在 InnoDB 层的 commit 后等待返回确认信息。半同步复制切换有数据丢失的风险，无损复制没有数据丢失的风险。
- **支持发送 Binlog 和接收反馈信息的异步化。**无损复制引入了一个 Ack Receiver 线程，专门用于接收 Slave 节点返回的确认信息请求。之前 after-commit 模式的 dump 线程，不仅需要为 Slave 节点传送 Binlog，还需要等待 Slave 节点反馈信息，而且这两个任务是串行的，dump 线程只有等待 Slave 节点返回之后才会传送下一个事务。在高并发业务场景下，这样的机制会影响 Master 节点的 TPS。

- **控制 Master 节点接收 Slave 节点写事务成功反馈次数**。新增了 rpl_semi_sync_master_wait_slave_count 参数，可以用来控制 Master 节点接收多少个 Slave 节点写事务成功反馈，为高可用架构切换提供了灵活性。
- **Binlog 互斥锁提升**。半同步复制在 Master 节点提交 Binlog 的写操作和 dump 线程读 Binlog 的操作都会对 Binlog 添加互斥锁，导致 Binlog 文件的读/写是串行的，存在并发度的问题。无损复制移除了 dump 线程对 Binlog 的互斥锁，还加入了安全边际保证 Binlog 的读安全，提升了整体的 TPS。
- **充分利用组提交特性**。无损复制的性能优于半同步复制的性能的原因在于，无损复制在 fsync Binlog 时可以等待多个事务并行进行，通过组提交机制一次 fsync 多个事务，充分发挥了组提交的作用；并发越高，性能相比半同步复制就越好，因为一次提交的事务变多了，可以降低磁盘 I/O。由于半同步复制在 commit 后等待，事务都已经提交了，因此无法利用组提交。

9.5 MySQL 并行复制

MySQL 的主从同步复制延迟一直是比较难解决的问题之一。虽然 MySQL 5.6 引入了基于库的并行复制，但是其实并不实用，因为大多数业务的读/写集中在单个库或单张表中。因此，在 MySQL 5.7 中引入了基于组提交的并行复制，可以实现行级别的并行复制，从真正意义上实现了 MySQL 主从同步的并行复制。

9.5.1 MySQL 并行复制的原理和演进

MySQL 5.7 并行复制的核心思想如下：一个组提交的事务都可以并行回放，因为这些事务都已进入事务的 prepare 阶段，所以事务之间没有任何冲突（否则就不可能提交）；处于 prepare 状态和 commit 状态的事务，在 Slave 节点执行时也是可以并行回放的。

MySQL 事务的组提交如图 9-3 所示，事务 1、事务 2、事务 3 同时处于 Redo Log prepare 状态，说明此时这 3 个事务彼此没有锁冲突，可以作为一组提交，那么在 MySQL 主从复制中，Slave 节点在回放这 3 个事务时，因为这 3 个事务没有锁冲突，所以可以把 3 个事务作为一个组进行回放。

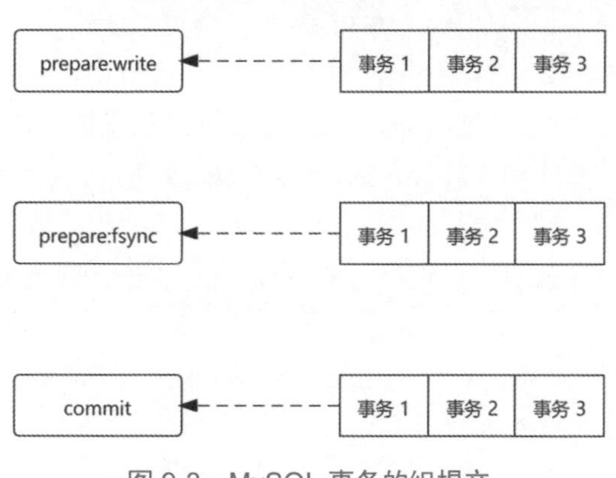

图 9-3 MySQL 事务的组提交

当并发度不高时，在 Master 节点上同时处于 prepare 状态的事务并不是很多，通过设置 binlog_group_commit_sync_delay 参数和 binlog_group_commit_sync_no_delay_count 参数，更多的事务可以同时处于 prepare 状态，从而增加 Slave 节点回放时的并发度。

binlog_group_commit_sync_delay 参数表示延迟多少微秒后才刷盘。binlog_group_commit_sync_no_delay_count 参数表示累积多少次以后才刷盘。

在 MySQL 5.7 出现备库延迟时，可以考虑调整 binlog_group_commit_sync_delay 参数和 binlog_group_commit_sync_no_delay_count 参数的值，从而达到提升 MySQL Slave 节点并行复制效率的目的。

在 MySQL 5.7.22 中，MySQL 并行复制引入了 binlog_transaction_dependency_tracking 参数，这个参数有 3 个值可选，即 COMMIT_ORDER、WRITESET 和 WRITESET_SESSION。通过设置这 3 个参数值，可以实现不同的并行复制策略，从而应对不同的并行复制场景。

- **COMMIT_ORDER**：就是上面提到的，根据事务是否可以同时处于 prepare 状态和 commit 状态，来判断是否可以在 Slave 节点并发执行。
- **WRITESET**：不同事务的不同记录通过计算哈希值，组成一个 WRITESET 集合，操作不同的行，得到不同的哈希值。如果不同的 WRITESET 集合中没有相同的哈希值，那么这些事务就可以在从库并行回放。
- **WRITESET_SESSION**：在 WRITESET 集合的基础上，要求相同的线程在 Master 节点写入事务的顺序，在 Slave 节点回放时必须保证顺序是相同的。

在 WRITESET 模式中，哈希值是使用“唯一索引+库名+库名长度+表名+表名长度+值+值长度”调用一个哈希函数得到的。如果表中有多个唯一索引，那么每个唯一索引都有一个哈希值。

在每次提交事务时，先计算修改的每行记录的 WRITESET 值，然后查找哈希表中是否已经存在同样的 WRITESET。

- 若不存在，则将 WRITESET 值插入哈希表中，同时写入二进制日志的 last_committed 值保持不变，这意味着上一个事务的 last_committed 值与当前事务的 last_committed 值相等，在 Slave 节点就可以并行执行。
- 若存在，则将哈希表对应的 WRITESET 值更新为 sequence number，并且写入二进制日志的 last_committed 值也要更新为 sequence_number。相同记录（冲突事务）回放，last_committed 值必然不同，必须等待之前的一条记录回放完成后才能执行。

9.5.2 MySQL 并行复制的配置

Master 节点的配置参数如下：

```
gtid_mode=ON
enforce-gtid-consistency=1
```

在 Master 节点配置的参数主要用于开启 GTID 复制模式。

Slave 节点的配置参数如下：

```
gtid_mode=ON
enforce-gtid-consistency=1
slave-parallel-type=LOGICAL_CLOCK
slave-parallel-workers=16
master_info_repository=TABLE
relay_log_info_repository=TABLE
relay_log_recovery=ON
slave_preserve_commit_order = ON
```

- **slave-parallel-workers**：该参数表示开启的并行复制的并发线程数，可以根据需要调节。
- **slave_preserve_commit_order**：该参数表示在 Slave 节点回放事务的顺序和在 Master 节点写入事务的顺序是一样的。虽然 Slave 节点可以并行应用 Relay Log，但 commit 部分仍然是按顺序提交的，因此，Slave 节点和 Relay Log 中记录的事务的顺序不一样，数据一致性就无法得到保证。为了保证事务是按照 Relay Log 中记录的顺序来回放的，就需要开启 slave_preserve_commit_order 参数。

如果要开启基于 WRITESET 的并行复制模式，那么 Master 节点需要新增如下配置参数：

```
loose-binlog_transaction_dependency_tracking = WRITESET
loose-transaction_write_set_extraction = XXHASH64
binlog_transaction_dependency_history_size = 25000 # 默认
```

9.6 总结

MySQL 主从复制基于 GTID 复制模式在主从切换的过程中，无须指定 Binlog 文件和 Position 位点的信息，就可以直接指向新的 Master 节点，从而实现故障转移。

MySQL 半同步复制中的无损复制能够在主从发生切换时实现主从一致性。

MySQL 并行复制有 3 种模式，即 COMMIT_ORDER、WRITESET 和 WRITESET_SESSION，根据不同的业务场景选择不同的并行复制模式。

第10章 MySQL的安全

数据库安全的大前提是数据库宿主机是安全的。本章主要介绍 MySQL 数据库层面的安全。

10.1 安全指南

MySQL 官方文档中提出了以下几个使用准则。

- 除了 root 用户，其他用户不得访问 MySQL 数据库中的 mysql.user 表。
- 了解 MySQL 权限控制的工作原理。遵循最小够用原则，不要授予不必要的权限。
- 永远不要在数据库中存储明文密码。
- 不要从字典中选择密码。
- 使用防火墙。将 MySQL 数据库放置在防火墙中或专门的内部网段。
- 访问 MySQL 的应用程序不应信任用户输入的任何数据，并且应使用适当的防御性编程技术编写。
- 不要通过未加密的网络传输方式传输数据，MySQL 支持内部 SSL 连接。
- 学习使用 tcpdump 和 strings 实用程序。

10.2 访问控制

MySQL 的访问控制主要分为两个阶段：连接验证、权限控制。

连接验证作为访问控制的第一个阶段，客户端在创建连接时会接受以下校验。

- 账号密码是否正确：包括用户是否存在和密码是否正确。

- 账号是否被锁定：MySQL 先验证账号密码是否正确，再验证账号状态，任何步骤的失败都会导致客户端创建连接失败。

MySQL 使用 mysql.user 表存储用户的身份凭证。

- user 列和 host 列分别存储用户名和主机名，“%”表示任意主机。所以，MySQL 的用户信息包含用户名和主机名两条信息。
- authentication_string 列存储用户的密码凭证，使用 Plugin 指定的校验插件来校验。
- account_locked 列记录了账号的锁定情况。

```
    mysql> select  user,host,authentication_string,account_locked  from
mysql.user;
    +------------------+-----------+-------------------------------------
------------------------------------------+----------------+
    | user             | host      | authentication_string
| account_locked |
    +------------------+-----------+-------------------------------------
------------------------------------------+----------------+
    | root             | %         |
| N              |
    | mysql.infoschema | localhost |
$A$005$THISISACOMBINATIONOFINVALIDSALTANDPASSWORDTHATMUSTNEVERBRBEUSE
D | Y              |
    | mysql.session    | localhost |
$A$005$THISISACOMBINATIONOFINVALIDSALTANDPASSWORDTHATMUSTNEVERBRBEUSE
D | Y              |
    | mysql.sys        | localhost |
$A$005$THISISACOMBINATIONOFINVALIDSALTANDPASSWORDTHATMUSTNEVERBRBEUSE
D | Y              |
    | root             | localhost |
| N              |
    +------------------+-----------+-------------------------------------
------------------------------------------+----------------+
    5 rows in set (0.00 sec)
```

当客户端通过连接验证后，就会进入访问控制的第二个阶段。请求验证主要是检查连接对操作是否有足够的执行权限，这些权限可能来自 mysql.user 表、global_grants 表、mysql.db 表、tables_priv 表、columns_priv 表和 procs_priv 表。

10.3 预留账户

在 MySQL 数据库初始化过程中会创建部分账号，这些账号被称为预留账户。

- root@localhost：超级管理员账号。该账号拥有所有的权限，属于系统账号，可以进行任意操作。
- mysql.sys@localhost：sys 中的对象使用。
- mysql.session@localhost：内部插件使用。
- mysql.infoschema@localhost：information_schema 中的 views 使用。

使用预留账户应该注意以下几点。

- 删除预留账户可能会导致数据库出现故障。
- mysql.sys@localhost 账号、mysql.session@localhost 账号和 mysql.infoschema@localhost 账号仅供数据库内部使用，用户无法访问。
- 应及时修改 root@localhost 账号及其密码，除了创建账户，其他情况不建议使用。

10.4 角色管理

MySQL 角色是一个可命名的权限集合。与用户账户一样，可以使用 grant 或 revoke 来管理角色权限。通过授予角色来给用户批量授权。

MySQL 8.0 提供了以下几个角色管理功能。

- create role、drop role：创建角色和删除角色。
- grant、revoke：分配和撤销用户角色权限。
- show grants：查看角色权限。
- set default role：指定默认角色。
- set role：更改当前会话使用的角色。
- CURRENT_ROLE()：显示当前会话使用的角色。
- mandatory_roles 变量和 activate_all_roles_on_login 变量：允许定义强制性角色和自动激活授予的角色。

创建角色

```
create role 'DBA';
```

上述代码创建了一个 DBA 角色。

授权

```
grant all on *.* to 'DBA';
```

角色使用

```
create user dba_zhangsan@'%'   identified by 'dba1pass';
grant DBA to dba_zhangsan@'%';
```

上述代码为 dba_zhangsan 账号授予 DBA 角色，该账号将拥有 DBA 角色的所有权限。

定义强制性角色

可以通过设置 mandatory_roles 变量的值定义强制性角色。MySQL 会自动将该角色授予给所有用户，无须明确授权。

方法一，在配置文件中指定：

```
[mysqld]
mandatory_roles='role1,role2@localhost'
```

方法二，动态修改：

```
set persist mandatory_roles = 'role1,role2@localhost';
```

激活角色

授予用户的角色可能处于活动状态或非活动状态。如果角色处于非活动状态，就需要激活角色。在默认情况下，为账户授予角色或通过 mandatory_roles 变量定义的角色不会自动激活。可以使用 select CURRENT_ROLE()语句查看当前用户的哪些角色被激活了：

```
mysql> select  CURRENT_ROLE();
+----------------+
| CURRENT_ROLE() |
+----------------+
| NONE           |
+----------------+
1 row in set (0.00 sec)
```

激活角色可以使用 set default role all to…语句：

```
mysql> set default role all to dba_zhangsan@'%';

mysql> select  CURRENT_ROLE();
+----------------+
| CURRENT ROLE() |
+----------------+
| `DBA`@`%`      |
+----------------+
```

角色回收

```
revoke role from user;
```

除了可以回收一个用户拥有的角色，还可以回收角色权限：

```
revoke all on *.* from 'DBA';
```

角色删除

```
drop role 'DBA';
```

10.5　密码管理

MySQL 支持以下几个密码管理功能。

- 密码过期，要求用户定期修改密码。
- 密码重用限制，防止旧密码被反复使用。

- 密码验证，更改密码也需要输入当前密码。
- 双密码，可以使用主机密码或辅助密码连接数据库。
- 密码强度评估，可以设置密码复杂度。
- 随机密码。
- 密码失败追踪，连续多次试错后锁定账户。

10.5.1 密码过期

MySQL 数据库管理员既可以手动让密码过期也可以建立自动过期策略。

1. 密码手动过期

在测试密码是否过期之前，需要先创建测试用户，具体如下：

```
mysql> create user 'test_user'@'localhost' identified by 'abcABC123';
Query OK, 0 rows affected (0.00 sec)

mysql> grant select on test.* to 'test_user'@'localhost';
Query OK, 0 rows affected, 1 warning (0.00 sec)
```

查看用户'test_user'@'localhost'在 mysql.user 表中的密码过期情况：

```
mysql> select user,host,password_expired from mysql.user where
user='test_user' and host='localhost';
+-----------+-----------+------------------+
| user      | host      | password_expired |
+-----------+-----------+------------------+
| test_user | localhost | N                |
+-----------+-----------+------------------+
1 row in set (0.00 sec)
```

可以发现，password_expired 字段的值是 N，表示密码没有设置过期。

可以使用下面的语句使账号过期：

```
alter user test_user@'localhost' password expire;
```

再次查看用户'test_user'@'localhost'在 mysql.user 表中的密码过期情况：

```
mysql> select user,host,password_expired from mysql.user where
user='test_user' and host='localhost';
+-----------+-----------+------------------+
| user      | host      | password_expired |
+-----------+-----------+------------------+
| test_user | localhost | Y                |
+-----------+-----------+------------------+
1 row in set (0.00 sec)
```

可以发现，password_expired 字段的值是 Y，表示密码已经设置了过期。

2. 密码自动过期

密码自动过期策略是基于密码年龄实现的，也就是上一次修改密码距离当前的时间差。可以通过 default_password_lifetime 参数设置数据库的全局密码过期策略，该参数的默认值为 0，表示禁用密码过期。

```
[mysqld]
default_password_lifetime=180 // 密码有效期为半年
```

当然，除了通过修改配置文件，该参数也支持动态配置：

```
mysql> set persist default_password_lifetime = 180;
Query OK, 0 rows affected (0.00 sec)
```

除了全局设置，还可以通过...password expire...语句为用户单独设置过期策略。

密码有效期为 90 天：

```
mysql> alter user 'test_user'@'localhost' password expire interval 90
DAY;
Query OK, 0 rows affected (0.00 sec)
```

禁用密码过期：

```
mysql> alter user 'test_user'@'localhost' password expire never;
Query OK, 0 rows affected (0.00 sec)
```

遵循全局策略：

```
mysql> alter user 'test_user'@'localhost' password expire default;
Query OK, 0 rows affected (0.00 sec)
```

10.5.2 密码重用

MySQL 数据库管理员可以限制用户的密码重用。可以根据更改密码的次数、时间来建立重用策略。和过期策略一样，既可以建立全局策略，也可以为某个用户单独创建。

全局策略使用 password_history 参数和 password_reuse_interval 参数配置密码：

```
[mysqld]
password_history=5         // 禁止重复使用最近的 5 个密码，空密码记入历史密码
password_reuse_interval=365 // 禁止重复使用历史密码中不超过 365 天的密码
```

动态配置可以使用下面的语句：

```
mysql> set persist password_history = 5;
Query OK, 0 rows affected (0.00 sec)

mysql> set persist password_reuse_interval = 365;
Query OK, 0 rows affected (0.00 sec)
```

除了全局策略，密码重用也支持为用户单独创建。

禁止用户'test_user'@'localhost'重复使用最近的 5 个密码：

```
mysql> alter user 'test_user'@'localhost' password history 5;
Query OK, 0 rows affected (0.00 sec)
```

禁止用户'test_user'@'localhost'重复使用历史密码中不超过 365 天的密码：

```
mysql> alter user 'test_user'@'localhost' password reuse interval 365 
day;
Query OK, 0 rows affected (0.00 sec)
```

禁止用户'test_user'@'localhost'重复使用最近的 5 个密码和历史密码中不超过 365 天的密码：

```
mysql> alter user 'test_user'@'localhost' password history 5 password 
reuse interval 365 day;
Query OK, 0 rows affected (0.00 sec)
```

10.5.3 密码验证

从 MySQL 8.0.13 开始，数据库管理员可以设置用户修改密码是否需要验证原密码，这样可以防止用户密码被不知名原因更改。例如，用户没有注销登录离开终端，被他人恶意修改密码。

全局设置：

```
[mysqld]
password_require_current=ON
```

或者动态设置：

```
mysql> set persist password_require_current = ON;
Query OK, 0 rows affected (0.00 sec)

mysql> set persist password_require_current = OFF;
Query OK, 0 rows affected (0.01 sec)
```

除了全局策略，密码验证还支持为用户单独创建。

添加策略：

```
mysql> alter user 'test_user'@'localhost' password require current;
Query OK, 0 rows affected (0.00 sec)
```

删除策略：

```
mysql> alter user 'test_user'@'localhost' password require current 
optional;
Query OK, 0 rows affected (0.03 sec)
```

遵循全局策略：

```
mysql> alter user 'test_user'@'localhost' password require current 
default;
Query OK, 0 rows affected (0.00 sec)
```

10.5.4 双密码支持

从 MySQL 8.0.14 开始，允许用户账户具有双密码。双密码的使用场景如下。

- 多个应用连接到不同的 MySQL 实例。
- 一个系统有多个 MySQL 实例，并且涉及复制。
- 应用的多个账户需要定期修改。

使用双密码就可以在不影响服务使用的情况下修改密码，减少了程序的不可用时间。

使用双密码功能修改密码的流程如下。

（1）为需要修改的密码创建一个主密码，将当前密码设置为辅助密码。也就是说，当前应用程序使用辅助密码连接，但这不影响应用程序的使用。

（2）在合适的时间修改应用程序的密码连接配置。

（3）在所有应用程序的密码都迁移到主密码后，删除辅助密码。

```
# 创建主密码，将当前密码设置为辅助密码
mysql> alter user 'test_user'@'localhost' identified by 'password_b' retain current password;
Query OK, 0 rows affected (0.02 sec)

# 删除辅助密码
mysql> alter user 'test_user'@'localhost' discard old password;
Query OK, 0 rows affected (0.00 sec)
```

提醒：

- retain current password 表示将账户的当前密码作为辅助密码，替换任何现有的辅助密码。新密码成为主密码，但客户端可以使用该账户的主密码或辅助密码连接到 MySQL 服务（如果 alter user 语句或 set password 语句指定的新密码为空，则辅助密码也为空，即使用 retain current password 语句）。
- 如果当前密码为空，那么指定 retain current password 会导致语句执行失败。
- 如果账户已经有一个辅助密码，而 alter user 语句未指定 retain current password，则辅助密码保持不变。
- 通过 alter user 语句更改密码验证插件将导致辅助密码被删除。如果指定 retain current password 则会导致语句执行失败。
- 使用 discard old password 语句删除辅助密码后，该账户仅支持主密码连接到 MySQL 服务。

10.5.5 随机密码

从 MySQL 8.0.18 开始，MySQL 可以使用随机密码。随机密码对于数据库管理员来说比较有用。随机密码的默认长度为 20，长度由 generated_random_password_length 参数控制，可选范围为 5～255。随机密码的使用如下：

```
mysql> create user 'user1'@'%' identified by random password;
+-------+------+----------------------+
| user  | host | generated password   |
+-------+------+----------------------+
| user1 | %    | J0lF.2,58:MOGT)X2XbA |
+-------+------+----------------------+
1 row in set (0.00 sec)
```

10.5.6 密码试错

从 MySQL 8.0.19 开始，数据库管理员可以配置用户登录的最大失败次数和超过后账户的锁定时间。登录失败的判定条件仅限于密码错误，不包含网络等原因导致的失败。

试错配置可以使用 FAILED_LOGIN_ATTEMPTS 子句和 PASSWORD_LOCK_TIME 子句：

```
mysql> create user 'tom_dba'@'localhost' identified by 'password'
FAILED_LOGIN_ATTEMPTS 4 PASSWORD_LOCK_TIME 3;
Query OK, 0 rows affected (0.01 sec)

mysql> alter user 'tom_dba'@'localhost' FAILED_LOGIN_ATTEMPTS 7
PASSWORD_LOCK_TIME UNBOUNDED;
Query OK, 0 rows affected (0.00 sec)
```

其中，FAILED_LOGIN_ATTEMPTS N 中的 N 表示连续输入错误密码导致临时锁定的次数。

PASSWORD_LOCK_TIME {N | UNBOUNDED}：当值为 N 时，表示连续多次输入错误密码尝试登录后，账户锁定的天数；当值为 UNBOUNDED 时，表示连续多次输入错误密码尝试登录后，一直持续锁定，直到主动解锁。

连续多次登录失败，客户端会收到如下信息：

```
ERROR 3955 (HY000): Access denied for user 'tom_dba'@'localhost'.
Account is blocked for unlimited day(s) (unlimited day(s) remaining) due
to 7 consecutive failed logins.
```

10.6 账户资源限制

限制客户端使用 MySQL 数据库资源的方式之一是设置全局参数 max_user_connections 为非零值。max_user_connections 参数限制了给定账户的并发连接数，但是对连接的后续操作没有限制。除了 max_user_connections 参数，还可以对账户做以下限制。

- 一个账户每小时可以发起的查询次数，对应 max_queries_per_hour 参数。
- 一个账户每小时可以发起的更新次数，对应 max_updates_per_hour 参数。

- 一个账户每小时可以连接到 MySQL 服务的次数，对应 max_connections_per_hour 参数。
- 一个账户的并发连接数，对应 max_user_connections 参数。

需要注意以下两点。

（1）客户端发起的任何语句都算作查询语句，只有修改数据库或表的语句计作更新语句。

（2）一个账户指的是 user + host 构成的唯一账户。

可以通过 create / alter user .... with 语句设置：

```
mysql> create user 'lihao'@'localhost' identified by 'frank' with
MAX_QUERIES_PER_HOUR 20 MAX_UPDATES_PER_HOUR 10 MAX_CONNECTIONS_PER_HOUR
5 MAX_USER_CONNECTIONS 2;
Query OK, 0 rows affected (0.00 sec)

mysql> alter user 'lihao'@'localhost' with MAX_QUERIES_PER_HOUR 100;
Query OK, 0 rows affected (0.00 sec)
```

可以使用以下方式为用户重置当前每小时的资源使用情况。

- flush privileges、flush user_resources。
- 通过重新设置其任何限制值也可以将计数器重置为 0。

每小时计数器重置不会影响 max_user_connections 参数的限制。

10.7　加密连接

MySQL 客户端和 MySQL 服务端通常采用未加密连接方式，这样网络内的人可以监听所有流量，并检查 MySQL 客户端和 MySQL 服务端之间发送与接收的数据。据作者所知，某款商用审计软件就是采用抓包方式实现的。如果将数据库暴露于公网或不安全的网络，那么使用未加密的连接是不可取的。MySQL 使用 TLS 协议来支持 MySQL 客户端和 MySQL 服务端之间的加密连接，TLS 有时也被称为 SSL，但由于 SSL 协议加密能力很弱，因此 MySQL 并不使用 SSL 协议进行加密连接。TLS 协议具有检测数据更改、丢失或重放的功能。此外，TLS 协议还包含 X.509 标准提供的身份验证算法。在默认情况下，如果 MySQL 服务端支持加密连接，那么 MySQL 程序会首先尝试使用加密连接，如果无法建立加密连接就会回退到未加密的连接。

MySQL 服务端启动加密连接需要修改如下配置。

ssl 选项指定 MySQL 服务端允许但不需要加密连接。此选项默认启动，所以不需要明确指定。

参数配置如下：

```
[mysqld]
ssl_ca=ca.pem
ssl_cert=server-cert.pem
ssl_key=server-key.pem
require_secure_transport=ON 表示强制客户端使用加密连接
```

除了以上参数，MySQL 还提供了以下参数。

- ssl_cipher：用于连接加密的允许密码列表。
- ssl_crl：包含证书吊销列表的文件的路径名。
- tls_version、tls_ciphersuites：MySQL 服务允许加密连接的加密协议和密码套件。

创建 SSL 和 RSA 的证书与密钥如下：

```
[root@manager ~]# mysql_ssl_rsa_setup  --datadir=/data/mysql/3306/ --user=mysql
Generating a 2048 bit RSA private key
................................+++
.....................+++
writing new private key to 'ca-key.pem'
-----
Generating a 2048 bit RSA private key
.............................................................................................+++
.........................................................................+++
writing new private key to 'server-key.pem'
-----
Generating a 2048 bit RSA private key
...................+++
.........................................+++
writing new private key to 'client-key.pem'
-----
[root@manager ~]# cd /data/mysql/3306/ && chown -R mysql.mysql *.pem
```

客户端通过 SSL 连接：

```
mysql -u ssl -p -h 172.17.0.2 --ssl-cert=/data/mysql/3306/client-cert.pem --ssl-key=/data/mysql/3306/client-key.pem -P 3306
mysql>\s
......
SSL:     Cipher in use is DHE-RSA-AES256-SHA
....
```

Cipher in use is DHE-RSA-AES256-SHA 表示客户端已经使用了 SSL 连接。

10.8 审计

数据库的审计功能主要是将用户对数据库的各类操作行为记录为审计日志，方便后续的跟踪、查询和分析，有时也会用于问题的排查。审计既是数据库的重要组成部分，也是企业安全体系建设中的重要环节。数据库审计的方式有很多，如基于日志审计、基于代理审计、基于网络监听审计等，本节主要介绍基于日志审计。

插件安装（基于 MySQL 企业版的实验）：

```
    mysql -uroot -p < mysql-basedir/share/audit_log_filter_linux_
install.sql
    Enter password:
```

常用参数设置如下。

- audit_log_file：审计日志文件的位置和名称的设置。
- audit_log_format：日志文件格式，可选值有 NEW、OLD、JSON，默认值为 NEW。
- audit_log_compression：启用审计日志压缩。
- audit_log_encryption：启动审计日志加密。
- audit_log_rotate_on_size：审计日志自动轮换阈值，默认值为 0，禁用自动轮换。
- audit_log_flush：用于审计日志手动轮换，当 audit_log_flush 参数的值由 off 变为 on 时，审计插件会关闭并重新打开日志。
- audit_log_max_size：审计日志修剪阈值，用于 JSON 格式的日志文件轮换时的日志修剪。
- audit_log_prune_seconds：审计日志经过多少秒后轮换的日志文件将会被修剪。
- audit_log_strategy：审计日志写入策略，默认采用 ASYNCHRONOUS 异步策略。
- audit_log_buffer_size：采用异步策略时设置的审计日志缓冲区大小。

企业版审计支持事件过滤，数据库管理员可以根据不同的需求选择需要的事件类型进行审计。

```
// 记录所有事件
{
  "filter": { "log": true }
}
// 记录特定事件，如 connection、general
{
  "filter": {
    "class": [
      { "name": "connection" },
        { "name": "general" }
    ]
  }
}
// 记录特定事件的子类
{
  "filter": {
    "class": [
      {
        "name": "connection",
        "event": [
          { "name": "connect" },
          { "name": "disconnect" }
```

```
          ]
        },
        { "name": "general" },
        {
          "name": "table_access",
          "event": [
            { "name": "insert" },
            { "name": "delete" },
            { "name": "update" }
          ]
        }
      ]
    }
  }
```

如果读者想了解更详细的事件类型和子类组合，请查看官方文档。审计的规则策略存储在 mysql.audit_log_filter 表和 mysql.audit_log_user 表中，前者存储具体的规则策略，后者存储用户和策略的映射关系。

提醒：

MySQL 社区版不包括审计插件（Audit Plugin），要想使用审计功能，除了 MySQL 企业版，业界还有一些 GPL 协议的审计插件，如 MariaDB 的审计插件。

除了使用审计插件，还可以采用抓包的形式来做审计，感兴趣的读者可以查看相关文档。

10.9 总结

本章主要介绍数据库层面的安全问题，这不代表网络层面和操作系统层面的安全问题不重要。

数据库安全建立在网络安全和操作系统安全的基础之上，所以作者建议将数据库放置在独立的内网网段，不向外网开放访问权限，同时加强数据库的风险控制工作。

第11章 MySQL的备份

合理的备份对 MySQL 数据库安全具有非常大的作用。在通常情况下，可以利用备份恢复硬件故障或误删数据等情况导致的数据丢失。本章主要介绍 MySQL 的一些备份工具和备份恢复策略。

11.1 物理备份和逻辑备份

通常可以把 MySQL 的备份分为物理备份和逻辑备份两大类，两者的区别如表 11-1 所示。

表 11-1 物理备份和逻辑备份的区别

差 异 项	物 理 备 份	逻 辑 备 份
备份内容	数据目录和文件、日志、配置文件等	建库/建表语句和数据写入语句（不包括日志或配置文件）
备份耗时	较快（因为只涉及文件复制）	较慢（因为需要将数据转换为逻辑格式）
备份工具	XtraBackup	mysqldump、mydumper
可移植性	备份仅可移植到具有相同或相似硬件特征的其他机器上	具有高度可移植性（因为是以逻辑格式存储的）
备份时机	MySQL 运行和未运行时都可以备份	只能在 MySQL 启动时备份

11.2 mysqldump

在逻辑备份工具中，MySQL 自带的 mysqldump 的使用通常是最频繁的。本节主要介绍 mysqldump。

mysqldump 实际上是通过在 MySQL 中执行 select * from table_name 语句来获取备份数据的。下面重点介绍 mysqldump 的备份和恢复。

11.2.1 备份用户的权限

在创建备份用户时，需要考虑为备份用户配置合理的权限。使用 mysqldump 进行数据备份时大致需要的权限如表 11-2 所示。

表 11-2 使用 mysqldump 进行数据备份时大致需要的权限

操作类型	权限
备份表数据	select
备份视图	show view
备份触发器	trigger
没有使用 --single-transaction	lock tables
没有使用 --no tablespaccs（MySQL 8.0.21 及以上版本）	process
备份前刷新 MySQL 日志文件	reload
使用--master-data 记录位点（要执行 SHOW MASTER STATUS）	super、replication client
使用了--dump-slave（要执行 STOP SLAVE SQL_THREAD）	super、replication_slave_admin

在备份之前，需要先在 MySQL 中创建好用于备份的用户：

```
    mysql> create user `u_bak`@`%` identified with mysql_native_password
by 'NJidagp781@';
    Query OK, 0 rows affected (0.07 sec)
```

然后对照表 11-2 配置合适的权限：

```
    mysql> grant select, reload, process, lock tables, replication
client,replication_slave_admin,show view, trigger on *.* to `u_bak`@`%`;
    Query OK, 0 rows affected (0.36 sec)
```

11.2.2 备份举例及参数解释

为了方便测试各种重要选项的效果，需要先创建两个测试库，然后分别创建两张测试表，SQL 语句如下：

```
mysql> create database bak1;
Query OK, 1 row affected (0.07 sec)

mysql> create database bak2;
Query OK, 1 row affected (0.11 sec)
```

```
mysql> create table bak1.t1 (
  `id` int not null auto_increment,
  `a` varchar(20) default null,
  `b` int default null,
  `c` datetime not null default current_timestamp,
  primary key (`id`)
) engine=innodb charset=utf8mb4 ;
Query OK, 0 rows affected (0.23 sec)

mysql> create table bak1.t2 like bak1.t1;
Query OK, 0 rows affected (0.25 sec)

mysql> create table bak2.t1 like bak1.t1;
Query OK, 0 rows affected (0.50 sec)

mysql> create table bak2.t2 like bak1.t1;
Query OK, 0 rows affected (0.07 sec)
```

写入测试数据：

```
mysql> insert into bak1.t1(a,b) values ('one',1),('two',2);
Query OK, 2 rows affected (0.08 sec)
Records: 2  Duplicates: 0  Warnings: 0

mysql> insert into bak1.t2(a,b) select a,b from bak1.t1;
Query OK, 2 rows affected (1.64 sec)
Records: 2  Duplicates: 0  Warnings: 0

mysql> insert into bak2.t1(a,b) select a,b from bak1.t1;
Query OK, 2 rows affected (0.45 sec)
Records: 2  Duplicates: 0  Warnings: 0

mysql> insert into bak2.t2(a,b) select a,b from bak1.t1;
Query OK, 2 rows affected (0.26 sec)
Records: 2  Duplicates: 0  Warnings: 0
```

下面列举 mysqldump 一些常见的使用场景。

（1）备份某个库：

```
mysqldump -u'u_bak' -p'NJidagp781@' bak1 >bak1.sql
```

- -u(--user)：连接 MySQL 的用户。
- -p(--password)：连接 MySQL 服务的账户密码。
- mysqldump：将命令行中的第一个名称参数视为数据库的名称。所以，上面的例子会自动把 bak1 视为数据库的名称，不需要额外增加其他参数。

查看备份文件 bak1.sql，具体内容如下：

```
-- MySQL dump 10.13  Distrib 8.0.25, for Linux (x86_64)
--
-- Host: localhost    Database: bak1
-- ------------------------------------------------------
-- Server version	8.0.25
```

```
......
SET @MYSQLDUMP_TEMP_LOG_BIN = @@SESSION.SQL_LOG_BIN;
SET @@SESSION.SQL_LOG_BIN= 0;

--
-- GTID state at the beginning of the backup
--

SET @@GLOBAL.GTID_PURGED=/*!80000 '+'*/ '1bbcfc60-0a08-11ec-8936-fa163e9b0aed:1-8,
2df1bf24-0a37-11ec-874e-fa163e9b0aed:1-1215379:2000193-2080343';

--
-- Table structure for table `t1`
--

drop table if exists `t1`;
/*!40101 SET @saved_cs_client     = @@character_set_client */;
/*!50503 SET character_set_client = utf8mb4 */;
create table `t1` (
  `id` int not null auto_increment,
  `a` varchar(20) default null,
  `b` int default null,
  `c` datetime not null default current_timestamp,
  primary key (`id`)
) engine=innodb auto_increment=5 default charset=utf8mb4 collate=utf8mb4_0900_ai_ci;
/*!40101 SET character_set_client = @saved_cs_client */;

--
-- Dumping data for table `t1`
--

lock tables `t1` write;
/*!40000 alter table `t1` disable keys */;
insert into `t1` values (1,'one',1,'2021-11-28 15:15:02'),(2,'two',2,'2021-11-28 15:15:02');
/*!40000 alter table `t1` enable keys */;
unlock tables;

--
-- Table structure for table `t2`
--

drop table if exists `t2`;
/*!40101 SET @saved_cs_client     = @@character_set_client */;
/*!50503 SET character_set_client = utf8mb4 */;
create table `t2` (
  `id` int not null auto_increment,
  `a` varchar(20) default null,
  `b` int default null,
  `c` datetime not null default current_timestamp,
  primary key (`id`)
```

```
    ) engine=innodb auto_increment=4 default charset=utf8mb4 collate=
utf8mb4_0900_ai_ci;
    /*!40101 SET character_set_client = @saved_cs_client */;

    --
    -- Dumping data for table `t2`
    --

    lock tables `t2` write;
    /*!40000 alter table `t2` disable keys */;
    insert into `t2` values (1,'one',1,'2021-11-28 15:15:06'),(2,'two',
2,'2021-11-28 15:15:06');
    /*!40000 alter table `t2` enable keys */;
    unlock tables;
    SET @@SESSION.SQL_LOG_BIN = @MYSQLDUMP_TEMP_LOG_BIN;
    /*!40103 SET TIME_ZONE=@OLD_TIME_ZONE */;

    ......
    -- Dump completed on 2021-11-28 15:15:49
```

可以看出，在默认情况下，mysqldump 备份的数据包含以下内容。

- MySQL 的版本信息。
- 备份实例的 host 信息。
- 数据库的名称。
- GTID 信息。
- drop table 语句（将数据恢复到某个实例中时，因为备份文件中默认使用 drop table 语句，所以可能会误删数据）。
- create table 语句（建表语句）。
- insert 语句（insert 语句包含所有备份出来的表数据，默认在 insert 语句前面有 lock tables xxx write，在 insert 语句后面有 unlock tables）。

（2）备份多个数据库：

```
mysqldump -u'u_bak' -p'NJidagp781@' -B bak1 bak2 >bak1_bak2.sql
```

-B(--databases)：备份多个数据库，该参数后面接的名称都视为数据库的名称，包含 create database 语句。

（3）备份所有库中的所有表：

```
mysqldump -u'u_bak' -p'NJidagp781@' -A >all.sql
```

-A(--all-databases)：备份所有数据库，包含 create database 语句。

（4）备份某张表：

```
mysqldump -u'u_bak' -p'NJidagp781@' bak1 t1 >bak1_t1.sql
```

在上面的例子中，把第一个名称参数 bak1 看成数据库的名称，把后面的名称 t1 看成表名，所以识别为备份 bak1 库中的表 t1。

（5）备份某个库中的多张表：

```
mysqldump -u'u_bak' -p'NJidagp781@' bak1 t1 t2 >bak1_t1_t2.sql
```

在默认情况下，除了把第一个名称参数看成数据库的名称，后面所有的名称都被看成表名，所以识别为备份 bak1 库中的表 t1 和表 t2。

（6）远程备份：

```
mysqldump -h'192.168.150.253' -u'u_bak' -p'NJidagp781@' bak1 t1 >
bak1_t1.sql
```

-h(--host)：MySQL 服务的 host。

（7）在备份文件中增加删库语句：

```
mysqldump -u'u_bak' -p'NJidagp781@' --add-drop-database -B bak1
bak2 >bak1_bak2_add_drop_db.sql
```

--add-drop-database：当增加了-A(--all-databases)或-B(--databases)时，此参数的作用是在每条 create database 语句之前写一条 drop database 语句。

（8）不加建库语句。

在默认情况下，mysqldump 没有建库语句，当增加了-A(--all-databases)或-B(--databases)时，会在备份文件中增加create database语句，如果不希望有 create database 语句，则可以使用下面的方法：

```
mysqldump -u'u_bak' -p'NJidagp781@' -n -B bak1 bak2 >bak1_bak2_no_
create_db.sql
```

-n(--no-create-db)：当增加了--all-databases 或--databases 时，此参数的作用是不加 create database 语句。

（9）在备份文件中不加删表语句：

```
mysqldump -u'u_bak' -p'NJidagp781@' --skip-add-drop-table bak1 t1 >
bak1_t1_no_drop_table.sql
```

--skip-add-drop-table：不在每条 create table 语句之前添加 drop table 语句（默认是有 drop table 语句的）。

（10）insert 语句包含所有的列名。

如果希望备份文件中的 insert 语句包含所有的列名，则可以使用如下方法：

```
mysqldump -u'u_bak' -p'NJidagp781@' -c  bak1 t1 >bak1_t1_complete_
insert.sql
```

-c(--complete-insert)：insert 语句包含所有的列名。

在备份文件 bak1_t1_complete_insert.sql 中可以看到，insert 语句已经包含所有的列名：

```
insert into `t1` (`id`, `a`, `b`, `c`) values (1,'one',1,'2021-11-28
15:15:02'),(2,'two',2,'2021-11-28 15:15:02');
```

（11）用 replace 语句代替 insert 语句：

```
mysqldump -u'u_bak' -p'NJidagp781@' --replace bak1 t1 >bak1_t1_
replace.sql
```

--replace：用 replace 语句代替 insert 语句。

查看备份文件 bak1_t1_replace.sql 可以看到，insert 语句变成 replace 语句：

```
replace into `t1` values (1,'one',1,'2021-11-28 15:15:02'),(2,'two',
2,'2021-11-28 15:15:02');
```

可以看出，文件中的数据写入语句由默认的 insert into 变成 replace into。在恢复数据时，备份的数据和目标数据库有相同数据的情况，如果以备份的数据为准，则可以开启--replace 参数。

（12）用 insert ignore 语句代替 insert 语句：

```
mysqldump -u'u_bak' -p'NJidagp781@' --insert-ignore bak1 t1 >bak1_
t1_insert_ignore.sql
```

--insert-ignore：用 insert ignore 语句代替 insert 语句。

查看备份文件 bak1_t1_insert_ignore.sql：

```
insert  ignore into `t1` values (1,'one',1,'2021-11-28 15:15:02'),
(2,'two',2,'2021-11-28 15:15:02');
```

可以看出，数据写入语句由默认的 insert into 变成 insert ignore into。在恢复数据时，备份的数据和目标数据库有相同数据的情况，如果以目标数据库的数据为准，则可以开启--insert-ignore 参数。

（13）只备份表结构：

```
mysqldump -u'u_bak' -p'NJidagp781@' -d bak1 t1 >bak1_t1_no_data.sql
```

-d(--no-data)：只备份表结构，不备份数据。

（14）只备份数据：

```
mysqldump -u'u_bak' -p'NJidagp781@' -t bak1 t1 >bak1_t1_no_create.sql
```

-t(--no-create-info)：只备份数据，不备份表结构。

（15）带条件的备份：

```
mysqldump -u'u_bak' -p'NJidagp781@' bak1 t1 -w"id=1" >bak1_t1_id_1.sql
```

-w(--where)：带条件的备份。

在备份文件中可以看到如下内容：

```
--
-- Dumping data for table `t1`
--
-- where:  id=1

lock tables `t1` write;
/*!40000 alter table `t1` disable keys */;
insert into `t1` values (1,'one',1,'2021-11-28 15:15:02');
```

```
/*!40000 alter table `t1` enable keys */;
unlock tables;
```

（16）在备份前刷新 MySQL 服务的日志文件。

为了方便后续的数据恢复，有时我们希望在备份时刷新 MySQL 服务的日志文件（即新生成一个日志文件），这样在恢复数据时，只需要通过备份文件加上刷新之后的 Binlog 文件即可。

首先查看执行备份语句之前的 Binlog 文件：

```
mysql> show binary logs;
+---------------+------------+-----------+
| Log_name      | File_size  | Encrypted |
+---------------+------------+-----------+
| binlog.000004 | 1073741933 | No        |
| binlog.000005 |  966816194 | No        |
| binlog.000006 |       9988 | No        |
+---------------+------------+-----------+
3 rows in set (0.10 sec)
```

加上带刷新日志的参数-F 进行备份：

```
mysqldump -u'u_bak' -p'NJidagp781@' -F  bak1 t1 >bak1_t1_flush_logs.
sql
```

-F(--flush-logs)：在开始备份前刷新 MySQL 服务的日志文件。

查看执行完备份语句后的 Binlog 文件：

```
mysql> show binary logs;
+---------------+------------+-----------+
| Log_name      | File_size  | Encrypted |
+---------------+------------+-----------+
| binlog.000004 | 1073741933 | No        |
| binlog.000005 |  966816194 | No        |
| binlog.000006 |     118109 | No        |
| binlog.000007 |        462 | No        |
+---------------+------------+-----------+
4 rows in set (0.00 sec)
```

从上面的实验可以看出，增加-F(--flush-logs)会重新生成一个 Binlog 文件。

（17）在备份文件中增加权限刷新语句。

在备份系统库 mysql 时，建议在备份文件中增加权限刷新语句，以方便导入数据后权限正常。具体用法如下：

```
mysqldump -u'u_bak' -p'NJidagp781@' --flush-privileges mysql >mysql_
flush_privileges.sql
```

可以在备份文件 mysql_flush_privileges.sql 中看到 flush privileges 语句：

```
--
-- Flush Grant Tables
--
```

```
/*! flush privileges */;
```

（18）开启一个事务进行备份操作。

如果备份的表都是事务表，则可以增加--single-transaction 参数，用法如下：

```
mysqldump -u'u_bak' -p'NJidagp781@' --single-transaction bak1 t1 > bak_t1_single_transaction.sql
```

--single-transaction：此参数将事务隔离级别设置为 REPEATABLE READ，并且在备份之前发送一条 start transaction 语句。仅仅对事务类型的表（如 InnoDB）有用，在备份时不阻塞应用程序的情况下，也可以保证数据一致性。在备份过程中，使用 alter table 语句、create table 语句、drop table 语句、rename table 语句、truncate table 语句可能会发生锁等待。

如果在备份过程中开启了 General Log（开启方法可参考 6.2.1 节中 General Log 的开启），则可以看到如下信息：

```
2021-11-28T08:59:12.934257Z 13773549 Query  SET SESSION TRANSACTION ISOLATION LEVEL REPEATABLE READ
2021-11-28T08:59:12.934305Z  13773549  Query   START  TRANSACTION /*!40100 WITH CONSISTENT SNAPSHOT */
```

（19）在备份过程中增加全局读锁：

```
mysqldump -u'u_bak' -p'NJidagp781@' -x bak1 t1 >bak_t1_lock_all_tables.sql
```

-x(--lock-all-tables)：在备份过程中增加全局读锁语句 flush tables with read lock。如果都是类似 InnoDB 的事务引起的，则建议使用--single-transaction 参数。

（20）在备份表之前单独锁定每张表：

```
mysqldump -u'u_bak' -p'NJidagp781@' -l bak1 >bak1_lock_tables.sql
```

-l(--lock-tables)：在备份表之前单独锁定每张表，如果都是类似 InnoDB 的事务引起的，则建议使用--single-transaction 参数。

（21）不带加锁语句。

在默认情况下，备份文件的 insert 语句之前有 lock tables xxx write，insert 语句之后有 unlock tables，如果希望不带加锁语句，则可以按照下面的方式备份：

```
mysqldump -u'u_bak' -p'NJidagp781@' --skip-add-locks bak1 t1 >bak1_t1_skip_locks.sql
```

--skip-add-locks：不加锁。

（22）记录备份实例的位点。

可以通过增加--master-data 参数实现在备份文件中记录被备份 MySQL 实例的位点，以便于后续恢复或建立备份实例的从库。增加--master-data 参数后，会包含 change replication source to 语句（MySQL 8.0.23）或 change master to 语句（MySQL 8.0.23 之前）。

如果将--master-data 参数设置为 1，则在备份文件中写入 change replication source to

语句（MySQL 8.0.23）或 change master to 语句（恢复时会直接执行）。具体用法如下：

```
mysqldump -u'u_bak' -p'NJidagp781@' --master-data=1  bak1 t1 >bak1_
t1_master_data_1.sql
```

在备份文件 bak1_t1_master_data_1.sql 中可以看到如下信息：

```
CHANGE MASTER TO MASTER_LOG_FILE='binlog.000007', MASTER_LOG_POS=
1248351;
```

如果将--master-data 参数设置为 2，则在备份文件中写入注释的 change replication source to 语句（MySQL 8.0.23）或 change master to 语句（恢复时不会执行，只具有记录位点的作用）。

```
mysqldump -u'u_bak' -p'NJidagp781@' --master-data=2  bak1 t1 >bak1_
t1_master_data_2.sql
```

在备份文件 bak1_t1_master_data_2.sql 中可以看到被注释的位点信息：

```
-- CHANGE MASTER TO MASTER_LOG_FILE='binlog.000007', MASTER_LOG_
POS=1248351;
```

（23）记录备份实例的主库位点。

如果有主从关系的两个实例，我们希望使用在从库备份出的数据恢复到另外一个库，用于做主库的从库时，可以开启--dump-slave 参数，以记录备份实例的主库位点。

如果--dump-slave 参数的值为 1，则在备份文件中写入 change replication source to 语句（MySQL 8.0.23）或 change master to 语句（恢复时会直接执行）。具体用法如下：

```
mysqldump -u'u_bak' -p'NJidagp781@' --dump-slave=1  bak1 t1 >bak1_t1_
dump_slave_1.sql
```

在备份文件 bak1_t1_dump_slave_1.sql 中可以看到如下信息：

```
CHANGE MASTER TO MASTER_LOG_FILE='binlog.000010', MASTER_LOG_POS=749;
```

如果--dump-slave 参数的值为 2，则在备份文件中写入注释的 change replication source to 语句（MySQL 8.0.23）或 change master to 语句（恢复时不会执行，只具有记录位点的作用）。具体用法如下：

```
mysqldump -u'u_bak' -p'NJidagp781@' --dump-slave=2  bak1 t1 >bak1_t1_
dump_slave_2.sql
```

在备份文件 bak1_t1_dump_slave_2.sql 中可以看到被注释的位点信息：

```
-- CHANGE MASTER TO MASTER_LOG_FILE='binlog.000010', MASTER_LOG_
POS=749;
```

（24）在备份文件中增加复制停止和启动的语句。

对于使用了--dump-slave 参数的备份，可以配置--apply-slave-statements，这会在带有二进制日志坐标的语句前添加 stop replica | slave 语句，在末尾添加 start replica | slave 语句。

```
mysqldump -u'u_bak' -p'NJidagp781@' --dump-slave=1  --apply-slave-
statements  bak1 t1 >bak1_t1_dump_slave_1_apply_slave_statements.sql
```

（25）位点信息中包含副本源的主机名和端口。

在使用--dump-slave 参数时，默认 change master 语句只包含 Binlog 文件的名称和位点，如果想要加上主机名和端口，则可以增加--include-master-host-port 参数。具体用法如下：

```
mysqldump -u'u_bak' -p'NJidagp781@' --dump-slave=1  --include-master-host-port  bak1 t1 >bak1_t1_dump_slave_master_host.sql
```

查看备份文件 bak1_t1_dump_slave_master_host.sql，可以看到已经包含了主库的主机名和端口：

```
CHANGE MASTER TO MASTER_HOST='192.168.150.253', MASTER_PORT=3306, MASTER_LOG_FILE='binlog.000010', MASTER_LOG_POS=749;
```

（26）记录 GTID 信息。

可以使用--set-gtid-purged 参数控制是否在备份文件中记录备份 MySQL 服务的 GTID 集合，可以选的值及用法举例如下。

- AUTO：默认值，如果开启了 GTID 复制模式并且 gtid_executed 不为空，则在备份文件中通过 set @@global.gtid_purged 记录 GTID 位点，并且增加 set @@session.sql_log_bin=0。如果 MySQL 服务未启用 GTID 复制模式，则备份文件中不包含 GTID 信息。

具体用法如下：

```
mysqldump -u'u_bak' -p'NJidagp781@' --set-gtid-purged=AUTO  bak1 t1 >bak1_t1_gtid_auto.sql
```

在备份文件 bak1_t1_gtid_auto.sql 中可以看到如下信息：

```
set @@GLOBAL.GTID_PURGED=/*!80000 '+'*/ '1bbcfc60-0a08-11ec-8936-fa163e9b0aed:1-8,
2df1bf24-0a37-11ec-874e-fa163e9b0aed:1-1215384:2000193-2080343';
```

- OFF：在备份文件中不增加 set @@global.gtid_purged 和 set@@session.sql_log_bin=0。

具体用法如下：

```
mysqldump -u'u_bak' -p'NJidagp781@' --set-gtid-purged=OFF  bak1 t1 >bak1_t1_gtid_off.sql
```

在备份文件 bak1_t1_gtid_off.sql 中，将看不到 GTID 信息。

- ON：如果开启 GTID 复制模式，则在备份内容中加入 set @@global.gtid_purged 和 set @@session.sql_log_bin=0；如果没有开启 GTID 复制模式，则会报错。

具体用法如下：

```
mysqldump -u'u_bak' -p'NJidagp781@' --set-gtid-purged=ON  bak1 t1 >bak1_t1_gtid_on.sql
```

在备份文件 bak1_t1_gtid_on.sql 中可以看到如下信息：

```
SET @@GLOBAL.GTID_PURGED=/*!80000 '+'*/ '1bbcfc60-0a08-11ec-8936-
```

```
fa163e9b0aed:1-8,
    2df1bf24-0a37-11ec-874e-fa163e9b0aed:1-1215384:2000193-2080343';
```

- COMMENTED：该参数是 MySQL 8.0.17 增加的，如果开启了 GTID 复制模式并且 gtid_executed 不为空，则在备份内容中以注释的形式增加 set @@global.gtid_purged，同时在备份内容中增加 set @@session.sql_log_bin=0。

具体用法如下：

```
    mysqldump  -u'u_bak'  -p'NJidagp781@'  --set-gtid-purged=COMMENTED
bak1 t1 >bak1_t1_gtid_commented.sql
```

在备份文件 bak1_t1_gtid_commented.sql 中可以看到注释的 set 语句：

```
    /* SET @@GLOBAL.GTID_PURGED='+1bbcfc60-0a08-11ec-8936-fa163e9b0aed:1-8,
    2df1bf24-0a37-11ec-874e-fa163e9b0aed:1-1215384:2000193-2080343';*/
```

11.2.3 数据恢复

首先创建一个库，用于测试恢复：

```
    mysql> create database bak3;
    Query OK, 1 row affected (0.10 sec)
```

模拟将 11.2.2 节中的第四种情况备份的 bak1_t1.sql 恢复到 bak3 库中，首先需要增加用户 u_bak 的权限，操作如下：

```
    mysql> grant super, system_variables_admin,drop,create,insert,alter
on  *.* to `u_bak`@`%`;
    Query OK, 0 rows affected (0.04 sec)
```

将 bak1_t1.sql 恢复到 bak3 库中有以下两种方式。

第一种方式，直接导入：

```
    mysql -u'u_bak' -p'NJidagp781@' bak3 <bak1_t1.sql
```

第二种方式，登录 MySQL 后，通过 source 命令导入：

```
    mysql> source /data/backup/bak1_t1.sql
```

11.3 mydumper

mydumper 是可以对 MySQL 进行多线程备份和恢复的开源工具。本节主要介绍 mydumper 的使用。

11.3.1　mydumper 的安装

首先下载 mydumper 的 RPM 包，然后通过下面的方式进行安装：

```
    yum install -y cmake gcc gcc-c++ git make glib2-devel openssl-devel
pcre-devel zlib-devel
    yum install -y mydumper-0.10.5-1.el7.x86_64.rpm
```

11.3.2　使用 mydumper 备份数据

下面介绍 mydumper 常见的使用场景及备份原理。

（1）mydumper 的基础用法如下：

```
mydumper -u 'u_bak' -p 'NJidagp781@' -B bak1 -o /data/backup/mydumper
```

上面几个参数的意义如下。

- -u：用户名。
- -p：密码。
- -B：要备份的库。
- -o：保留备份的文件夹。

查看/data/backup/mydumper 下的文件：

```
[root@node2 ~]# ll /data/backup/mydumper
total 24
-rw-r--r--. 1 root root 128 Jun 21 14:59 bak1-schema-create.sql
-rw-r--r--. 1 root root 336 Jun 21 14:59 bak1.t1-schema.sql
-rw-r--r--. 1 root root 196 Jun 21 14:59 bak1.t1.sql
-rw-r--r--. 1 root root 336 Jun 21 14:59 bak1.t2-schema.sql
-rw-r--r--. 1 root root 196 Jun 21 14:59 bak1.t2.sql
-rw-r--r--. 1 root root 174 Jun 21 14:59 metadata
```

下面对上面几个文件的内容进行解释。

- bak1-schema-create.sql 为建库语句。
- bak1.t1-schema.sql 和 bak1.t2-schema.sql 为建表语句。
- bak1.t1.sql 和 bak1.t2.sql 为 insert 语句。
- metadata 为元数据信息，记录了 Binlog 位点和 GTID 信息。

（2）指定线程数进行备份：

```
    mydumper -u 'u_bak' -p 'NJidagp781@' -t 8 -B bak1 -o /data/backup/
mydumper_8_threads
```

其中，参数-t 表示线程数，默认值为 4。

（3）压缩备份。

如果需要对备份内容进行压缩，则可以增加参数--compress，具体用法如下：

```
mydumper -u 'u_bak' -p 'NJidagp781@' -B bak1  --compress -o /data/
backup/mysql_compress/
```

查看/data/backup/mysql_compress/下的文件：

```
[root@node2 mysql]# ll /data/backup/mysql_compress/
total 24
-rw-r--r--. 1 root root 131 Jun  9 11:59 bak1-schema-create.sql.gz
-rw-r--r--. 1 root root 251 Jun  9 11:59 bak1.t1-schema.sql.gz
-rw-r--r--. 1 root root 173 Jun  9 11:59 bak1.t1.sql.gz
-rw-r--r--. 1 root root 251 Jun  9 11:59 bak1.t2-schema.sql.gz
-rw-r--r--. 1 root root 173 Jun  9 11:59 bak1.t2.sql.gz
-rw-r--r--. 1 root root 175 Jun  9 11:59 metadata
```

（4）备份原理。

① 主线程通过执行 flush table with read lock 语句来添加全局读锁，保证数据一致。

② 开启事务并获取一致性快照。

③ 读取位点信息和 GTID 信息，并写入 metadata 文件。

④ 创建子线程并连接到数据库。

⑤ 每个线程都把事务隔离级别设置为 REPEATABLE READ，开启事务并获取一致性快照。

⑥ 首先导出非事务引起的表。

⑦ 主线程执行 unlock tables 语句，非事务引擎备份完之后释放全局只读锁。

⑧ 备份事务引擎表。

⑨ 备份结束。

11.3.3 使用 myloader 进行数据恢复

使用 mydumper 可以进行数据备份，如果要恢复数据则需要使用 myloader，具体用法如下。

这里将 11.3.2 节中“mydumper 的基础用法”所备份的文件恢复到 MySQL 的 bak1_recover 中，操作如下：

```
myloader -u 'u_bak' -p 'NJidagp781@' -B bak1_recover -d /data/backup/
mydumper
```

上面例子中 myloader 参数的意义如下。

- -u：用户名。
- -p：密码。
- -B：要恢复到的替代库。
- -d：要导入的备份目录。

使用 myloader 恢复数据的原理如下。

（1）主线程完成创建数据库，以及创建数据表。

（2）创建子线程，子线程连接到 MySQL，并将数据导入数据库中。

（3）关闭子线程并退出。

（4）创建视图和触发器。

（5）数据恢复完成。

11.4　XtraBackup

XtraBackup 是一个开源的 MySQL 热备份工具。因为 XtraBackup 具备快速可靠、备份期间不间断其他事务、快速恢复等特点，所以成为目前比较主流的 MySQL 物理备份工具。本节主要介绍 XtraBackup 的一些实战用法（基于 MySQL 8.0.25）。

11.4.1　XtraBackup 的安装

首先登录 Percona 官网的下载页面，选择合适的 XtraBackup RPM 包进行下载，然后安装：

```
yum install -y percona-xtrabackup-80-8.0.25-17.1.el7.x86_64.rpm
```

11.4.2　XtraBackup 的工作流程

XtraBackup 8.0 的工作流程大致如下。

（1）先记录日志序列号（LSN），然后复制 InnoDB 数据文件。同时，运行一个后台进程来监视 Redo Log，如果 Redo Log 有修改，则从中复制。

（2）加备份锁（使用 lock instance for backup 语句）。

（3）复制非事务引擎的表数据文件。

（4）做一个日志的切换（使用 flush no_write_to_binlog binary logs 语句）。

（5）查询 GTID 信息和 Binlog 位点（使用 select server_uuid,local,replication,storage_engines from performance_schema.log_status 语句）。

（6）复制最新的 Binlog 文件，并将最新的 Binlog 文件名写入备份文件夹的 binlog.index 中。

（7）停止复制 Redo Log。

（8）释放备份锁（使用 unlock instance 语句）。

（9）复制 ib_buffer_pool。

（10）备份完成。

恢复的大致过程如下：创建完备份后，备份文件中的数据实际不可用，因为 Redo Log 中可能存在未提交的事务和已经提交的事务，所以需要通过准备阶段使备份数据达到一致。准备阶段就是使用备份过程中复制的事务日志文件对复制的数据文件执行崩溃恢复，完成这一步后，数据库就可以恢复和使用。

恢复过程就是先把准备阶段操作完成的数据文件复制或移到数据目录，然后启动 MySQL 就可以完成数据恢复。

11.4.3 XtraBackup 的用法举例

1. 创建备份用户

```
mysql> create user  `u_xtrabackup`@`localhost` identified with
mysql_native_password by 'Ijnbgt@123';
Query OK, 0 rows affected (0.02 sec)

mysql> grant select, reload, process, super, lock tables,backup_admin
on *.* to `u_xtrabackup`@`localhost`;
Query OK, 0 rows affected, 1 warning (0.05 sec)
```

上面给出的只是进行常规备份时会用到的权限，如果有其他的特殊用法，则需要增加对应的权限。使用 XtraBackup 备份用户权限的对照表如表 11-3 所示。

表 11-3 使用 XtraBackup 备份用户权限的对照表

操作类型	权限
运行 flush tables with read lock 语句和 flush engine logs 语句	reload 和 lock tables
查询 performance_schema.log_status 表和执行 lock instance for backup 语句、lock binlog for backup 语句或 lock tables for backup 语句	backup_admin
获取二进制日志的位置	replication client
导入表	create tablespace
执行 show engine innodb status 语句，并查看 MySQL 服务上运行的所有线程	process
启动和停止复制环境中的复制线程，执行 flush tables with read lock 语句	super
创建 PERCONA_SCHEMA.xtrabackup_history	create
将历史记录写入 PERCONA_SCHEMA.xtrabackup_history 表中	insert
当使用--incremental-history-name 或--incremental-history-uuid 时，在 PERCONA_SCHEMA.xtrabackup_history 表中查询 innoDB_to_lsn 的值，或者查询 keyring_component_status 表，用于判断 keyring 组件的状态	select

2. 常规备份举例

进行备份：

```
xtrabackup --defaults-file=/etc/my.cnf -uu_xtrabackup -p'Ijnbgt@
123' --backup --target-dir=/data/backup/xtrabackup
```

查看备份文件夹中的内容：

```
[root@node2 backup]# ll /data/backup/xtrabackup
total 63552
-rw-r-----. 1 root root      480 Jun 23 17:43 backup-my.cnf
drwxr-x---. 2 root root       34 Jun 23 17:43 bak1
drwxr-x---. 2 root root       34 Jun 23 17:43 bak1_recover
drwxr-x---. 2 root root       34 Jun 23 17:43 bak2
drwxr-x---. 2 root root       20 Jun 23 17:43 bak3
drwxr-x---. 2 root root       80 Jun 23 17:43 bak4
-rw-r-----. 1 root root      196 Jun 23 17:43 binlog.000038
-rw-r-----. 1 root root       16 Jun 23 17:43 binlog.index
-rw-r-----. 1 root root     4122 Jun 23 17:43 ib_buffer_pool
-rw-r-----. 1 root root 12582912 Jun 23 17:43 ibdata1
drwxr-x---. 2 root root       48 Jun 23 17:43 muke
drwxr-x---. 2 root root      143 Jun 23 17:43 mysql
-rw-r-----. 1 root root 27262976 Jun 23 17:43 mysql.ibd
drwxr-x---. 2 root root     8192 Jun 23 17:43 performance_schema
drwxr-x---. 2 root root       40 Jun 23 17:43 pt
drwxr-x---. 2 root root       28 Jun 23 17:43 sys
drwxr-x---. 2 root root       26 Jun 23 17:43 test
-rw-r-----. 1 root root 12582912 Jun 23 17:43 undo_001
-rw-r-----. 1 root root 12582912 Jun 23 17:43 undo_002
-rw-r-----. 1 root root       18 Jun 23 17:43 xtrabackup_binlog_info
-rw-r-----. 1 root root      108 Jun 23 17:43 xtrabackup_checkpoints
-rw-r-----. 1 root root      520 Jun 23 17:43 xtrabackup_info
-rw-r-----. 1 root root     2560 Jun 23 17:43 xtrabackup_logfile
-rw-r-----. 1 root root       39 Jun 23 17:43 xtrabackup_tablespaces
drwxr-x---. 2 root root      160 Jun 23 17:43 yzl
drwxr-x---. 2 root root     8192 Jun 23 17:43 zabbix
```

下面对备份文件夹中重要文件的作用进行解释。

- backup-my.cnf：复制备份实例中 my.cnf 的部分选项。
- bak1 等文件夹：备份的库，每个文件夹代表一个库，里面包含表的数据文件。
- binlog.000038：备份的最后一个 Binlog。
- binlog.index：记录 Binlog 文件的路径及名称。
- xtrabackup_binlog_info：记录备份时 Binlog 文件的名称和位点信息。
- xtrabackup_checkpoints：记录备份的类型、日志序列号。
- xtrabackup_info：记录备份的命令参数、XtraBackup 版本、备份起止时间等。
- xtrabackup_logfile：记录--apply-log 操作时所需要的数据。

准备过程

创建完备份后，备份文件中的数据实际不可用，因为 Redo Log 中可能存在未提交的事务和已经提交的事务，所以需要通过准备阶段使备份数据一致。具体操作如下：

```
xtrabackup --prepare --target-dir=/data/backup/xtrabackup
```

恢复过程

还原时需要设置 datadir 和 logs 为空，并且执行还原之前需要关闭 MySQL 服务：

```
xtrabackup --defaults-file=/etc/my.cnf --copy-back --target-dir=
/data/backup/xtrabackup
```

3. 压缩备份

以文件压缩形式备份：

```
xtrabackup --defaults-file=/etc/my.cnf -uu_xtrabackup -p'Ijnbgt@123'
--backup --compress --target-dir=/data/backup/xtrabackup_compress
```

解压缩时需要安装 Qpress，命令如下：

```
yum install qpress -y
```

解压缩

```
xtrabackup --decompress --target-dir=/data/backup/xtrabackup_compress/
```

后续的准备过程和恢复过程与上面的“2.常规备份举例”的一致。

打包成一个压缩包

```
xtrabackup --defaults-file=/etc/my.cnf -uu_xtrabackup -p'Ijnbgt@123'
--backup --stream=xbstream --target-dir=./ >/data/backup/xtrabackup.
xbstream
```

解压缩

```
xbstream -x < backup.xbstream
```

后续的准备过程和恢复过程与上面的“2.常规备份举例”的一致。

4. 记录备份实例的主实例位点信息

如果两个实例有主从关系，同时在从库备份数据，并恢复到另一个实例中，这个实例又要配置成主库的从实例，则可以在使用 XtraBackup 备份时增加--slave-info，将在备份目录下新建一个 xtrabackup_slave_info 文件，用户记录备份实例的主库二进制日志的位点：

```
xtrabackup --defaults-file=/etc/my.cnf -uu_xtrabackup -p'Ijnbgt@123'
--backup --slave-info  --target-dir=/data/backup/xtrabackup_slave_info
```

在/data/backup/xtrabackup_slave_info 文件夹中，新增一个 xtrabackup_slave_info 文件，内容如下：

```
CHANGE MASTER TO MASTER_LOG_FILE='binlog.000036', MASTER_LOG_POS=1425;
```

11.5　Clone Plugin

从 8.0.17 版本开始，MySQL 引入了 Clone Plugin，允许从本地或远程 MySQL Server 克隆数据。克隆的数据是存储在 InnoDB 中数据的物理快照，包括模式、表、表空间和数据字典元数据。本节主要介绍 Clone Plugin。

11.5.1　Clone Plugin 的安装

在运行 MySQL 时加载 Clone Plugin，可以使用下面的命令：

```
mysql> install plugin clone SONAME 'mysql_clone.so';
Query OK, 0 rows affected (0.01 sec)
```

确定插件是否安装成功：

```
mysql> select plugin_name, plugin_status from information_schema.
plugins where plugin_name = 'clone';
+-------------+---------------+
| PLUGIN_NAME | PLUGIN_STATUS |
+-------------+---------------+
| clone       | ACTIVE        |
+-------------+---------------+
1 row in set (0.09 sec)
```

如果 PLUGIN_STATUS 显示为 ACTIVE，则表示 Clone Plugin 安装成功。

如果需要重启后插件也生效，则可以在 MySQL 的配置文件 my.cnf 中加入：

```
[mysqld]
plugin-load-add=mysql_clone.so
clone=FORCE_PLUS_PERMANENT
```

增加 clone=FORCE_PLUS_PERMANENT 可以防止插件在运行时被卸载。

11.5.2　Clone Plugin 的用法举例

1. 创建克隆用户

可以使用下面的语句创建备份用户并赋予权限：

```
mysql> create user `u_clone`@`%` identified with MYSQL_NATIVE_
PASSWORD by 'YhnBgt@123';
Query OK, 0 rows affected (0.03 sec)

mysql> grant backup_admin on *.* to 'u_clone'@`%`;
Query OK, 0 rows affected (0.00 sec)
```

2. 本地克隆

创建备份文件夹并修改备份文件夹的属主：

```
mkdir /data/backup/clone
chown mysql.mysql /data/backup/clone
```

使用前面创建的备份用户登录 MySQL：

```
mysql -u'u_clone' -p'YhnBgt@123'
```

进行本地备份：

```
mysql> clone local data directory='/data/backup/clone/bakdata';
Query OK, 0 rows affected (1.09 sec)
```

查看备份文件夹下的内容：

```
[root@node2 clone]# ll /data/backup/clone/bakdata/
total 179148
drwxr-x---. 2 mysql mysql       34 Jun 24 17:08 bak1
drwxr-x---. 2 mysql mysql       34 Jun 24 17:08 bak1_recover
drwxr-x---. 2 mysql mysql       34 Jun 24 17:08 bak2
drwxr-x---. 2 mysql mysql       20 Jun 24 17:08 bak3
drwxr-x---. 2 mysql mysql       34 Jun 24 17:08 bak4
drwxr-x---. 2 mysql mysql       89 Jun 24 17:08 #clone
-rw-r-----. 1 mysql mysql     8212 Jun 24 17:08 ib_buffer_pool
-rw-r-----. 1 mysql mysql 12582912 Jun 24 17:08 ibdata1
-rw-r-----. 1 mysql mysql 50331648 Jun 24 17:08 ib_logfile0
-rw-r-----. 1 mysql mysql 50331648 Jun 24 17:08 ib_logfile1
drwxr-x---. 2 mysql mysql        6 Jun 24 17:08 mysql
-rw-r-----. 1 mysql mysql 27262976 Jun 24 17:08 mysql.ibd
drwxr-x---. 2 mysql mysql       40 Jun 24 17:08 pt
drwxr-x---. 2 mysql mysql       28 Jun 24 17:08 sys
drwxr-x---. 2 mysql mysql       26 Jun 24 17:08 test
-rw-r-----. 1 mysql mysql 13631488 Jun 24 17:08 undo_001
-rw-r-----. 1 mysql mysql 12582912 Jun 24 17:08 undo_002
```

可以看出，数据已经克隆到备份文件夹中。

3. 远程克隆

在进行远程克隆之前，需要了解远程克隆的一些限制。

- 在备份实例和接收实例时都需要开启 Clone Plugin。
- 在接收实例时，克隆用户需要具有 clone_admin 权限，用于替换接收方数据，在克隆过程中阻塞 DDL、自动重启 MySQL 服务等。
- 备份实例和接收实例必须具备相同的 MySQL 版本、字符集、排序规则，innodb_page_size 和 innodb_data_file_path 的设置必须相同，并且必须在相同的操作系统和平台上运行。
- 接收实例需要有足够的空间，如果使用 data directory，则必须有足够的磁盘空间存放接收实例现有的数据和从备份实例克隆的数据。
- 相同时间内只允许运行一次克隆操作。
- 只能克隆 InnoDB 表数据，其他引擎（如 MyISAM 和 CSV）只能被克隆为空表。

创建备份文件夹并修改备份文件夹的属主：

```
mkdir /data/backup/clone
chown mysql.mysql /data/backup/clone
```

将备份实例的主机地址添加到 clone_valid_donor_list 变量中：

```
mysql> set global clone_valid_donor_list='192.168.150.253:3306';
Query OK, 0 rows affected (0.00 sec)
```

执行远程克隆操作（命令中用到的用户为上面常见的备份用户）：

```
clone instance from 'u_clone'@'192.168.150.253':3306 identified by
'YhnBgt@123' data directory='/data/backup/clone/bak_from_253';
```

提醒：

如果不增加 data directory，那么远程克隆操作会删除接收端实例的数据并替换成克隆的数据，同时重启接收端的 MySQL 实例，在使用过程中需要特别小心。

查看备份状态：

```
mysql> select * from performance_schema.clone_status\G
*************************** 1. row ***************************
            ID: 1
           PID: 333403
         STATE: Completed
    BEGIN_TIME: 2021-06-11 18:28:54.073
      END_TIME: 2021-06-11 18:29:08.280
        SOURCE: 192.168.150.123:3306
   DESTINATION: /data/backup/db3306_from_123/
      ERROR_NO: 0
 ERROR_MESSAGE:
   BINLOG_FILE:
BINLOG_POSITION: 0
 GTID_EXECUTED:
1 row in set (0.07 sec)
```

11.6　总结

本章介绍了备份的重要性、备份方式和备份工具。用于不同场景的备份需要添加不同的参数，并且需要保证能正常恢复。在实际工作中，对于整个 MySQL 实例的备份，推荐使用 XtraBackup；对于单张表或满足某个条件的备份，推荐使用 mysqldump；对于需要备份和恢复时间较快，又需要是逻辑备份的场景，可以使用 mydumper 和 myloader。

第 12 章

MySQL 的监控

MySQL 难免会出现一些问题，因此，对 MySQL 进行监控并且及时告警显得尤为重要。合适的监控可以让用户知道 MySQL 服务是否可用，以及资源是否足够等。本章主要介绍 MySQL 的监控。

12.1　常见的监控项

为了保证 MySQL 的正常运行，需要从多个角度对 MySQL 服务进行监控，常见的监控项如下。

12.1.1　系统相关

系统相关的监控项主要包括如下几点。

（1）系统 CPU 负载。

（2）系统内存交换。

（3）系统文件描述符。

（4）系统网络流量。

（5）磁盘利用率。

（6）磁盘 IOPS。

12.1.2　状态相关

状态相关的监控项主要包括如下几点。

（1）MySQL 的进程状态。

获取 MySQL 的启动时间和状态名 Uptime，获取方式如下：

```
mysql> show global status like "Uptime";
+---------------+---------+
| Variable_name | Value   |
+---------------+---------+
| Uptime        | 6632232 |
+---------------+---------+
1 row in set (0.00 sec)
```

或者在 MySQL 中执行 select 1。

（2）QPS。

Queries 是 MySQL 启动之后的总查询次数，可以通过 show status 语句获取：

```
mysql> show global status like "Queries";
+---------------+-----------+
| Variable_name | Value     |
+---------------+-----------+
| Queries       | 279827740 |
+---------------+-----------+
1 row in set (0.00 sec)
```

假设第一次获取的 Queries 的值为 Q1，60 秒之后获取的 Queries 的值为 Q2，那么 QPS 的计算方式如下：

```
QPS = (Q2 - Q1)/60
```

（3）TPS。

一般建议使用 GTID 的增长率来计算 TPS。

提醒：

在计算 TPS 时会使用两个值，即 Com_commit 的值和 Com_rollback 的值，实际上这两个值是不准确的，需要显式执行 commit，Com_commit 的值才会增加。

（4）增、删、查、改的数量。

前面介绍了 QPS 和 TPS 的计算方式，如果要计算增、删、查、改具体的值，则可以使用下面这些变量，具体的计算方式可以参考 QPS 的计算方式。

- 增：Com_insert。
- 删：Com_delete。
- 查：Com_select。
- 改：Com_update。

（5）慢查询数量。

show global status 语句中的 Slow_queries 表示启动 MySQL 服务后慢查询的总数量，同样，可以通过类似计算 QPS 的方式计算每分钟慢查询的数量，如超过 5 条就告警。

（6）日志缓冲区是否够用。

可以通过监控 innodb_log_waits 参数的值来判断日志缓冲区是否够用，该状态值表示日志缓冲区过小，导致需要等待日志刷新才能继续的次数。当 innodb_log_waits 参数的值过大时，表示 InnoDB log buffer 不够用，因此需要对 innodb_log_waits 参数进行监控。

（7）临时表。

可以监控以下两个参数的值。

- Created_tmp_disk_tables：执行语句时创建的内部磁盘临时表的数量。
- Created_tmp_tables：执行语句时创建的内部临时表的数量。

12.1.3 锁相关

锁相关的监控项主要包括以下几点。

（1）表锁情况。

table_locks_waited 参数表示表锁等待的次数，因此可以通过获取 table_locks_waited 参数的值来确定表锁情况：

```
mysql> show global status like "table_locks_waited";
+--------------------+-------+
| Variable_name      | Value |
+--------------------+-------+
| Table_locks_waited | 0     |
+--------------------+-------+
1 row in set (0.00 sec)
```

（2）InnoDB 正在等待行锁的数量。

可以通过 innodb_row_lock_current_waits 参数获取 InnoDB 正在等待行锁的数量：

```
mysql> show global status like "innodb_row_lock_current_waits";
+-------------------------------+-------+
| Variable_name                 | Value |
+-------------------------------+-------+
| innodb_row_lock_current_waits | 0     |
+-------------------------------+-------+
1 row in set (0.00 sec)
```

（3）行锁总耗时。

可以通过 innodb_row_lock_time 参数获取 InnoDB 行锁总耗时：

```
mysql> show global status like "innodb_row_lock_time";
+----------------------+-------+
| Variable_name        | Value |
+----------------------+-------+
| innodb_row_lock_time | 0     |
+----------------------+-------+
1 row in set (0.00 sec)
```

（4）行锁平均耗时。

可以通过 innodb_row_lock_time_avg 参数获取 InnoDB 行锁平均耗时：

```
mysql> show global status like "innodb_row_lock_time_avg";
+--------------------------+-------+
| Variable_name            | Value |
+--------------------------+-------+
| innodb_row_lock_time_avg | 0     |
+--------------------------+-------+
1 row in set (0.01 sec)
```

（5）行锁最久耗时。

可以通过 innodb_row_lock_time_max 参数获取 InnoDB 行锁最久耗时：

```
mysql> show global status like "innodb_row_lock_time_max";
+--------------------------+-------+
| Variable_name            | Value |
+--------------------------+-------+
| innodb_row_lock_time_max | 0     |
+--------------------------+-------+
1 row in set (0.00 sec)
```

（6）行锁发生次数。

可以通过 innodb_row_lock_waits 参数获取 InnoDB 行锁发生次数：

```
mysql> show global status like "innodb_row_lock_waits";
+-----------------------+-------+
| Variable_name         | Value |
+-----------------------+-------+
| innodb_row_lock_waits | 0     |
+-----------------------+-------+
1 row in set (0.00 sec)
```

12.1.4　连接相关

连接相关的监控项主要包括以下几点。

（1）连接使用率。

计算连接使用率需要使用 threads_connected 参数和 max_connections 参数，获取这两个参数的方法如下：

```
mysql> show global status like "threads_connected";
+-------------------+-------+
| Variable_name     | Value |
+-------------------+-------+
| Threads_connected | 3     |
+-------------------+-------+
1 row in set (0.00 sec)

mysql> show global variables like "max_connections";
+-----------------+-------+
| Variable_name   | Value |
+-----------------+-------+
```

```
| max_connections | 3000  |
+-----------------+-------+
1 row in set (0.00 sec)
```

连接使用率的计算公式如下：

```
connect_used_ratio = threads_connected/max_connections
```

（2）活跃连接。

可以通过 Threads_running 参数获取活跃连接：

```
mysql> show global status like "Threads_running";
+-----------------+-------+
| Variable_name   | Value |
+-----------------+-------+
| Threads_running | 3     |
+-----------------+-------+
1 row in set (0.00 sec)
```

（3）客户端异常中断数。

可以通过 Aborted_clients 参数获取客户端被异常中断的次数，增加监控可以发现应用程序的一些异常：

```
mysql> show global status like "Aborted_clients";
+-----------------+-------+
| Variable_name   | Value |
+-----------------+-------+
| Aborted_clients | 16    |
+-----------------+-------+
1 row in set (0.01 sec
```

12.1.5 复制相关

复制相关的监控项主要包括以下几点。

（1）I/O 线程和 SQL 线程。

在正常情况下，执行 show slave status 语句，Slave_IO_Running 和 Slave_SQL_Running 都为 Yes，具体如下：

```
        Slave_IO_Running: Yes
        Slave_SQL_Running: Yes
```

如果其中有一个不为 Yes，则需要有告警机制。

（2）主从延迟。

执行 show slave status 语句可以获取 Seconds_Behind_Master 的值，一般都为 0，具体如下：

```
        Seconds_Behind_Master: 0
```

如果 Seconds_Behind_Master 的值比较大，如大于 300 秒，则需要触发告警。

（3）从库 read only。

在一般情况下，从库都需要设置为 read only，如果不是 read only，则需要触发告警，获取方式如下：

```
mysql> show global variables like "read_only";
+---------------+-------+
| Variable_name | Value |
+---------------+-------+
| read_only     | ON    |
+---------------+-------+
1 row in set (0.00 sec)
```

12.1.6　参数相关

参数相关的监控项主要包括以下几点。

（1）log_bin 参数。

log_bin 表示是否开启 Binlog。在一般情况下，需要开启线上环境，如果某个实例的 log_bin 参数不为 on，则需要触发告警，提醒用户修改。

（2）sync_binlog 参数。

在 6.1.8 节中提到了 sync_binlog 参数各个值所代表的含义。为了保证数据库安全，一般建议将 sync_binlog 参数设置为 1。如果某个实例的 sync_binlog 参数的值不为 1，则需要触发告警，提醒用户修改。

（3）expire_logs_days 参数和 binlog_expire_logs_seconds 参数。

6.1.7 节详细讲解了 expire_logs_days 参数和 binlog_expire_logs_seconds 参数的作用。对于线上的 MySQL，需要合理设置 expire_logs_days 参数或 binlog_expire_logs_seconds 参数，参数值设置得太小可能会导致 MySQL 误操作后不能完整恢复。因此，需要对两个参数的值进行监控。

（4）innodb_flush_log_at_trx_commit 参数。

6.5.2 节详细讲解了 innodb_flush_log_at_trx_commit 参数的作用。为了保证数据库的安全，一般建议将 innodb_flush_log_at_trx_commit 参数设置为 1。如果某个实例的 innodb_flush_log_at_trx_commit 参数的值不为 1，则需要触发告警，提醒用户修改。

12.1.7　业务相关

业务相关的监控项主要包括以下几点。

（1）主键自增值的使用率。

一般建议主键是自增的，但是不管使用 int 类型还是 bigint 类型，都是有上限的，所以需要关注主键自增值的使用率。

自增值 auto_increment 的获取方式如下：

```
mysql> select auto_increment from tables where table_schema='xxx' and table_name='xxx';
+----------------+
| AUTO_INCREMENT |
+----------------+
|            100 |
+----------------+
1 row in set (0.00 sec)
```

如果主键为 unsigned int 类型，则主键值的上限为 $2^{32}-1$，因此，主键自增值的使用率的计算方法如下：

```
auto_increment/2^32-1
```

如果主键为 unsigned bigint 类型，则主键值的上限为 $2^{48}-1$，因此，主键自增值的使用率的计算方法如下：

```
auto_increment/2^48-1
```

（2）表数据量。

表数据量过多，可能会导致查询很慢，并且维护成本也会很高，因此，可以在表数据量达到某个阈值时触发对应的告警。获取表数据量的 SQL 语句如下：

```
mysql> select table_rows from information schema.tables where table_schema='xxx' and table_name='sys_menu_0';
+------------+
| TABLE_ROWS |
+------------+
|          0 |
+------------+
```

12.2 使用 Zabbix 监控 MySQL

本节主要介绍通过部署和配置 Zabbix 监控 MySQL。

12.2.1 架构图

使用 Zabbix 监控 MySQL 的架构图如图 12-1 所示。

如图 12-1 所示，通过 Zabbix Agent 获取 MySQL 的监控数据（需要结合一些脚本和命令，将获得的监控数据传到 Zabbix Server 中，最终通过 Zabbix Web 展示出来。

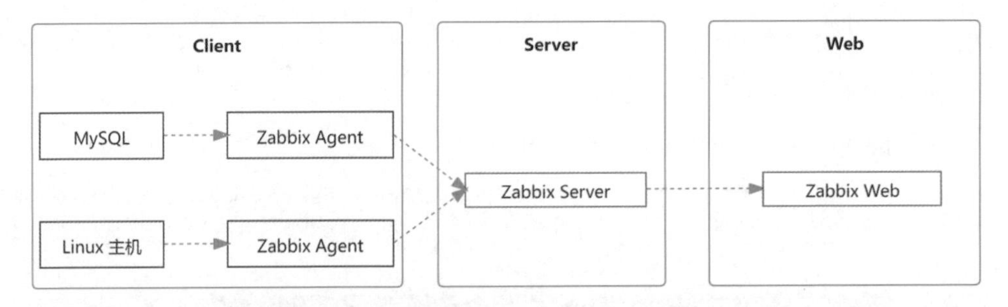

图 12-1　使用 Zabbix 监控 MySQL 的架构图

12.2.2　实验环境

使用 Zabbix 监控 MySQL 的实验环境如表 12-1 所示。

表 12-1　使用 Zabbix 监控 MySQL 的实验环境

角　色	IP 地址	主 机 名	操 作 系 统	版　本
Zabbix Server	192.168.1.5	node1	CentOS 7.8	zabbix-server-mysql-4.0.27
Zabbix 数据库	192.168.1.6	node2	CentOS 7.8	MySQL 8.0
MySQL 机器（Zabbix Agent）	192.168.1.7	node3	CentOS 7.8	MySQL 8.0

12.2.3　安装 Zabbix Server

在 node1 上部署 Zabbix Server，具体步骤如下。

安装 Zabbix Server：

```
[root@node1 ~]# yum install -y zabbix-server-mysql
```

安装 Zabbix Web：

```
[root@node1 ~]# yum install -y zabbix-web-mysql
```

12.2.4　配置 Zabbix 数据库

在 node2 上安装 MySQL，安装步骤可参考第 1 章。登录 node2 上的 MySQL，创建 Zabbix 数据库和用户：

```
    mysql> create database zabbix character set utf8 collate utf8_bin;
    Query OK, 1 row affected (0.00 sec)

    mysql> create user 'zabbix_rw'@'%' identified with mysql_native_
password by 'Zabbix@123456' ;
    Query OK, 0 rows affected (0.07 sec)
```

```
mysql> grant all privileges on zabbix.* to zabbix_rw@'%';
Query OK, 0 rows affected (0.00 sec)
```

登录 node1，导入 MySQL 初始化 SQL 语句：

```
[root@node1 ~]# zcat /usr/share/doc/zabbix-server-mysql*/create.
sql.gz | mysql -uzabbix_rw -p'Zabbix@123456'  zabbix -h192.168.1.6
```

12.2.5 编辑配置文件

在 node1 上编辑 Zabbix Server 的配置文件/etc/zabbix/zabbix_server.conf：

```
LogFile=/var/log/zabbix/zabbix_server.log
LogFileSize=0
PidFile=/var/run/zabbix/zabbix_server.pid
SocketDir=/var/run/zabbix
DBHost=192.168.1.6
DBName=zabbix
DBUser=zabbix_rw
DBPassword=Zabbix@123456
SNMPTrapperFile=/var/log/snmptrap/snmptrap.log
Timeout=4
AlertScriptsPath=/usr/lib/zabbix/alertscripts
ExternalScripts=/usr/lib/zabbix/externalscripts
LogSlowQueries=3000
```

编辑 PHP 配置文件/etc/php.ini。

在“;date.timezone =”的下一行添加如下语句：

```
date.timezone = Asia/Shanghai
```

12.2.6 启动 Zabbix Server

在 node1 上启动 Zabbix Server。

设置 zabbix-server 开机启动：

```
[root@node1 ~]# systemctl enable zabbix-server
```

启动 zabbix-server：

```
[root@node1 ~]# systemctl start zabbix-server
```

设置 Apache 服务开机启动：

```
[root@node1 ~]# systemctl enable httpd
```

启动 Apache 服务：

```
[root@node1 ~]# systemctl start httpd
```

12.2.7　Zabbix Web 界面初始化

登录 http://192.168.1.5/zabbix，看到的界面如图 12-2 所示。

图 12-2　Zabbix Web 界面

单击“Next step”按钮，弹出如图 12-3 所示的界面。

ZABBIX

Welcome
Check of pre-requisites
Configure DB connection
Zabbix server details
Pre-installation summary
Install

Check of pre-requisites

	Current value	Required	
PHP version	5.4.16	5.4.0	OK
PHP option "memory_limit"	128M	128M	OK
PHP option "post_max_size"	16M	16M	OK
PHP option "upload_max_filesize"	2M	2M	OK
PHP option "max_execution_time"	300	300	OK
PHP option "max_input_time"	300	300	OK
PHP option "date.timezone"	Asia/Shanghai		OK
PHP databases support	MySQL		OK
PHP bcmath	on		OK
PHP mbstring	on		OK

Back　Next step

图 12-3　检查必要参数的界面

单击“Next step”按钮，弹出如图 12-4 所示的界面，修改 MySQL 的连接信息。

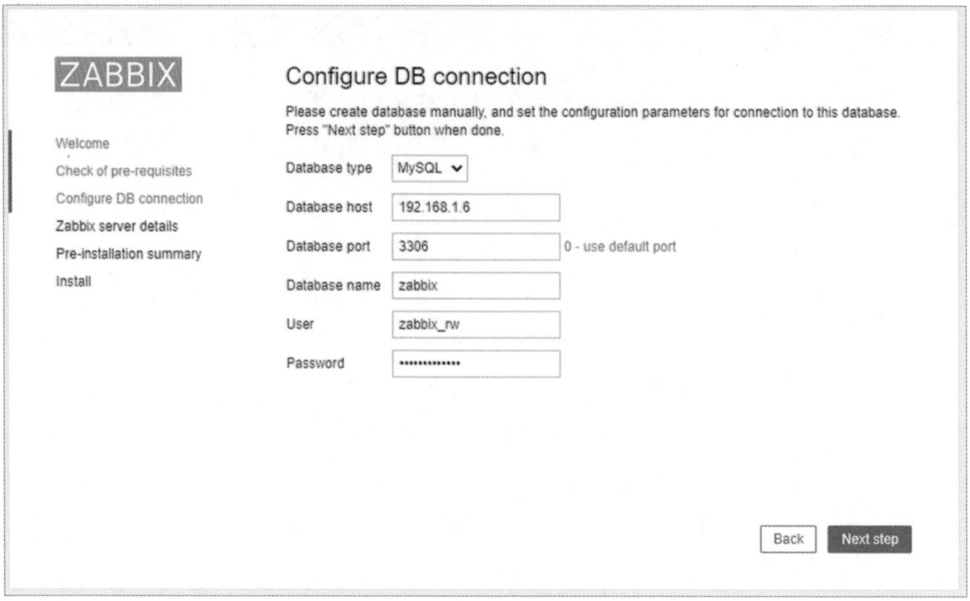

ZABBIX

Configure DB connection

Please create database manually, and set the configuration parameters for connection to this database.
Press "Next step" button when done.

- Welcome
- Check of pre-requisites
- Configure DB connection
- Zabbix server details
- Pre-installation summary
- Install

Database type	MySQL	
Database host	192.168.1.6	
Database port	3306	0 - use default port
Database name	zabbix	
User	zabbix_rw	
Password	••••••••••••••	

Back　Next step

图 12-4　配置 MySQL 的界面

单击“Next step”按钮，弹出如图 12-5 所示的界面。

ZABBIX

Zabbix server details

Please enter the host name or host IP address and port number of the Zabbix server, as well as the name of the installation (optional).

- Welcome
- Check of pre-requisites
- Configure DB connection
- Zabbix server details
- Pre-installation summary
- Install

Host	localhost
Port	10051
Name	zabbix server

Back　Next step

图 12-5　Zabbix Server 详情的界面

单击“Next step”按钮，弹出如图 12-6 所示的界面。

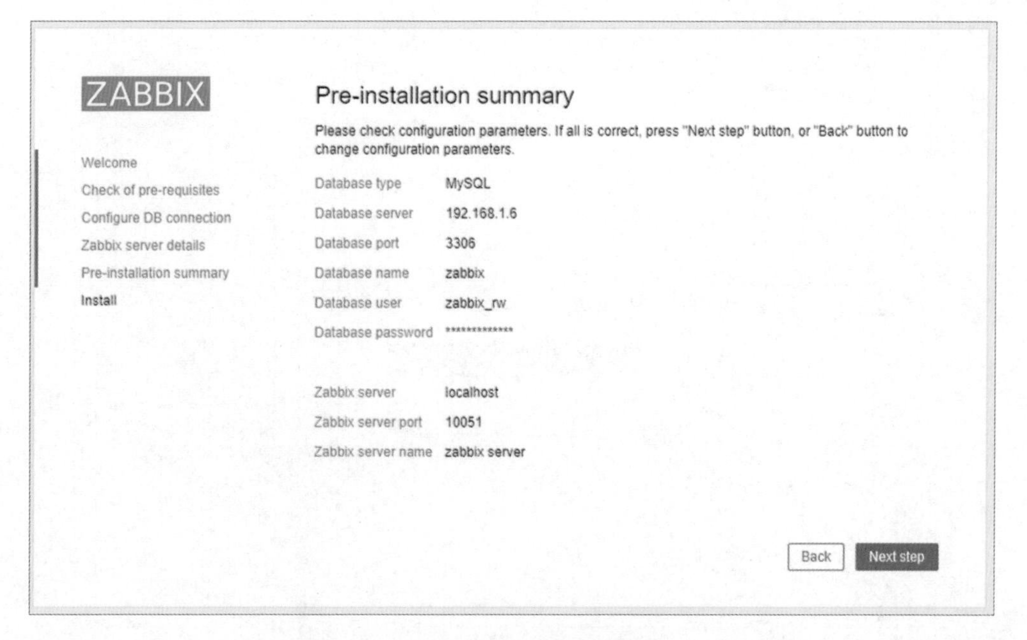

图 12-6　所有配置确认的界面

单击“Next step”按钮，弹出如图 12-7 所示的界面。

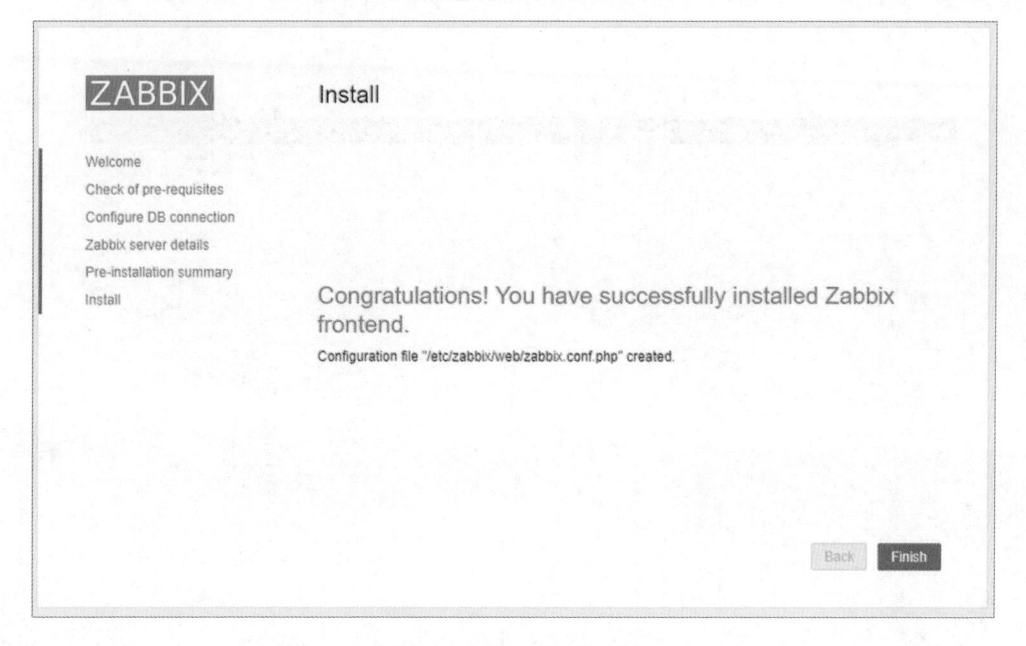

图 12-7　安装成功的界面

单击“Finish”按钮，跳转到 Zabbix 的登录界面，如图 12-8 所示。

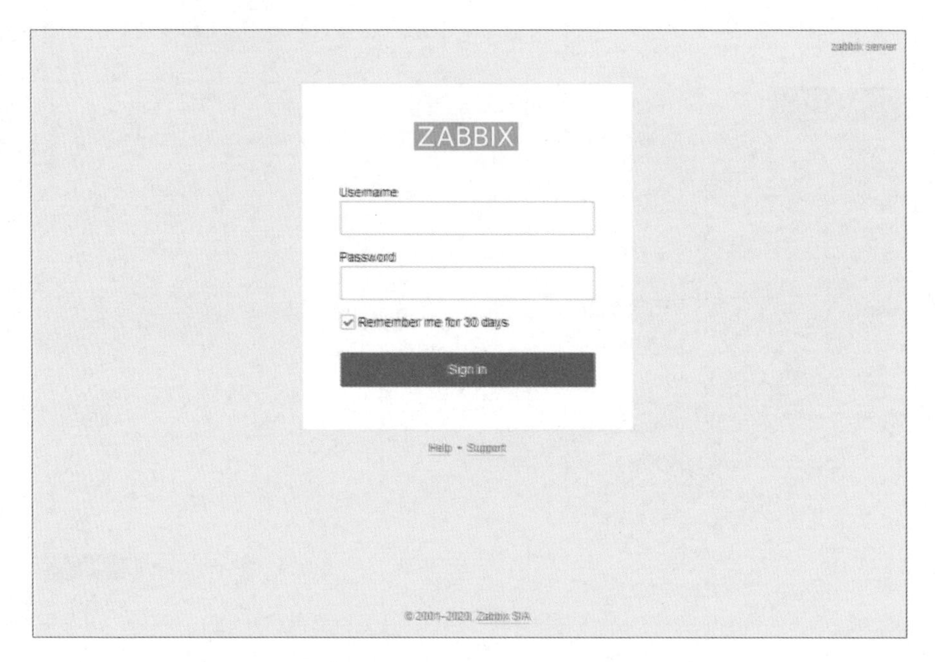

图 12-8　Zabbix 的登录界面

默认用户名为 Admin，密码为 zabbix。登录后可以进入 Zabbix 的主页面，如图 12-9 所示。

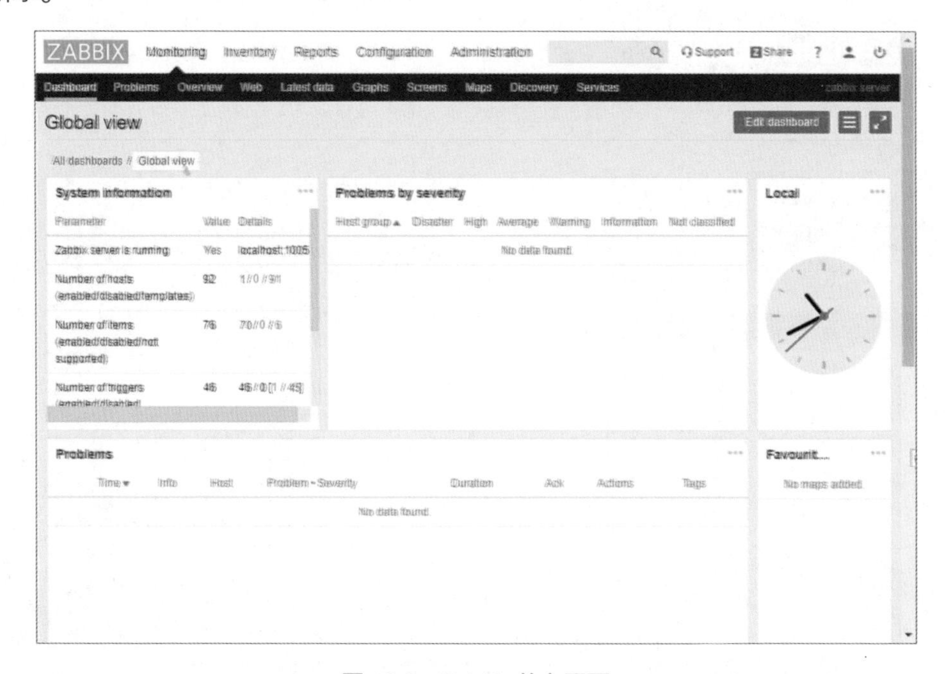

图 12-9　Zabbix 的主页面

至此，Zabbix Web 的初始化已经完成。

12.2.8　安装 Zabbix Agent

在 node3 上安装 Zabbix Agent。

安装 Zabbix Agent 包：

```
[root@node3 ~]# yum install zabbix-agent -y
```

将 Zabbix Agent 加入开机启动：

```
[root@node3 ~]# systemctl enable zabbix-agent
```

启动 Zabbix Agent：

```
[root@node3 ~]# systemctl start zabbix-agent
```

12.2.9　安装 Percona 插件

在 node3 上安装 Percona 插件，登录 Percona Monitoring Plugins 下载界面，如图 12-10 所示，选择对应的版本进行下载。

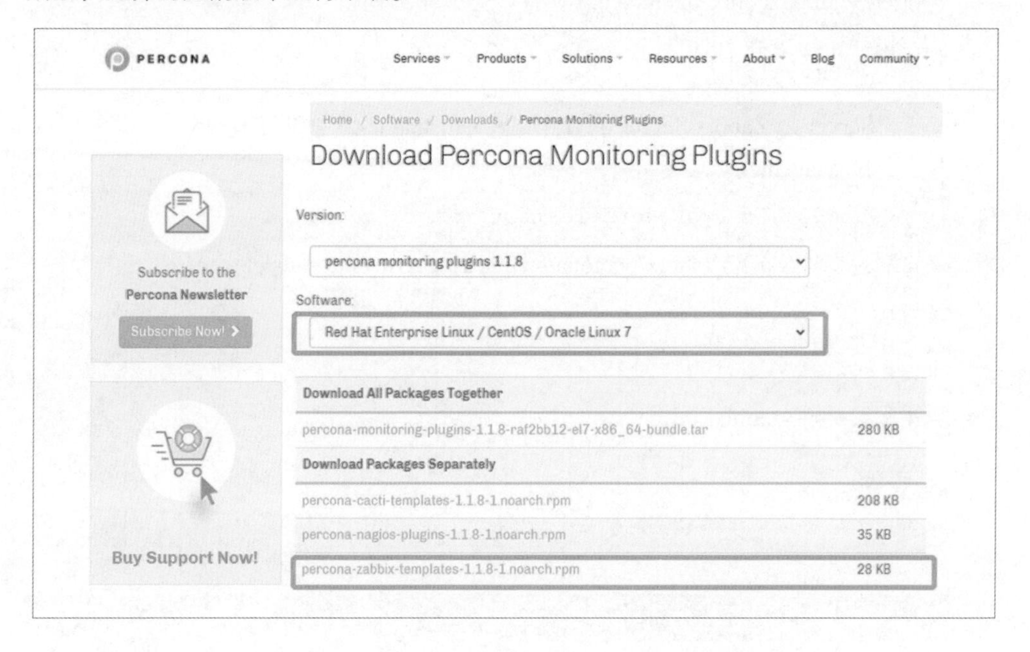

图 12-10　Percona Monitoring Plugins 下载界面

将下载的 RPM 包上传到 Agent 机器上，安装 Percona Zabbix 插件：

```
    [root@node3 ~]# yum install -y percona-zabbix-templates-1.1.8-
1.noarch.rpm

    [root@node3 ~]# cp /var/lib/zabbix/percona/templates/userparameter_
percona_mysql.conf /etc/zabbix/zabbix_agentd.d/
```

```
[root@node3 ~]# yum -y install php php-mysql
```

12.2.10　在 Agent 上创建 Zabbix 监控用户

在 node3 上登录 MySQL，创建监控用户：

```
mysql> create user 'zabbix'@'localhost' identified with mysql_native_
password by 'Zabbix@123';
Query OK, 0 rows affected (0.00 sec)

mysql> grant select, process, super, replication client on *.* to
'zabbix'@'localhost';
Query OK, 0 rows affected, 1 warning (0.01 sec)
```

12.2.11　修改配置文件

编辑/etc/zabbix/zabbix_agentd.conf 文件，修改下面两行：

```
Server= 192.168.1.5
Hostname=192.168.1.7
```

其中，Server 为 Zabbix Server 的 IP 地址，Hostname 为本机 IP 地址。

重启 zabbix-agent：

```
[root@node3 ~]# systemctl restart zabbix-agent
```

编辑配置文件/var/lib/zabbix/percona/scripts/ss_get_mysql_stats.php.cnf：

```
<?php
$mysql_user = 'zabbix';
$mysql_pass = 'Zabbix@123';
```

编辑配置文件~zabbix/.my.cnf：

```
[client]
user = zabbix
password = Zabbix@123
```

12.2.12　测试监控

在 node3 上执行下面的语句：

```
[root@node3 ~]# /var/lib/zabbix/percona/scripts/get_mysql_stats_
wrapper.sh gg
```

在 node1 上执行下面的语句：

```
[root@node1 ~]# yum install zabbix-get -y
```

```
[root@node1 ~]# zabbix_get -s 192.168.1.7 -p10050 -k "agent.ping"
[root@node1 ~]# zabbix_get -s 192.168.1.7 -p10050 -k "MySQL.Key-
read-requests"
```

如果都有返回值，则表示客户端部署正常。

删除临时文件（该文件为临时存放监控数据的文件，测试时，该文件的属组为 root，如果不删除，则会导致 Zabbix 用户没有获取监控数据的权限）：

```
rm /tmp/localhost-mysql_cacti_stats.txt -rf
```

12.2.13　导入 Percona 模板

在 node3 上执行下面的语句：

```
[root@node3 ~]# cd /var/lib/zabbix/percona/templates
```

获取到 zabbix_agent_template_percona_mysql_server_ht_2.0.9-sver1.1.8.xml 文件在 Zabbix 的 Web 界面上，单击"Configuration"→"Templates"→"Import"按钮导入模板，如图 12-11 所示。

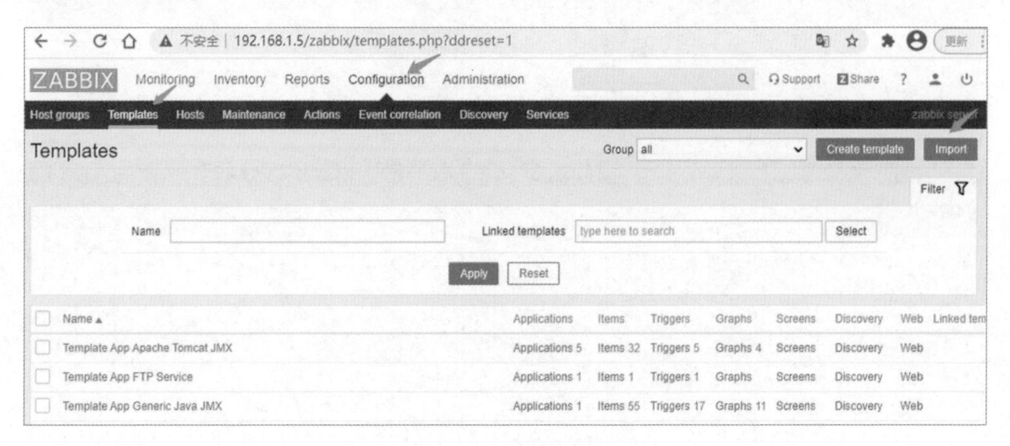

图 12-11　导入模板

进入如图 12-12 所示的界面选择文件。

选择完文件后，单击"Import"按钮，如图 12-13 所示。

如图 12-14 所示，如果出现"Imported successfully"，则说明导入成功。

单击"Configuration"→"Templates"按钮，输入关键字"percona"，可以看到新导入的模板"Template Percona MySQL Server"，如图 12-15 所示。

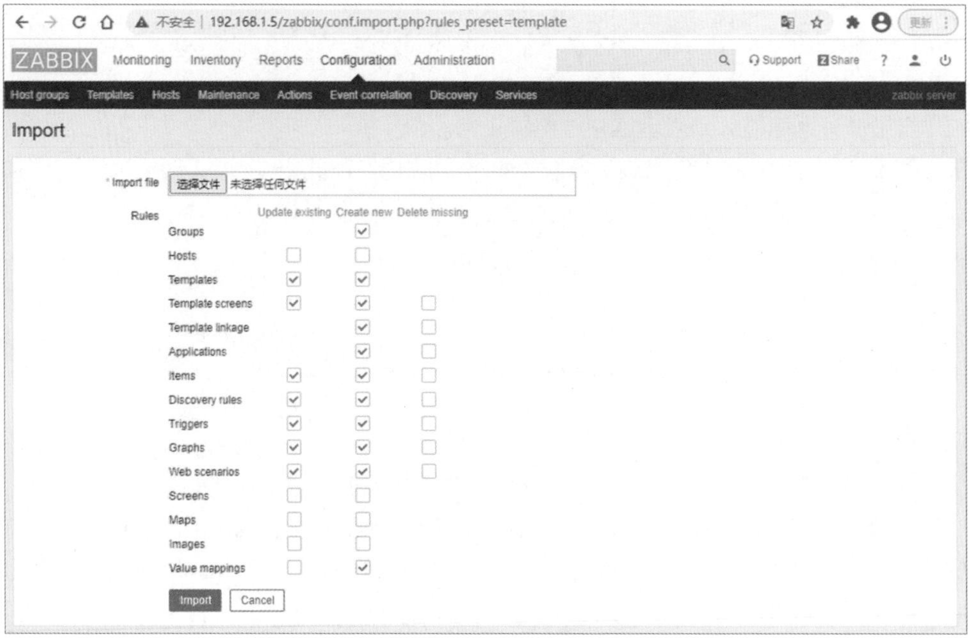

← → C ⌂ ▲ 不安全 | 192.168.1.5/zabbix/conf.import.php?rules_preset=template 更新

ZABBIX Monitoring Inventory Reports Configuration Administration Support Share ?

Host groups Templates Hosts Maintenance Actions Event correlation Discovery Services zabbix server

Import

* Import file 选择文件 未选择任何文件

Rules

	Update existing	Create new	Delete missing
Groups		✓	
Hosts	☐	☐	
Templates	✓	✓	
Template screens	✓	✓	☐
Template linkage		✓	☐
Applications		✓	☐
Items	✓	✓	☐
Discovery rules	✓	✓	☐
Triggers	✓	✓	☐
Graphs	✓	✓	☐
Web scenarios	✓	✓	☐
Screens	☐	☐	
Maps	☐	☐	
Images	☐	☐	
Value mappings	☐	✓	

Import Cancel

图 12-12　模板导入选项界面

← → C ⌂ ▲ 不安全 | 192.168.1.5/zabbix/conf.import.php?rules_preset=template 更新

ZABBIX Monitoring Inventory Reports Configuration Administration Support Share ?

Host groups Templates Hosts Maintenance Actions Event correlation Discovery Services zabbix server

Import

* Import file 选择文件 zbx_export_templates.xml

Rules

	Update existing	Create new	Delete missing
Groups		✓	
Hosts	☐	☐	
Templates	✓	✓	
Template screens	✓	✓	☐
Template linkage		✓	☐
Applications		✓	☐
Items	✓	✓	☐
Discovery rules	✓	✓	☐
Triggers	✓	✓	☐
Graphs	✓	✓	☐
Web scenarios	✓	✓	☐
Screens	☐	☐	
Maps	☐	☐	
Images	☐	☐	
Value mappings	☐	✓	

Import Cancel

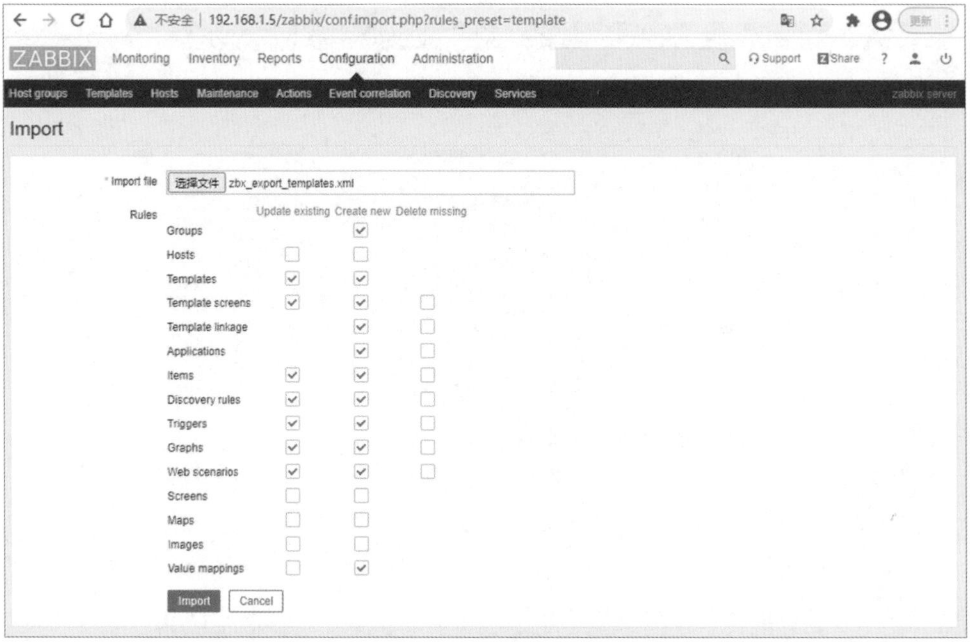

图 12-13　模板确定界面

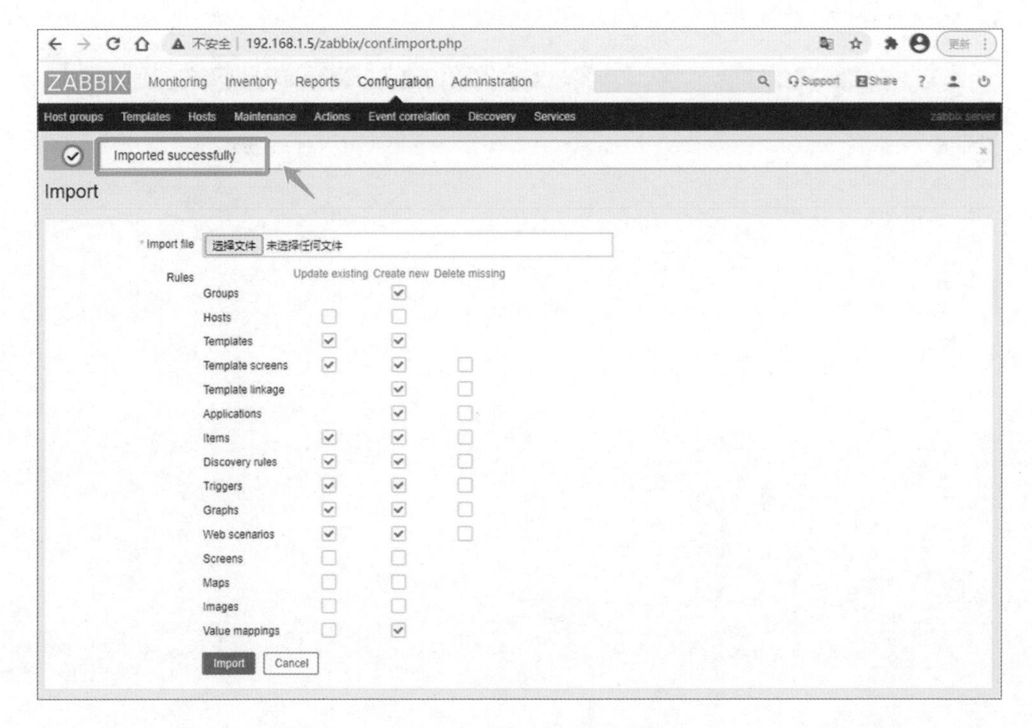

图 12-14 模板导入成功界面

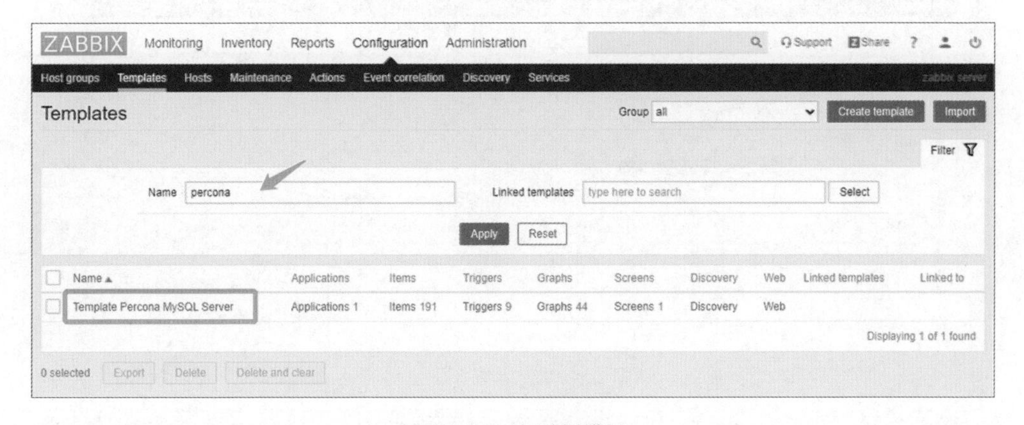

图 12-15 查看新模板

12.2.14 Zabbix Web 增加主机配置

单击 “Configuration” → “Hosts” → “Create host” 按钮，如图 12-16 所示。

单击图 12-16 中的“Create host”按钮，弹出如图 12-17 所示的界面，其中，“Host name”文本框中填写被监控机器的可区分名称，“Agent interfaces”选项组的 “IP address” 文本框中填写被监控机器的 IP 地址。

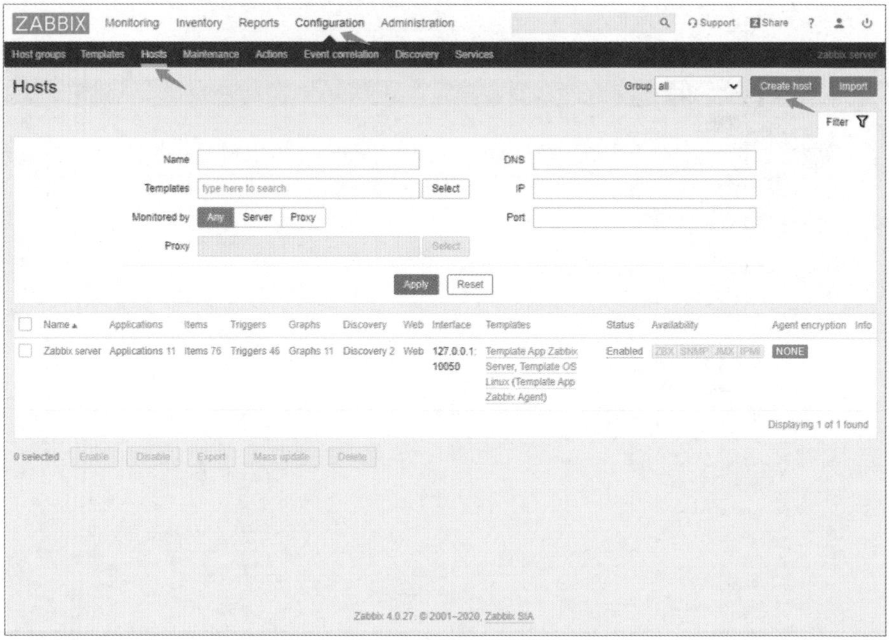

ZABBIX Monitoring Inventory Reports Configuration Administration Support Share ?

Host groups Templates Hosts Maintenance Actions Event correlation Discovery Services zabbix server

Hosts

Group all Create host Import

Filter

Name
DNS
Templates type here to search Select
IP
Monitored by Any Server Proxy
Port
Proxy Select

Apply Reset

Name ▲	Applications	Items	Triggers	Graphs	Discovery	Web	Interface	Templates	Status	Availability	Agent encryption	Info
Zabbix server	Applications 11	Items 76	Triggers 46	Graphs 11	Discovery 2	Web	127.0.0.1: 10050	Template App Zabbix Server, Template OS Linux (Template App Zabbix Agent)	Enabled	ZBX SNMP JMX IPMI	NONE	

Displaying 1 of 1 found

0 selected Enable Disable Export Mass update Delete

Zabbix 4.0.27. © 2001–2020, Zabbix SIA

图 12-16　进入增加主机界面

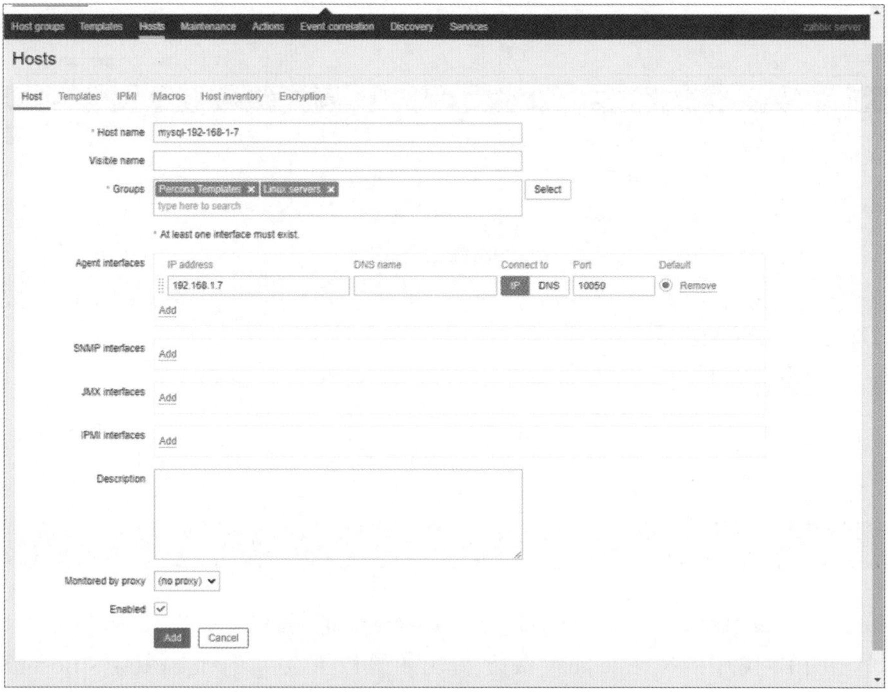

Host groups Templates Hosts Maintenance Actions Event correlation Discovery Services zabbix server

Hosts

Host Templates IPMI Macros Host inventory Encryption

* Host name mysql-192-168-1-7

Visible name

* Groups Percona Templates × Linux servers × Select
type here to search

* At least one interface must exist.

Agent interfaces IP address DNS name Connect to Port Default
192.168.1.7 IP DNS 10050 Remove
Add

SNMP interfaces Add

JMX interfaces Add

IPMI interfaces Add

Description

Monitored by proxy (no proxy)

Enabled ✓

Add Cancel

图 12-17　主机创建界面

单击“Templates”按钮，增加图 12-18 中对应的两个选项。

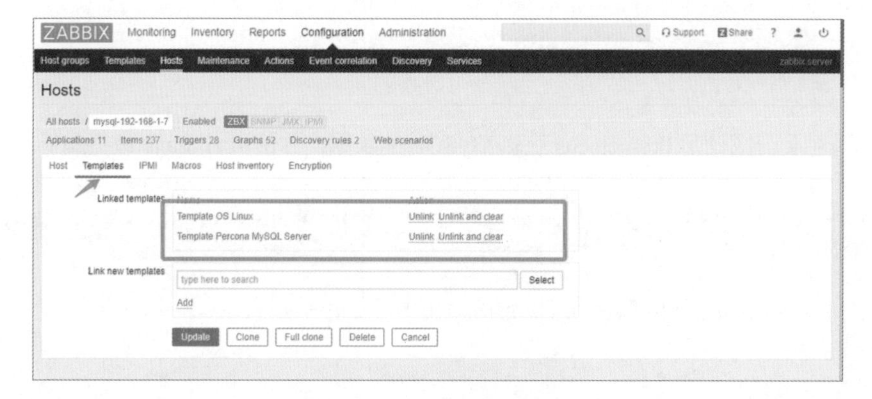

图 12-18　模板选择界面

12.2.15　查看监控数据

单击“Monitoring”→“Graphs”按钮，在“Host”下拉列表中选择新增的主机名，在“Graph”下拉列表中选择一个监控项，如图 12-19 所示，查看是否有数据。

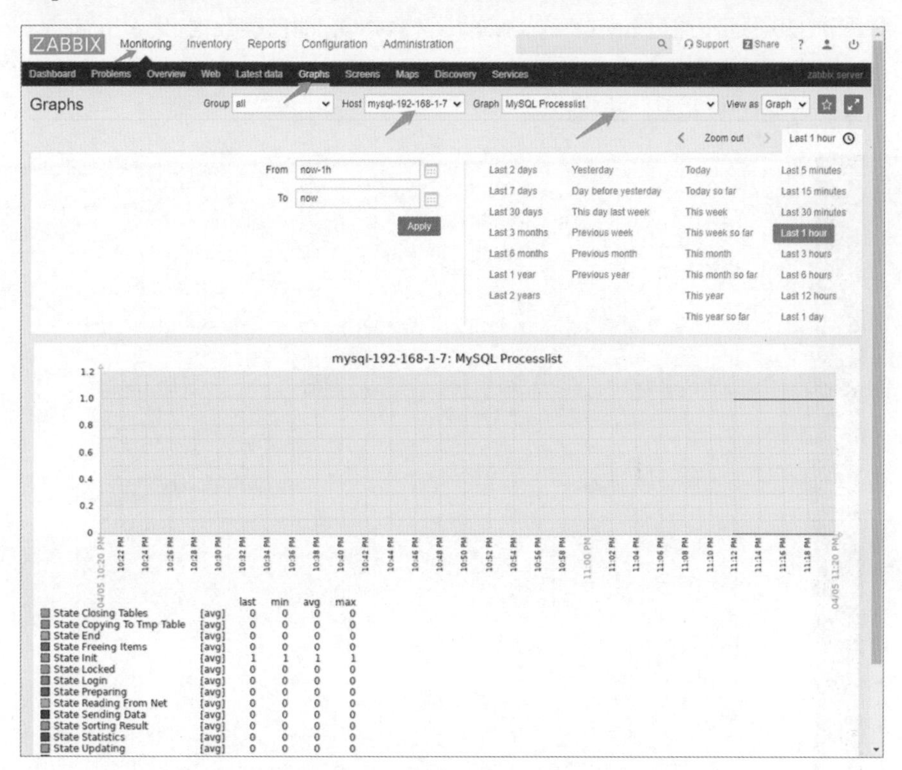

图 12-19　查看 Zabbix 监控数据

至此，使用 Zabbix 监控 MySQL 的内容就介绍完了。

12.3 使用 Prometheus 监控 MySQL

本节主要介绍使用 Prometheus 获取 MySQL 的数据，并使用 Grafana 进行展示。

12.3.1 架构图

使用 Prometheus 监控 MySQL 的架构图如图 12-20 所示。

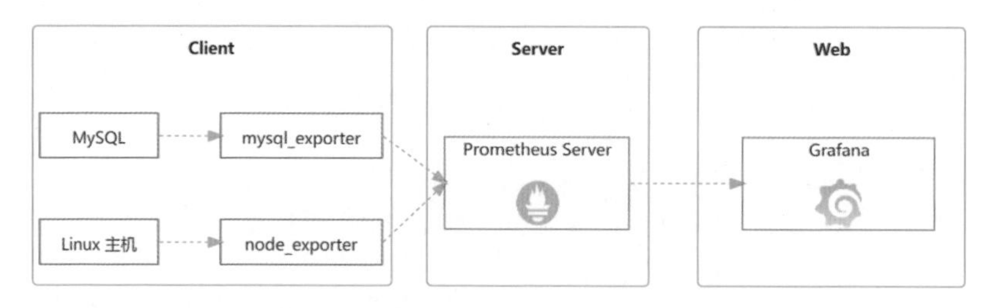

图 12-20 使用 Prometheus 监控 MySQL 的架构图

如图 12-20 所示，通过 mysql_exporter 获取 MySQL 的监控数据，通过 node_exporter 获取 Linux 主机的监控数据。将获取的监控数据传到 Prometheus 中，最终通过 Grafana 展示出来，效果如图 12-21 所示。

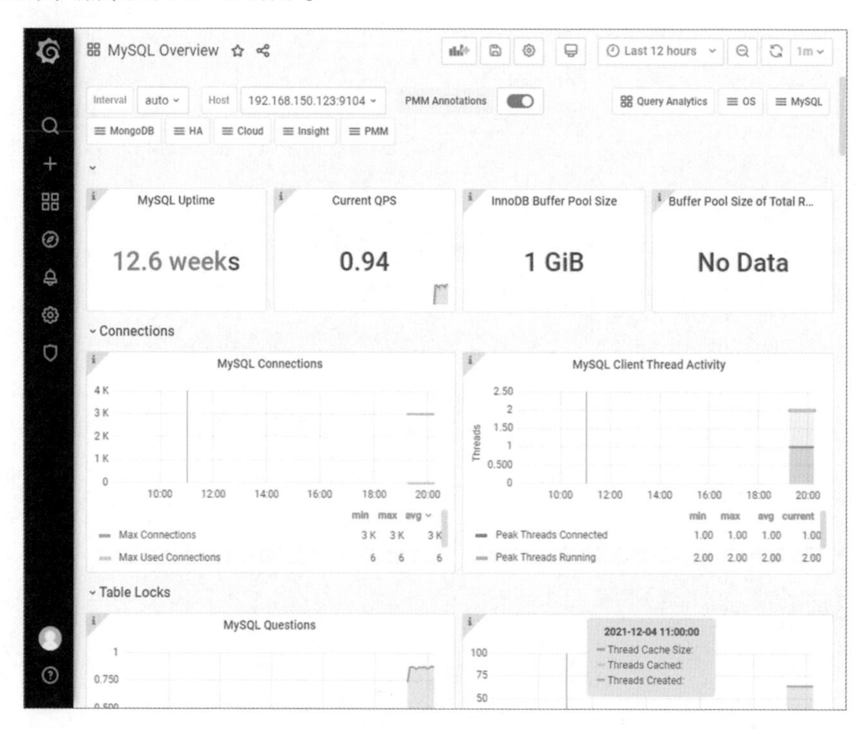

图 12-21 使用 Grafana 展示 Prometheus 监控数据的效果图

12.3.2　实验环境

实验环境大致如下。

- 被监控的 MySQL 机器：192.168.150.123（MySQL 8.0.22）。
- Prometheus 服务器：192.168.150.253（Prometheus 2.25.2）。
- Grafana 服务器：192.168.150.232（Grafana 7.4.5）。
- 服务器版本均为 CentOS 7.4。
- 防火墙、SELinux 均关闭。

12.3.3　部署 Prometheus

在 Prometheus 官网下载对应的版本。

对 Prometheus 安装包进行解压缩：

```
tar zxvf prometheus-2.25.2.linux-amd64.tar.gz -C /opt
```

创建软链接：

```
ln -s /opt/prometheus-2.25.2.linux-amd64/ /opt/prometheus
```

启动 Prometheus：

```
nohup /opt/prometheus/prometheus --config.file=/opt/prometheus/
prometheus.yml &
```

访问 Prometheus 页面：

```
http://192.168.150.253:9090/
```

可以看到如图 12-22 所示的界面。

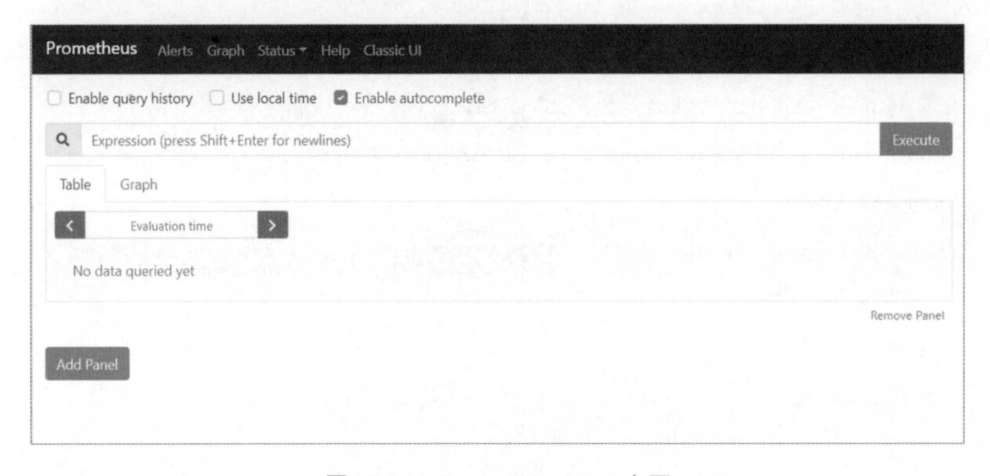

图 12-22　Prometheus Web 主页

单击“Status”→“Targets”按钮，可以查看被监控的目标机器，如图 12-23 所示。

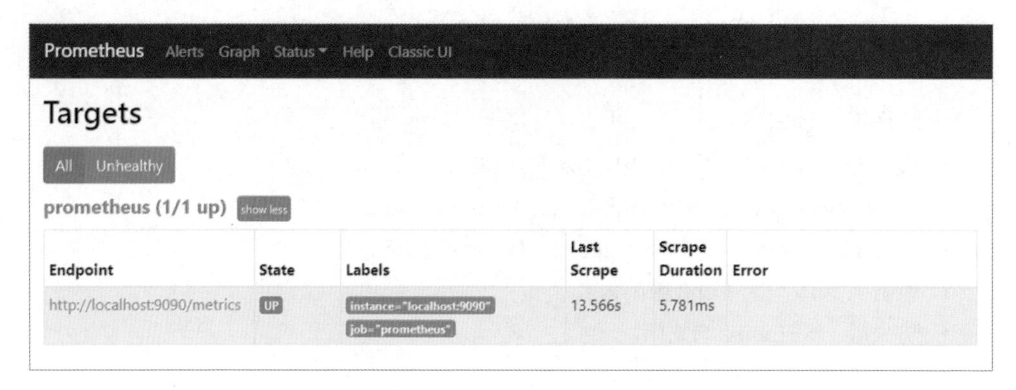

图 12-23　查看被监控的目标机器

至此，完成 Prometheus 的部署。

12.3.4　部署 node_exporter 组件

node_exporter 是 Prometheus 用户获取 Linux 指标的组件。

在 Prometheus 官网的下载页面中找到对应的 node_exporter 组件的版本，如图 12-24 所示。

node_exporter

Exporter for machine metrics prometheus/node_exporter

1.1.2 / 2021-03-05 Release notes

File name	OS	Arch	Size	SHA256 Checksum
node_exporter-1.1.2.darwin-amd64.tar.gz	darwin	amd64	4.72 MiB	3919266f1dbad5f7e5ce7b4207057fc253a8322f570607cc0f3e73f4a53338e3
node_exporter-1.1.2.linux-amd64.tar.gz	linux	amd64	8.82 MiB	8c1f6a317457a658e0ae68ad710f6b4098db2cad10204649b51e3c043aa3e70d

图 12-24　下载 node_exporter 组件的页面

先将 node_exporter 传到需要监控的 MySQL 机器上，然后进行解压缩：

```
tar zxvf node_exporter-1.1.2.linux-amd64.tar.gz -C /opt/
```

创建软链接：

```
ln -s /opt/node_exporter-1.1.2.linux-amd64/ /opt/node_exporter
```

启动 node_exporter 组件：

```
nohup /opt/node_exporter/node_exporter &
```

在浏览器中输入“192.168.150.123:9100/metrics”，如果有类似图 12-25 中显示的数据，则表示完成 node_exporter 组件的部署。

```
← → C ▲ 不安全 | 192.168.150.123:9100/metrics
# TYPE node_cooling_device_max_state gauge
node_cooling_device_max_state{name="0",type="Processor"} 0
node_cooling_device_max_state{name="1",type="Processor"} 0
node_cooling_device_max_state{name="2",type="Processor"} 0
node_cooling_device_max_state{name="3",type="Processor"} 0
# HELP node_cpu_guest_seconds_total Seconds the CPUs spent in guests (VMs) for each mode.
# TYPE node_cpu_guest_seconds_total counter
node_cpu_guest_seconds_total{cpu="0",mode="nice"} 0
node_cpu_guest_seconds_total{cpu="0",mode="user"} 0
node_cpu_guest_seconds_total{cpu="1",mode="nice"} 0
node_cpu_guest_seconds_total{cpu="1",mode="user"} 0
node_cpu_guest_seconds_total{cpu="2",mode="nice"} 0
node_cpu_guest_seconds_total{cpu="2",mode="user"} 0
node_cpu_guest_seconds_total{cpu="3",mode="nice"} 0
node_cpu_guest_seconds_total{cpu="3",mode="user"} 0
# HELP node_cpu_seconds_total Seconds the CPUs spent in each mode.
# TYPE node_cpu_seconds_total counter
node_cpu_seconds_total{cpu="0",mode="idle"} 2.157764565e+07
node_cpu_seconds_total{cpu="0",mode="iowait"} 32847.33
node_cpu_seconds_total{cpu="0",mode="irq"} 0
node_cpu_seconds_total{cpu="0",mode="nice"} 9.8
node_cpu_seconds_total{cpu="0",mode="softirq"} 6052.78
node_cpu_seconds_total{cpu="0",mode="steal"} 130.12
node_cpu_seconds_total{cpu="0",mode="system"} 39533.38
node_cpu_seconds_total{cpu="0",mode="user"} 78397.24
node_cpu_seconds_total{cpu="1",mode="idle"} 2.158837586e+07
node_cpu_seconds_total{cpu="1",mode="iowait"} 35378.28
node_cpu_seconds_total{cpu="1",mode="irq"} 0
node_cpu_seconds_total{cpu="1",mode="nice"} 12.99
node_cpu_seconds_total{cpu="1",mode="softirq"} 720.74
node_cpu_seconds_total{cpu="1",mode="steal"} 99.93
node_cpu_seconds_total{cpu="1",mode="system"} 45883.24
node_cpu_seconds_total{cpu="1",mode="user"} 76208.32
node_cpu_seconds_total{cpu="2",mode="idle"} 2.159533086e+07
node_cpu_seconds_total{cpu="2",mode="iowait"} 36535.54
node_cpu_seconds_total{cpu="2",mode="irq"} 0
node_cpu_seconds_total{cpu="2",mode="nice"} 10.76
node_cpu_seconds_total{cpu="2",mode="softirq"} 710.28
node_cpu_seconds_total{cpu="2",mode="steal"} 102.66
node_cpu_seconds_total{cpu="2",mode="system"} 41117.31
node_cpu_seconds_total{cpu="2",mode="user"} 72848.7
node_cpu_seconds_total{cpu="3",mode="idle"} 2.159963601e+07
node_cpu_seconds_total{cpu="3",mode="iowait"} 34599.27
node_cpu_seconds_total{cpu="3",mode="irq"} 0
node_cpu_seconds_total{cpu="3",mode="nice"} 11.92
node_cpu_seconds_total{cpu="3",mode="softirq"} 558.52
node_cpu_seconds_total{cpu="3",mode="steal"} 82.83
node_cpu_seconds_total{cpu="3",mode="system"} 43879.5
node_cpu_seconds_total{cpu="3",mode="user"} 73010.39
```

图 12-25　确定 node_exporter 组件是否安装成功

12.3.5　部署 mysqld_exporter 组件

mysqld_exporter 是 Prometheus 的 MySQL 指标导出组件。下面介绍 mysqld_exporter 组件的部署。

在 GitHub 中找到对应的 mysqld_exporter 组件的版本。

先将 mysqld_exporter 传到需要监控的 MySQL 机器上，然后进行解压缩：

```
tar zxvf mysqld_exporter-0.12.1.linux-amd64.tar.gz -C /opt
```

创建软链接：

```
ln -s /opt/mysqld_exporter-0.12.1.linux-amd64/ /opt/mysqld_exporter
```

在 MySQL 上创建监控用户：

```
create user 'exporter'@'127.0.0.1'  identified by 'eXpHdB666QWE!';

grant select, process, super, replication client, reload on *.* to
'exporter'@'127.0.0.1';
```

新建一个配置文件：

```
vim /opt/mysqld_exporter/mysqld_exporter.cnf
```

配置 MySQL 监控用户信息：

```
[client]
user=exporter
password=eXpHdB666QWE!
host=127.0.0.1
```

启动 mysqld_exporter 组件：

```
nohup /opt/mysqld_exporter/mysqld_exporter --config.my-cnf=/opt/mysqld_exporter/mysqld_exporter.cnf &
```

在浏览器中输入“192.168.150.123:9104/metrics”，可以获得 MySQL 监控数据，如图 12-26 所示（部分数据）。

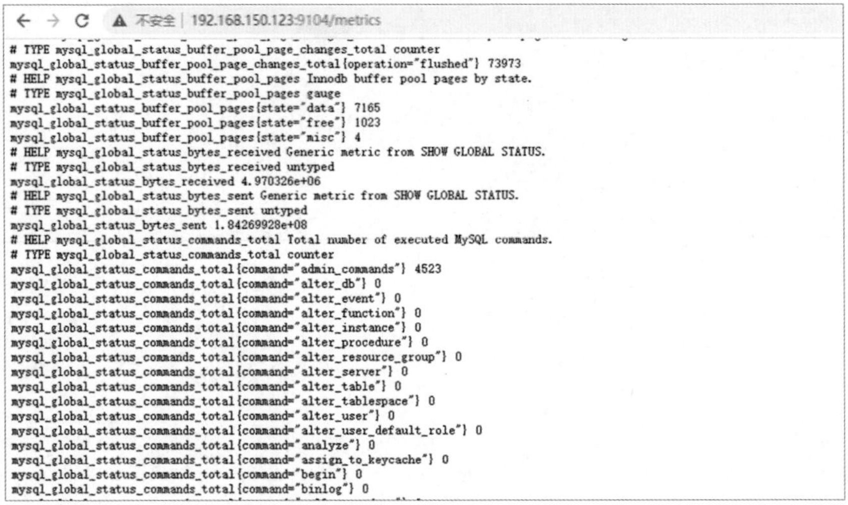

```
不安全 | 192.168.150.123:9104/metrics
# TYPE mysql_global_status_buffer_pool_page_changes_total counter
mysql_global_status_buffer_pool_page_changes_total{operation="flushed"} 73973
# HELP mysql_global_status_buffer_pool_pages Innodb buffer pool pages by state.
# TYPE mysql_global_status_buffer_pool_pages gauge
mysql_global_status_buffer_pool_pages{state="data"} 7165
mysql_global_status_buffer_pool_pages{state="free"} 1023
mysql_global_status_buffer_pool_pages{state="misc"} 4
# HELP mysql_global_status_bytes_received Generic metric from SHOW GLOBAL STATUS.
# TYPE mysql_global_status_bytes_received untyped
mysql_global_status_bytes_received 4.970326e+06
# HELP mysql_global_status_bytes_sent Generic metric from SHOW GLOBAL STATUS.
# TYPE mysql_global_status_bytes_sent untyped
mysql_global_status_bytes_sent 1.84269928e+08
# HELP mysql_global_status_commands_total Total number of executed MySQL commands.
# TYPE mysql_global_status_commands_total counter
mysql_global_status_commands_total{command="admin_commands"} 4523
mysql_global_status_commands_total{command="alter_db"} 0
mysql_global_status_commands_total{command="alter_event"} 0
mysql_global_status_commands_total{command="alter_function"} 0
mysql_global_status_commands_total{command="alter_instance"} 0
mysql_global_status_commands_total{command="alter_procedure"} 0
mysql_global_status_commands_total{command="alter_resource_group"} 0
mysql_global_status_commands_total{command="alter_server"} 0
mysql_global_status_commands_total{command="alter_table"} 0
mysql_global_status_commands_total{command="alter_tablespace"} 0
mysql_global_status_commands_total{command="alter_user"} 0
mysql_global_status_commands_total{command="alter_user_default_role"} 0
mysql_global_status_commands_total{command="analyze"} 0
mysql_global_status_commands_total{command="assign_to_keycache"} 0
mysql_global_status_commands_total{command="begin"} 0
mysql_global_status_commands_total{command="binlog"} 0
```

图 12-26　部分 MySQL 监控数据

12.3.6　配置 Prometheus 获取监控数据

在 Prometheus 的机器上，修改 Prometheus 的配置文件/opt/prometheus/prometheus.yml，增加 node_exporter 组件和 mysqld_exporter 组件的配置：

```
# my global config
global:
  scrape_interval:     15s # Set the scrape interval to every 15 seconds. Default is every 1 minute.
  evaluation_interval: 15s # Evaluate rules every 15 seconds. The default is every 1 minute.
  # scrape_timeout is set to the global default (10s).

# Alertmanager configuration
alerting:
  alertmanagers:
```

```
      - static_configs:
        - targets:
          # - alertmanager:9093

    # Load rules once and periodically evaluate them according to the global
'evaluation_interval'.
    rule_files:
      # - "first_rules.yml"
      # - "second_rules.yml"

    # A scrape configuration containing exactly one endpoint to scrape:
    # Here it's Prometheus itself.
    scrape_configs:
      # The job name is added as a label `job=<job_name>` to any timeseries
scraped from this config.
      - job_name: 'prometheus'

        # metrics_path defaults to '/metrics'
        # scheme defaults to 'http'.

        static_configs:
        - targets: ['192.168.150.253:9090']
      - job_name: 'mysql-123'
        static_configs:
        - targets: ['192.168.150.123:9104']
      - job_name: 'node-123'
        static_configs:
        - targets: ['192.168.150.123:9100']
```

重启 Prometheus：

```
    pkill prometheus
    nohup /opt/prometheus/prometheus --config.file=/opt/prometheus/
prometheus.yml &
```

访问 Prometheus 页面"http://192.168.150.253:9090/"，单击"Status"→"Targets"按钮，可以看到新增加的被监控节点，如图 12-27 所示。

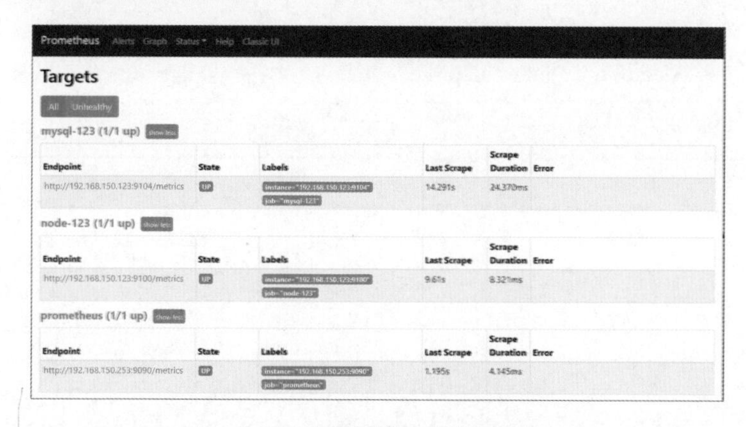

图 12-27 查看新增加的被监控节点

返回主界面，搜索 MySQL 的相关参数，如 innodb_buffer_pool_size，如图 12-28 所示。

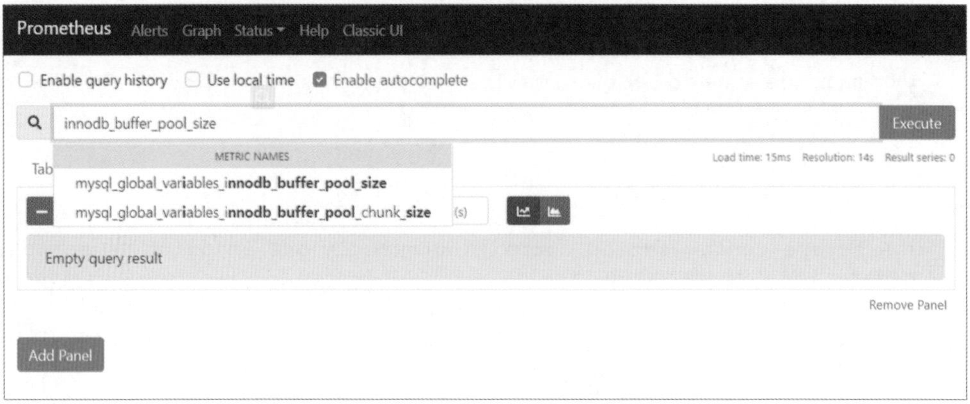

图 12-28　参数搜索界面

选择对应的参数就可以看到 Prometheus 的监控图，如图 12-29 所示。

图 12-29　Prometheus 的监控图

12.3.7　部署 Grafana

Grafana 用于展示 Prometheus 的监控数据。先在 Prometheus 的下载页面中选择适合自己操作系统的包，然后下载对应的包，并通过 yum 命令安装，具体如下：

```
yum install grafana-7.4.5-1.x86_64.rpm -y
```

启动 Grafana：

```
systemctl start grafana-server.service
```

登录 Grafana Web 界面——http://Grafana 机器 IP:3000/（如本实验为 http:// 192.168. 150.232（:3000/），登录界面如图 12-30 所示。

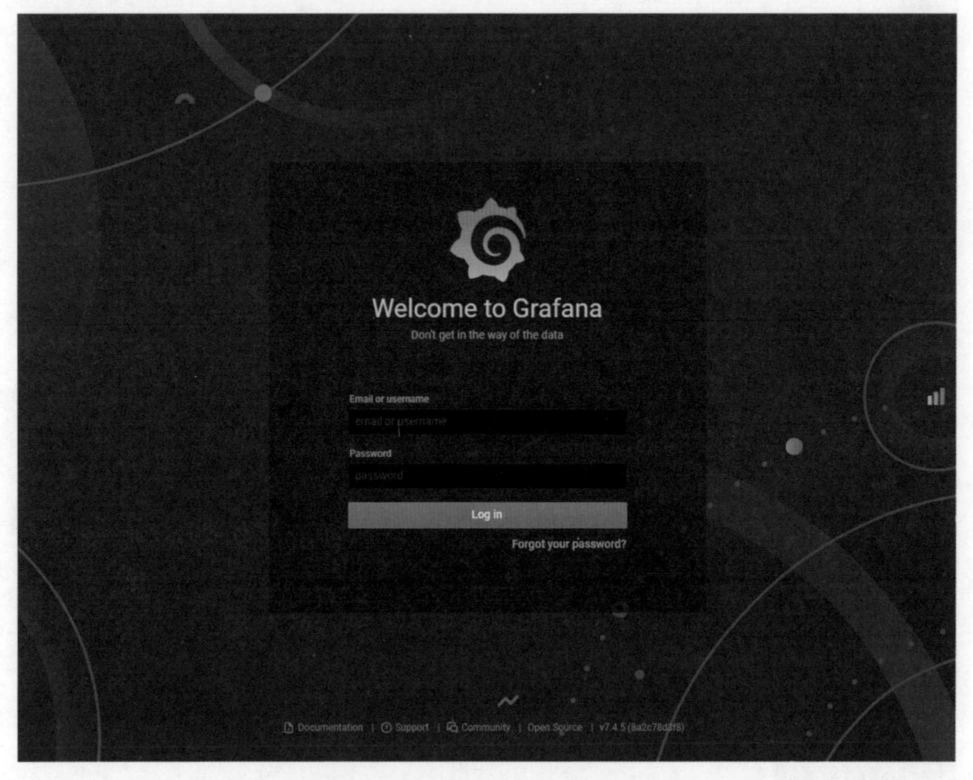

图 12-30　Grafana Web 登录界面

用户名和密码都是 admin。登录后会提示修改密码，按照提示操作即可，当然也可以暂时跳过。

这样就可以看到 Grafana 的主界面，如图 12-31 所示。

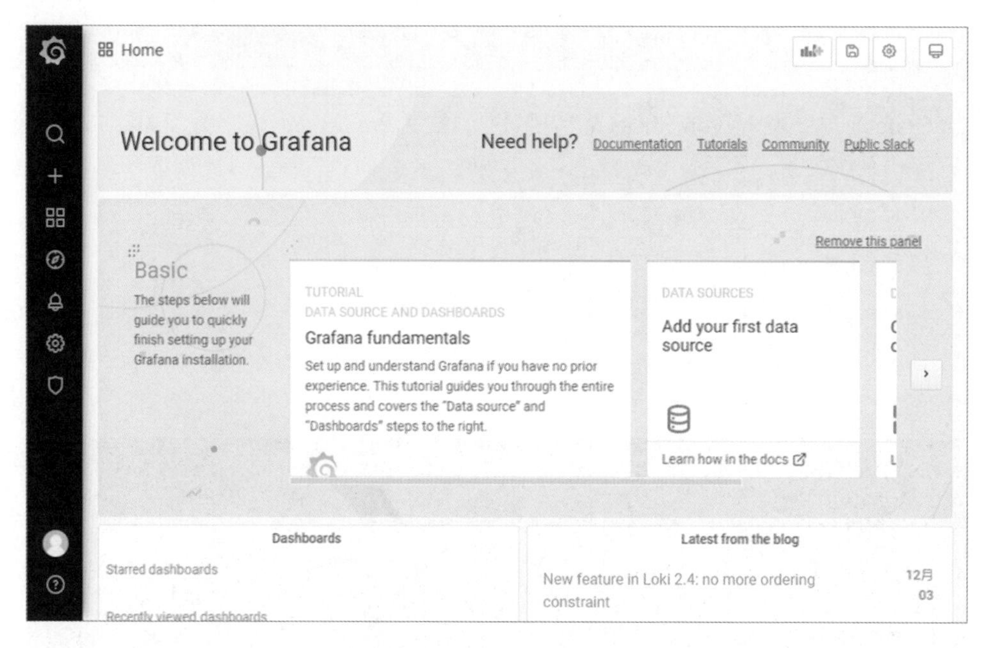

图 12-31　Grafana 的主界面

12.3.8 为 Grafana 配置 Prometheus 数据源

按照图 12-32 中显示的步骤进入数据源添加界面。

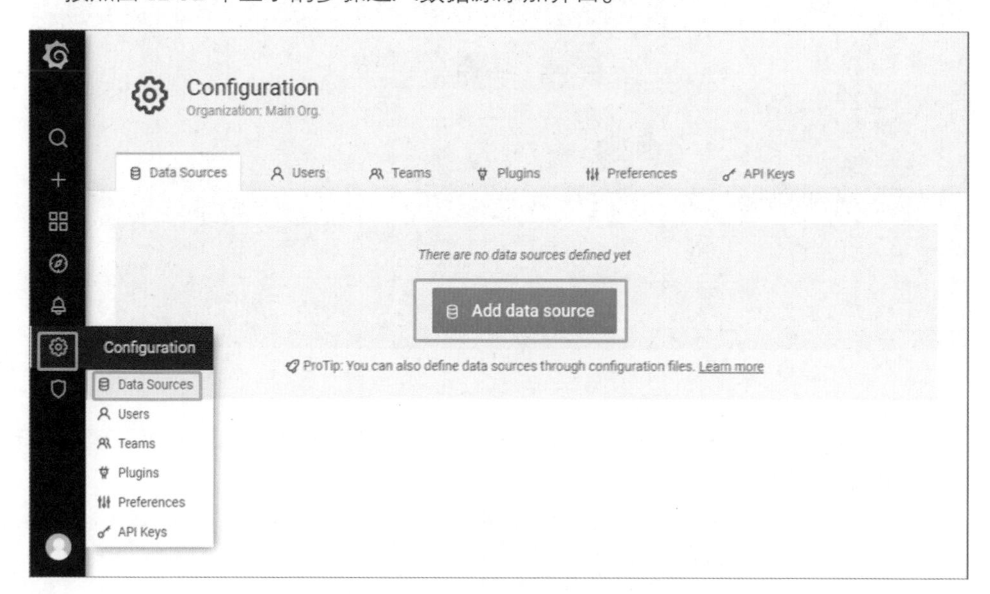

图 12-32　进入数据源添加界面的方式

单击“Add data source”按钮会显示如图 12-33 所示的界面，选择 Prometheus 数据源。

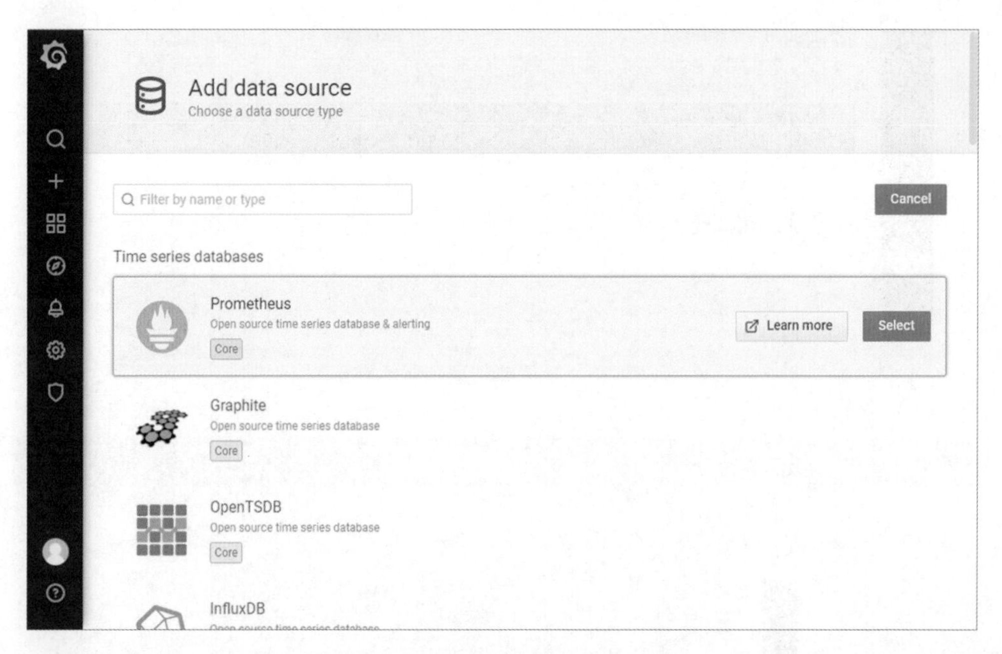

图 12-33　选择 Prometheus 数据源

如图 12-34 所示，增加 Prometheus 的 URL 即可。

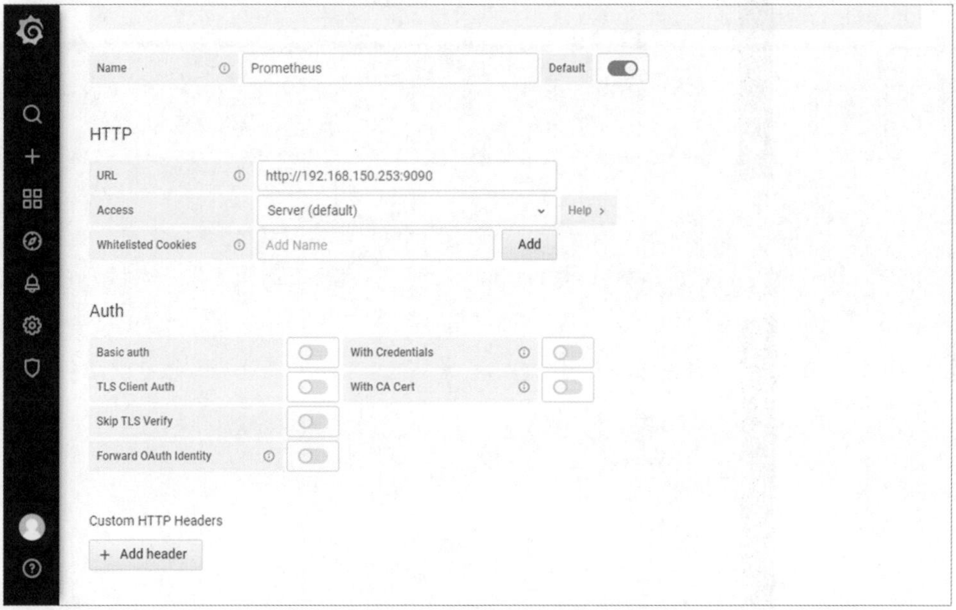

图 12-34　Prometheus 数据源配置界面

单击“Save & Test”按钮，如图 12-35 所示，如果显示“Data source is working”，则表示数据源配置正常。

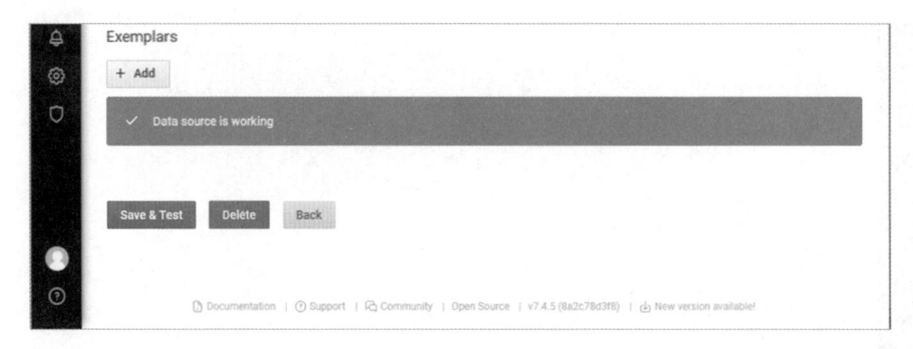

图 12-35　数据源配置正常的提示

12.3.9　使用 Grafana 展示 Linux 的监控数据

按照图 12-36 中显示的方式进入模板导入界面。

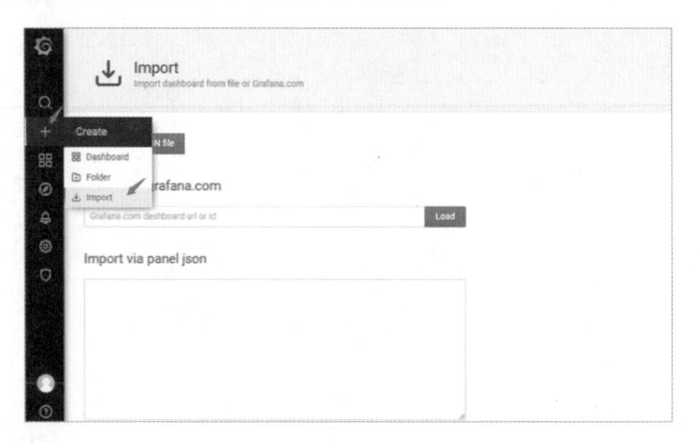

图 12-36　进入模板导入界面的方式

如图 12-37 所示，在“Import via grafana.com”下面的文本框中输入“11074”。

图 12-37　输入对应的模板编号

单击“Load”按钮，弹出的界面如图 12-38 所示。

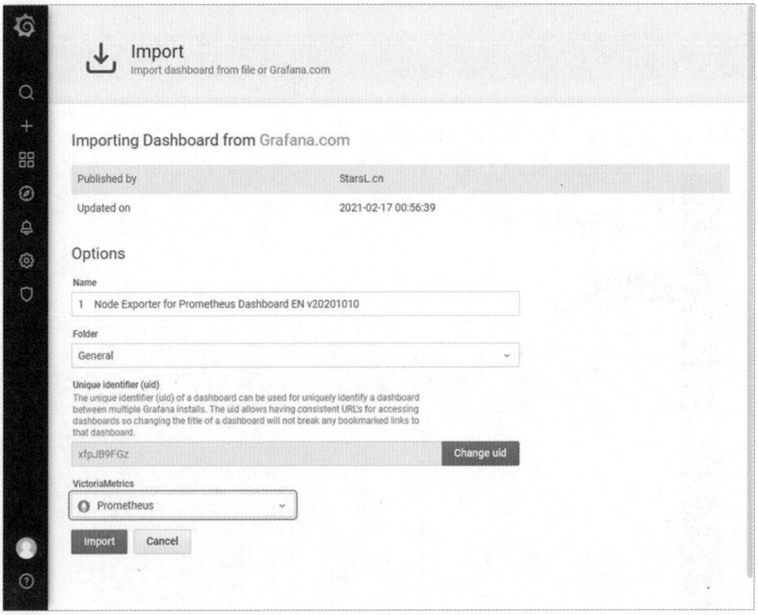

图 12-38　单击“Load”按钮弹出的界面

在“Name”文本框中输入定义的名字，在“VictoriaMetrics”的下拉列表中选择之前创建的 Prometheus 数据源，单击“Import”按钮会自动跳转到如图 12-39 所示的界面。

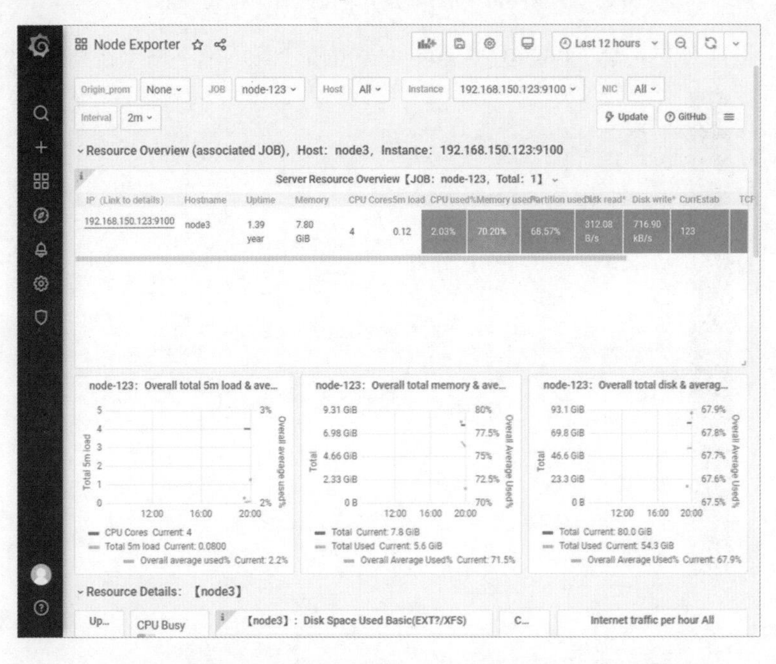

图 12-39　使用 Grafana 展示 Prometheus 中 Linux 的监控数据

至此，完成使用 Grafana 展示 Prometheus 中 Linux 的监控数据。

12.3.10 使用 Grafana 展示 MySQL 的监控数据

按照图 12-40 中显示的方式进入模板导入界面。

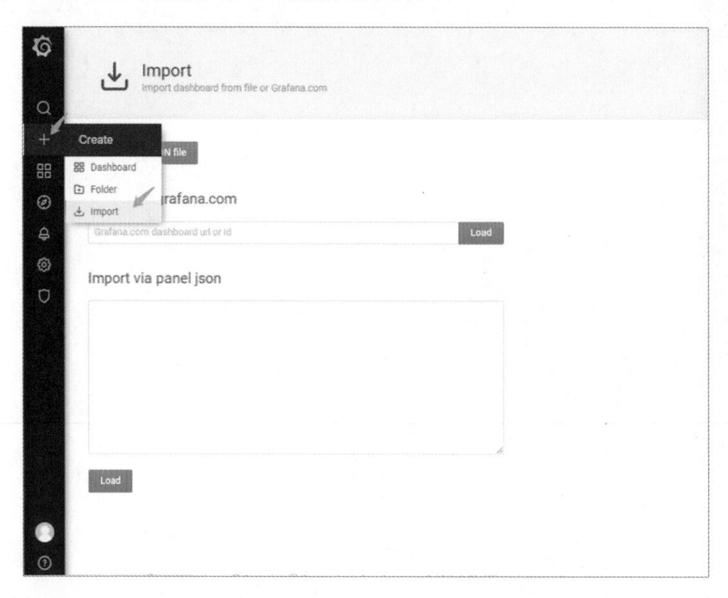

图 12-40　进入模板导入界面的方式

如图 12-41 所示，在“Import via grafana.com”下面的文本框中输入“7362”。

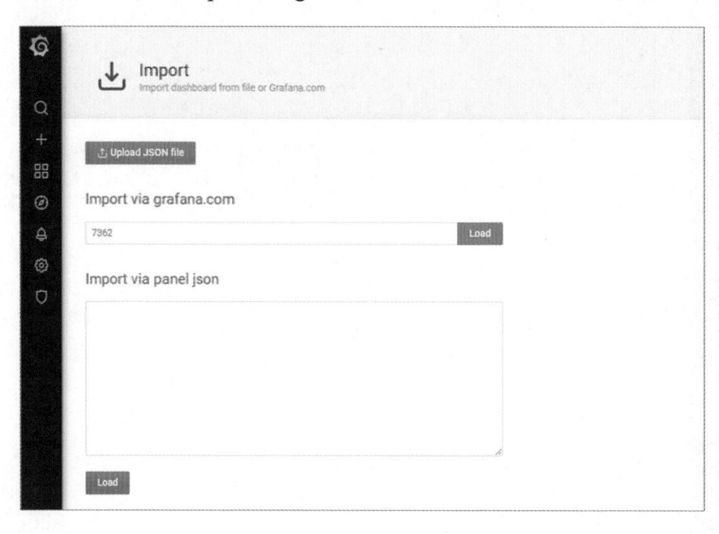

图 12-41　输入对应的模板编号

单击“Load”按钮导入，之后显示的信息如图 12-42 所示。

Import
Import dashboard from file or Grafana.com
Importing Dashboard from Grafana.com
Published by　nasskach
Updated on　2018-08-07 17:26:18
Options
Name
MySQL Overview
Folder
General
Unique identifier (uid)
The unique identifier (uid) of a dashboard can be used for uniquely identify a dashboard between multiple Grafana installs. The uid allows having consistent URL's for accessing dashboards so changing the title of a dashboard will not break any bookmarked links to that dashboard.
MQWgroiiz　Change uid
prometheus
Select a Prometheus data source
Import　Cancel

图 12-42　模板信息修改界面

在“prometheus”的下拉列表中选择之前创建的 Prometheus 数据源，单击“Import”按钮会自动跳转到如图 12-43 所示的界面。

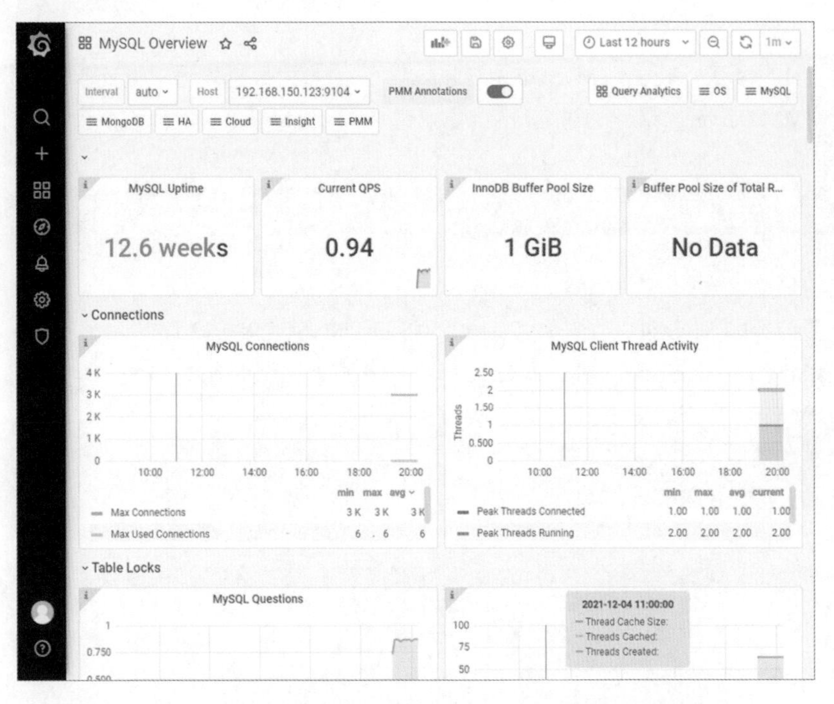

图 12-43　使用 Grafana 展示 Prometheus 中 MySQL 的监控数据

至此，完成使用 Grafana 展示 Prometheus 中 MySQL 的监控数据。

12.4 使用 PMM 监控 MySQL

PMM（Percona Monitoring and Management）是一款免费的开源监控工具，可以用来监控MySQL、MongoDB和PostgreSQL等数据库。对于MySQL，以及InnoDB、TokuDB、PXC 和慢查询语句的监控 Dashboard 来说，PMM 非常适合作为 MySQL 的企业级监控方案。本节主要介绍使用 PMM 监控 MySQL。

12.4.1 架构图

使用 PMM 监控 MySQL 的架构图如图 12-44 所示。

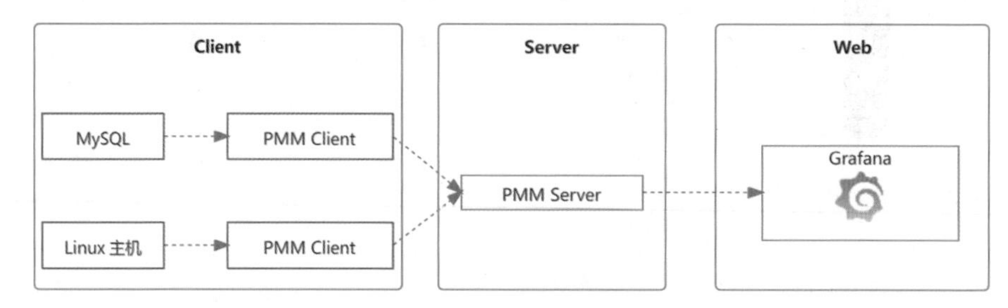

图 12-44 使用 PMM 监控 MySQL 的架构图

由图 12-44 可以看出，MySQL 和 Linux 主机的监控数据均通过 PMM Client 获取，并传给 PMM Server，最终通过 Grafana 展示。

12.4.2 实验环境

实验环境大致如下。

- 被监控的 MySQL 机器：192.168.150.123（MySQL 8.0.22）。
- PMM Server 机器/Docker 机器：192.168.150.253（PMM 2.14.0、Docker 1.13.1，PMM 要求 Docker 是 1.12.6 或更高的版本）。
- 服务器版本均为 CentOS 7.4。
- 防火墙、SELinux 均关闭。

12.4.3 安装并启动 Docker

安装 Docker：

```
yum install -y docker
```

启动 Docker：

```
systemctl start docker
```

12.4.4　安装 PMM Server

拉取 PMM Server 的镜像：

```
docker pull percona/pmm-server:latest
```

创建 PMM 数据容器：

```
docker create --volume /srv --name pmm-data percona/pmm-server:2
/bin/true
```

创建 PMM 服务器容器：

```
docker run --detach --restart always -p 8080:80 -p 443:443 --volumes-
from pmm-data --name pmm-server percona/pmm-server:2
```

访问 PMM 的 Web 界面——PMM Server 所在机器的 IP:8080（如果按照这次的实验环境则为 192.168.150.253:8080），可以看到如图 12-45 所示的界面，用户名和密码都是 admin。

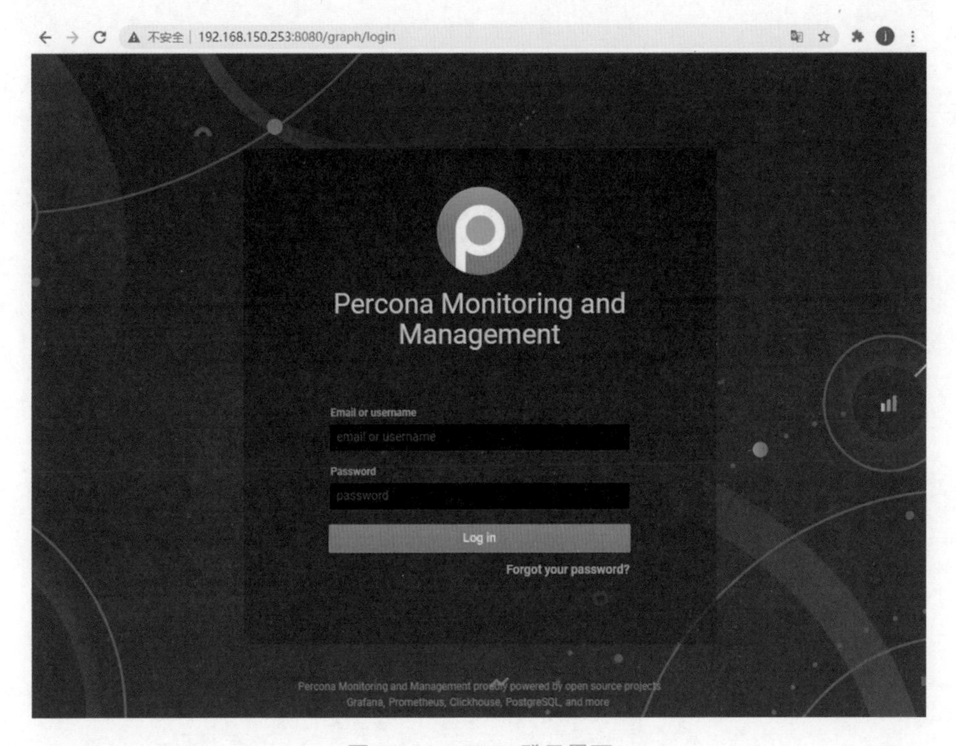

图 12-45　PMM 登录界面

登录之后弹出的界面如图 12-46 所示。

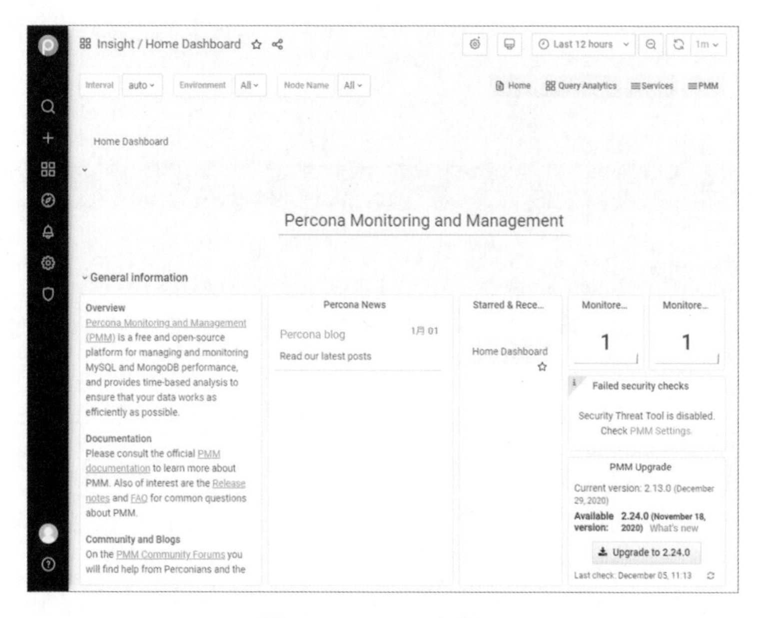

图 12-46　PMM 主界面

至此，完成 PMM Server 的安装。

12.4.5　安装 PMM Client

在 Percona 下载页面选择对应的 pmm-client 并下载，如图 12-47 所示。

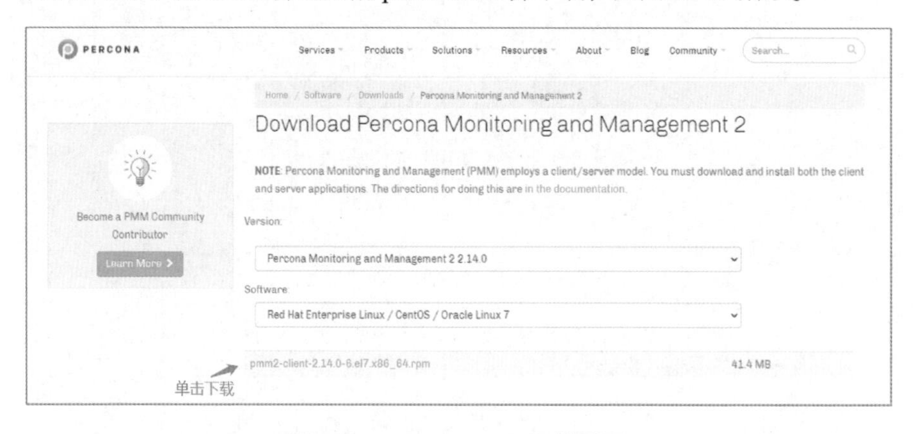

图 12-47　PMM Client 下载界面

先将下载的 RPM 包传到需要部署 PMM Client 的机器上，然后进行安装：

```
[root@node3 ~]# yum install pmm2-client-2.14.0-6.el7.x86_64.rpm -y
```

确定是否安装成功：

```
[root@node3 ~]# pmm-admin  --version
```

```
    ProjectName: pmm-admin
    Version: 2.14.0
    PMMVersion: 2.14.0
    Timestamp: 2021-01-28 12:36:39 (UTC)
    FullCommit: cdf593c6774c3c239aaf22fff27e9e7aa1364a60
```

12.4.6 PMM Client 连接 PMM Server

在安装好 PMM Client 的机器上，执行下面的命令连接 PMM Server：

```
    pmm-admin config --server-insecure-tls --server-url=https://admin:
admin@192.168.150.253:443
```

- 192.168.150.253 表示 PMM Server 的 IP 地址。
- admin/admin 是 PMM 的用户名和密码，与登录 PMM 界面的用户名和密码一致。

执行完成后会显示如下内容：

```
    Checking local pmm-agent status...
    pmm-agent is running.
    Registering pmm-agent on PMM Server...
    Registered.
    Configuration  file  /usr/local/percona/pmm2/config/pmm-agent.yaml
updated.
    Reloading pmm-agent configuration...
    Configuration reloaded.
    Checking local pmm-agent status...
    pmm-agent is running.
```

12.4.7 配置 MySQL 监控

在 MySQL 中创建 PMM 用于获取监控数据的用户：

```
    create user 'pmm_user'@'127.0.0.1'  identified by 'PmmIHBN66QWE!';
    grant select, process, super, replication client, reload on *.* to
'pmm_user'@'127.0.0.1';
```

在 PMM Client 所在的机器上执行下面的命令，将 MySQL 添加到 PMM 中：

```
    pmm-admin add mysql --username pmm_user --password 'PmmIHBN66QWE!'
mysql-192.168.150.123 127.0.0.1:3306
```

此时会显示如下提示信息：

```
    MySQL Service added.
    Service ID  : /service_id/c18f7eb3-85a5-46a8-8345-ff679ea3cc49
    Service name: mysql-192.168.150.123

    Table statistics collection enabled (the limit is 1000, the actual
table count is 347).
```

查看添加的服务：

```
pmm-admin list
```

此时会显示如下内容：

```
Service type              Service name                     Address
and port      Service ID
MySQL                  mysql-192.168.150.123            127.0.0.1:
3306       /service_id/c18f7eb3-85a5-46a8-8345-ff679ea3cc49

Agent type                Status     Metrics Mode   Agent ID
Service ID
pmm_agent                Connected    /agent_id/fd9aa162-3d2c-4c14-
b7cd-9560669c2827
node_exporter             Running    pull  /agent_id/5b836a0c-c268-
4dcd-be2f-f882c442a750
mysqld_exporter           Running    pull  /agent_id/61382115-a0e1-
4221-a31b-e3761c84d028
/service_id/c18f7eb3-85a5-46a8-8345-ff679ea3cc49
mysql_slowlog_agent        Running       /agent_id/876bd1ac-e0a9-4d3a-
b14b-416b313f5b73 /service_id/c18f7eb3-85a5-46a8-8345-ff679ea3cc49
vmagent                  Running    push  /agent_id/2496ba6e-59a8-
42ad-8b4c-716a8c17168c
```

12.4.8 打开监控页面

再次打开 PMM 界面——PMM Server 所在机器的 IP:8080（如果按照这次的实验环境则为 192.168.150.253:8080），登录后就可以看到监控数据。

如图 12-48 所示，选择对应的 Dashboard 和 Service Name，可以看到 MySQL 的监控数据。

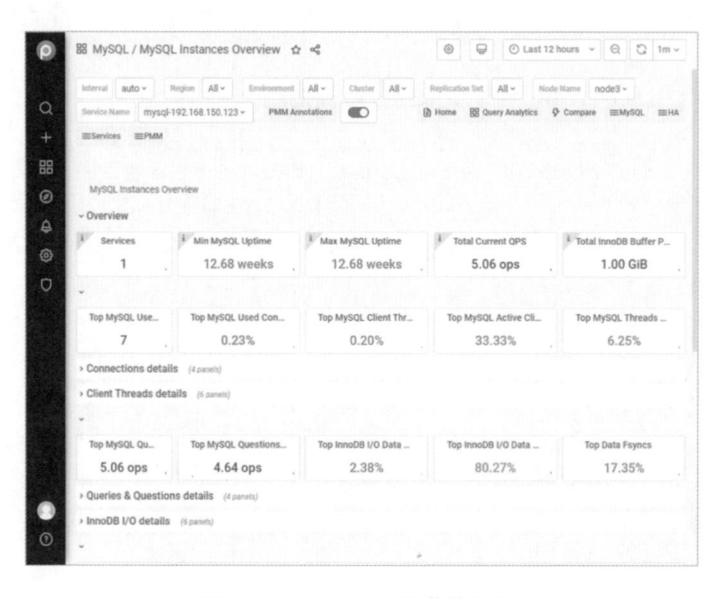

图 12-48 MySQL 的监控数据

如图 12-49 所示，选择对应的 Dashboard 和 Node Names，可以看到操作系统的监控数据。

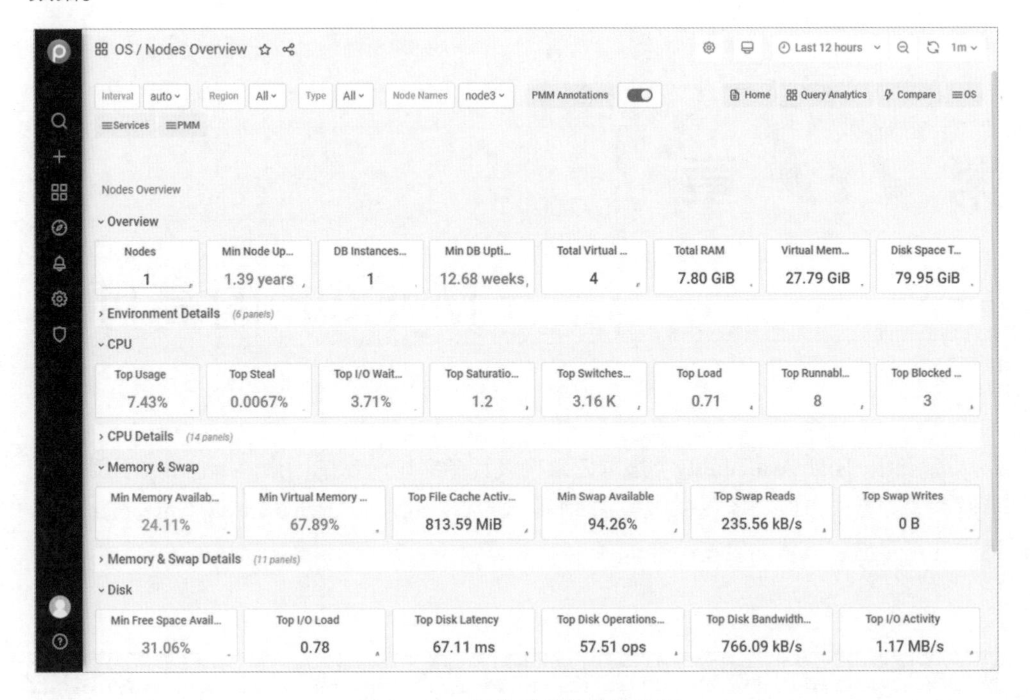

图 12-49　操作系统的监控数据

至此，使用 PMM 监控 MySQL 的内容就介绍完了。

12.5　总结

确定合适的监控项，并对这些监控项进行监控，在出现问题时第一时间进行处理，这样才能保证 MySQL 高可用、高性能的运行。

监控方案有很多，本章没有列出所有监控方案，读者可以在本章提到的 Zabbix、Prometheus、PMM 中任选一种进行实验。

第 13 章

MySQL 的高可用

高可用（High Availability）是系统架构设计中必须考虑的因素之一。高可用通常是指通过设计减少系统不能提供服务的时间。通常用 SLA（Service Level Agreement）描述服务可用性，具体的度量标准如表 13-1 所示。

表 13-1 服务可用性的度量标准

描 述	通 俗 叫 法	可 用 性	年度停机时间
基本可用性	99	99%	87.6 小时
较高可用性	999	99.9%	8.8 小时
高可用性	9999	99.99%	53 分钟
极高可用性	99999	99.999%	5 分钟

目前，大多数互联网公司都要求数据库达到 SLA 9999 级别。本章主要介绍互联网企业常用的 MySQL 高可用解决方案。

13.1 MHA

MHA（Master High Availability）是目前比较成熟的高可用解决方案之一，在互联网领域的应用非常广泛。作为一款优秀且成熟的高可用解决方案，MHA 能够在 30 秒内自动完成数据库的故障切换操作，并且能够尽可能保证数据一致，是一款真正意义上的高可用中间件。常见的解决方案有 MHA+VIP、MHA+DNS、MHA+ZooKeeper 等，很多大型工厂还会对 MHA 做定制化开发。本节主要介绍 MHA+VIP 解决方案。

13.1.1 架构体系

MHA + VIP 的体系架构如图 13-1 所示。

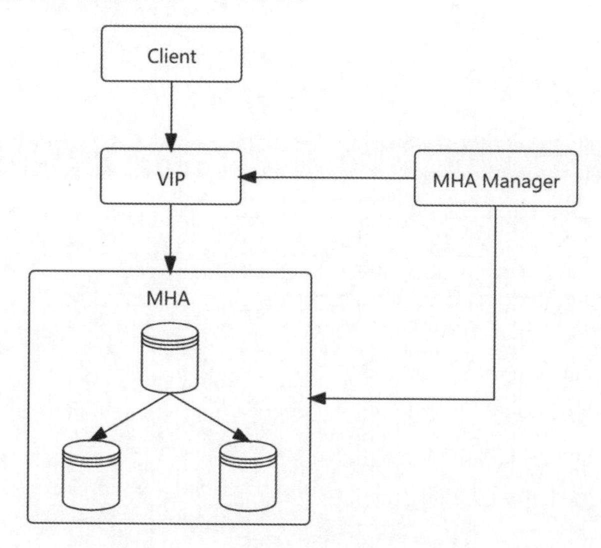

图 13-1 MHA + VIP 的体系架构

如图 13-1 所示，用户通过 VIP 访问数据库，MHA Manager 负责数据库探活（判断数据库是否正常）和故障切换，故障切换完毕后 MHA 将 VIP 绑定到新的主节点。

13.1.2 MHA 工具包

MHA 服务有两种角色，即 Manager（管理）节点和 Node（数据）节点。MHA 通过多个工具支持两种角色的工作，具体如下。

支持 Manager 节点的工作如下。

- masterha_check_ssh：检测 MHA 的 SSH 配置情况。
- masterha_check_repl：检测 MySQL 的复制状况。
- masterha_manager：启动 MHA。
- masterha_check_status：检测当前 MHA 的运行状态。
- masterha_master_monitor：检测 Master 节点是否宕机。
- masterha_master_switch：控制故障转移（自动或手动）。
- masterha_conf_host：添加或删除配置的 Server 信息。

支持 Node 节点的工作如下。

- save_binary_logs：Master 节点发生故障后，复制和保存 Master 节点的 Binlog。
- apply_diff_relay_logs：Relay Log 的差异对比。
- purge_relay_logs：清除中继日志。

13.1.3 部署和配置 MHA

环境

测试环境如表 13-2 所示。

表 13-2 测试环境

主 机	节 点	部 署 服 务
192.168.147.100	主节点	MySQL 实例，Node 节点
192.168.147.101	从节点	MySQL 实例，Node 节点、Manager 节点
192.168.147.102	从节点	MySQL 实例，Node 节点

VIP 地址：192.168.147.200。

操作系统：Linux CentOS 7.6。

数据库：MySQL 8.0。

MHA：mha4mysql-0.58。

实验部署拓扑图如图 13-2 所示。

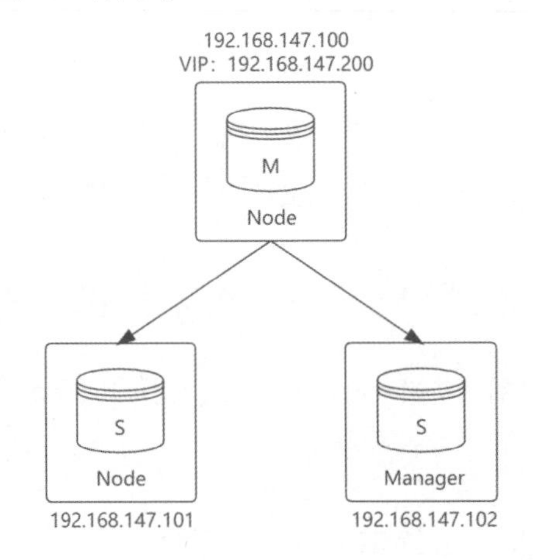

图 13-2 实验部署拓扑图

环境准备

所有节点进行初始化，关闭防火墙，关闭 SELinux：

```
[root@master ~]# hostnamectl --static set-hostname master
[root@master ~]# systemctl status firewalld.service
[root@master ~]# systemctl stop firewalld.service
[root@master ~]# systemctl disable firewalld.service
[root@master ~]# getenforce
Enforcing
[root@master ~]# setenforce 0
[root@master ~]# vim /etc/selinux/config
# 修改 SELINUX=disabled
```

安装软件

在 192.168.147.102 主机上安装 Manager 节点，需要先安装依赖包：

```
[root@manager ~]# yum install -y perl-Config-Tiny epel-release perl-Log-Dispatch perl-Parallel-ForkManager perl-Time-HiRes
```

在 GitHub 官网下载 mha4mysql-manager-0.58-0.el7.centos.noarch.rpm，并通过下面的方式安装：

```
[root@manager ~]# rpm -ivh mha4mysql-manager-0.58-0.el7.centos.noarch.rpm
```

作者建议每个节点都安装 Manager 节点，以便于故障切换后主节点的转移。

所有节点都要安装 Node 节点，首先在 GitHub 官网下载 mha4mysql-node-0.58-0.el7.centos.noarch.rpm，然后安装：

```
[root@manager ~]# yum install -y perl-DBD-MySQL
[root@manager ~]# rpm -ivh mha4mysql-node-0.58-0.el7.centos.noarch.rpm
```

主机互信

3 个 MHA 节点配置 SSH 互信。

配置 SSH 互信的原因：当 Master 节点宕机后，MHA 需要通过 SSH 执行一些 Failover 的必要操作，如 Binlog 补齐操作。

下面的操作可以在所有节点上执行：

```
[root@manager ~]# ssh-keygen -t rsa        # 一直按 Enter 键
[root@manager ~]# ssh-copy-id -i .ssh/id_rsa.pub root@192.168.147.101
[root@manager ~]# ssh-copy-id -i .ssh/id_rsa.pub root@192.168.147.102
[root@manager ~]# ssh-copy-id -i .ssh/id_rsa.pub root@192.168.147.100
```

主从复制的搭建

主从复制的搭建请参考 9.1 节，此处不再赘述。

配置

```
# 创建目录
[root@manager ~]# mkdir /etc/masterha
# 创建配置文件
[root@manager ~]# vim app.cnf
[server default]
manager_log=/etc/masterha/mha.log
manager_workdir=/etc/masterha/
master_binlog_dir=/var/lib/mysql
master_ip_online_change_script=/etc/masterha/master_ip_online_change
master_ip_failover_script=/etc/masterha/master_ipfailover
password=yuezhuanlan
```

```
ping_interval=1
remote_workdir=/tmp
repl_password=Njkwm99hNNe1g7o8
repl_user=repl
ssh_user=root
user=root

[server1]
hostname=192.168.147.100
port=3306

[server2]
candidate_master=1
check_repl_delay=0
hostname=192.168.147.101
port=3306

[server3]
hostname=192.168.147.102
port=3306
```

下面对 MHA 的常用参数进行解释。

- hostname：目标实例的主机名或 IP 地址。
- ip：目标实例的 IP 地址。
- port：目标实例的端口，默认是 3306。
- ssh_host：从 MHA 0.53 版本开始支持，参数的取值默认和 hostname 参数的取值相同，如果使用了 VLAN 隔离，如为了安全，把 SSH 网段和访问数据库实例的网段分开使用两个不同的 IP 地址，那么就需要单独配置这个参数。
- ssh_ip：从 MHA 0.53 版本开始支持，参数的取值默认与 ssh_host 参数的取值相同。
- ssh_port：从 MHA 0.53 版本开始支持，目标数据库的 SSH 端口，默认是 22。
- ssh_connection_timeout：从 MHA 0.54 版本开始支持，默认是 5 秒，增加该参数之前这个超时时间是固定的。
- ssh_options：从 MHA 0.53 版本开始支持，额外的 SSH 命令行选项。
- candidate_master：从不同的从实例中，提升一个可靠的机器作为新主。如果在目标服务器的配置段设置 candidate_master = 1，那么主从切换时，该实例将优先选择 master。此参数对于跨机房部署特别有用。
- no_master：如果目标实例配置 no_master =1，那么它永远也不会被选为新主，用于配置在不想用于接管主库故障的从库上。例如，Binlog Server 实例或硬件配置比较差的从库，又或者这个从库只是一个远程灾备的从库。但不能把所有的从库都配置这个参数，这样 MHA 检测到没有可用备用主实例时，会中断故障转移操作。
- ignore_fail：在默认情况下，MHA 在做故障转移时，会检测所有的 Server，如果发现任何从库有问题（如不能通过 SSH 检测主机或 MYSQL 的存活，或者有 SQL

线程复制错误等）就不会进行故障转移操作，但是，有时可能需要在特定从库有故障的情况下，仍然继续进行故障转移，这时可以使用这个参数指定它。ignore_fail 参数的默认值是 0，需要设置时在对应服务器的配置段下添加 ignore_fail=1。

- skip_init_ssh_check：当监控程序启动时，跳过 SSH 连接检测。
- skip_reset_slave：从 MHA 0.56 开始支持，Master 故障转移之后，跳过执行 reset slave all 语句。

VIP 绑定

```
#192.168.147.101 主节点绑定 VIP
[root@manager ~]# /sbin/ip addr add 192.168.147.200 dev eth0
```

脚本编写

读者既可以根据作者提供的脚本（GitHub 上的 master_ip_failover 脚本和 master_ip_online_change 脚本）自行添加 VIP 切换，也可以参考第三方脚本，此处不再赘述。

互信测试

```
[root@manager ~]# /usr/local/bin/masterha_check_ssh --conf=/u01/mha/
etc/app.cnf...Tue Jun  1 17:01:47 2021 - [info] All SSH connection tests
passed successfully.
```

健康检查

```
[root@manager ~]# masterha_check_repl -conf=/etc/masterha/app1.cnf
...MySQL Replication Health is NOT OK!
```

启动

```
[root@manager ~]# nohup masterha_manager --conf=/etc/mha/app1.cnf
--remove_dead_master_conf --ignore_last_failover  < /dev/null> /var/
log/mha/app1/manager.log 2>&1 &[1] 46234
-conf=/etc/mha/app1.cnf # 指定配置文件 -remove_dead_master_conf # 剔除
已经死亡的节点 -ignore_last_failover # 默认不能短时间(8 小时)多次切换，此参数跳
过检查
```

查看运行状态

```
[root@manager ~]# masterha_check_status --conf=/etc/mha/app1.cnfapp1
(pid:4406) is running(0:PING_OK), master:192.168.147.100
```

13.1.4　原理

探活

探活的核心功能主要由 MHA::HealthCheck::wait_until_unreachable 实现。

（1）MHA::HealthCheck::wait_until_unreachable 通过一个死循环检测 4 次，每次休

眠 ping_interval 秒（这个值在配置文件中指定，参数是 ping_interval），持续 4 次失败，就认为数据已经宕机。

（2）如果有二路检测脚本，需要使用二路检测脚本检测到主库宕机才是真正的宕机，否则只是退出死循环，结束检测，不切换。

（3）通过添加锁来保护数据库的访问，防止脚本多次启动。

（4）MHA::HealthCheck::wait_until_unreachable 可以调用 3 种检测方法，即 ping_select、ping_insert、ping_connect。

选主

MHA 在选择新主时，会将所有存活的从库分为以下几类。

- 存活节点组：所有存活的从节点。
- latest 节点组：选取 Binlog 最近的从节点作为 latest 节点。
- 优选节点组：选取配置文件中指定了 candidate_master=1 的存活从节点。
- 劣质节点组：不参与选主的从节点（参数配置 no_master=1 节点）；未开启 Binlog 的从节点；复制延迟超过一个文件位置或 100 000 000 个位点的从节点。

选主顺序为从上至下依次筛选。

（1）当优选节点组和劣质节点组的数量为 0 时，选主方式为 latest 节点组中的第一个从节点。

（2）选择第一个属于 latest 节点组和优选节点组但不属于劣质节点组的从节点。

（3）选择第一个属于优选节点组但不属于劣质节点组的从节点。

（4）选择第一个属于 latest 节点组但不属于劣质节点组的从节点。

（5）选择第一个属于存活节点组但不属于劣质节点组的从节点。

13.1.5 小结

以下内容为作者的学习心得和使用心得。

（1）如果 MHA Manger 节点和数据库 Master 节点在不同的网络中，那么可能会因为短时间的网络问题触发 Failover 而造成 VIP“脑裂”现象。

解决办法如下。

- 设置 masterha_secondary_check 脚本增加第三方检测。
- 尽量保证 Manager 节点在同一网段，并添加监控。

（2）如果 MySQL 采用单机多实例部署方式，那么 VIP 的切换会影响其他实例的使用。

解决办法：采用非 VIP 切换方式，以及 DNS 切换、中间件切换、ZK 切换等。当然，通常不建议采用单机多实例部署方式。

（3）在 GTID 复制模式下做 Failover 会跳过 save_master_binlog 阶段。

解决方法如下。

- 配置 Binlog Server 或把主库配置成 Binlog Server。虽然在 save_master_binlog 阶段不做 Save Binlog，但是在 recover_master 过程中会调用 Binlog Server 补齐日志。
- 将 MySQL 升级至 5.7 版本并采用半同步复制模式。

（4）新主 Binlog 缺失问题。

因为 GTID 复制模式不指定复制位点，直接使用 GTID 编号来同步，所以在实际使用过程中，切换之后新的 GTID 必须是连续的才能设置成功。这样可能会出现新主在很久以前执行过产生 Binlog 事件的命令（如更改用户权限），随着时间的推移，这些日志可能已经被清理掉了。这样被提升为新主后就会出现从库找不到 Binlog 的情况。

解决办法：从库开启只读模式、从库用户只提供 select 权限、设置 Binlog 事件监控等。当然，如果问题已经发生且日志确认可丢失，那么可以选择补齐 GTID 的方式解决。

（5）MHA Manager 进程在完成 Failover 后会退出。

解决办法：部署 daemontools 工具，使 Manager 以守护进程的方式运行。

（6）两次 Failover 的时间小于 8 小时导致 Failover 失败。

解决办法：在启动 MHA 时增加--ignore_last_failover 参数。

（7）某一 Slave 故障导致 Failover 失败。

解决办法：在配置文件中添加 ignore_fail 参数。

（8）Relay Log 被误清理怎么办?

MySQL 主从复制在默认情况下，从库的 Relay Log 会在 SQL 线程执行完毕后自动删除，但是在 MHA 场景下，某些滞后从库的恢复依赖于其他从库的 Relay Log。

解决办法如下。

- 设置 relay_log_purge 参数为 0。
- 使用 purge_relay_logs 脚本定时清理 Relay Log。

提醒：

purge_relay_logs 脚本在清理 Relay Log 的过程中会采用 ln -l 方式归档最近一个 Relay Log，不会出现 Recover Slave 过程中找不到 Relay Log 的情况。

（9）ping_type 怎么选择?

答：MHA 默认建立一个长连接，并通过 select 1 (ping_type=SELECT)检查连通性。但是在某些情况下，最好通过连接/断开的方式检查，因为它可以更严格地检查 TCP 的可连接性，设置开启 ping_type=connect。

（10）MySQL 三层架构怎么使用 MHA?

答：设置 multi_tier_slave 参数，从 MHA Manager 0.52 版本开始支持多层架构。在默认情况下，它不支持三层或三层以上的级联复制。

（11）在 MHA Failover 过程中，new master 和 slaves 的恢复顺序是怎样的?

答：先对 new master 做日志补偿，然后对 slaves 做日志补偿。

（12）MHA 是怎样获取 latest slave 的?

答：先使用 show slave status 命令获取 Master_Log_File 参数的值、Read_Master_Log_Pos 参数的值，然后通过比较这两个值来获取 latest slave。

13.2 Orchestrator

Orchestrator 是一款成熟的 MySQL 高可用中间件，采用 Go 语言编写，具有拓扑发现、集群重塑、拓扑恢复等功能。

13.2.1 主要功能

- 拓扑发现：Orchestrator 先主动搜寻并记录 MySQL 节点的主从配置、复制状态等基础信息，然后进行拓扑映射。即使发生故障，Orchestrator 依然可以提供出色的可视化拓扑图。
- 集群重塑：Orchestrator 了解复制规则。它能准确识别复制类型，如 Binlog 位点复制、GTID 复制、伪 GTID 复制、Binlog Server。Orchestrator 还提供了复制检查功能，可以保证副本的移动安全可靠。
- 拓扑恢复：Orchestrator 定义了 30 种故障模型，根据集群拓扑信息可以精准识别故障类型。针对不同的故障类型，Orchestrator 还提供了 15 种恢复执行计划，大大降低了恢复失败的概率。

13.2.2 优势

相较于 MHA，Orchestrator 有以下几个优势。

- 可视化：Orchestrator 提供了整洁的可视化界面。
- 拓扑发现：Orchestrator 提供的拓扑自动发现功能大大简化了集群管理。
- 高可用：Orchestrator 自身基于 Raft 一致性算法实现高可用。
- 安全：Orchestrator 强大的审计功能，让每一步操作都有迹可循。
- 精准：Orchestrator 定义了多达 30 种故障模型，大大降低了误切的可能性。
- 高效：Orchestrator 提供了 200 多个 API 来帮助用户管理 MySQL。
- 快速：3 秒发现故障，7 秒完成切换。

13.2.3 高可用

和其他高可用中间件一样，Orchestrator 的高可用实现也可以分为两步。

故障检测

函数入口：ContinuousDiscovery→CheckAndRecover→GetReplicationAnalysis。

故障检测的工作周期为 1 秒。故障检测流程如图 13-3 所示。

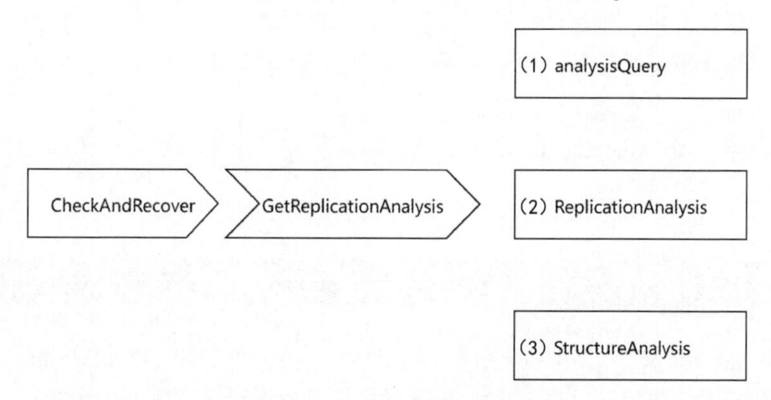

图 13-3　故障检测流程

（1）获取集群拓扑信息：通过 select 语句从后端获取 Binlog 位点、探活是否有效、从库复制情况等集群拓扑信息。

（2）定义故障类型：通过获取的集群拓扑信息判定故障类型。

（3）探测潜在故障：除了判定故障类型，还会探测集群可能存在的潜在故障。Orchestrator 一共定义了包括 err1236 在内的 15 种潜在故障类型。

故障恢复

函数入口：ContinuousDiscovery→CheckAndRecover→executeCheckAndRecover Function。

故障恢复的工作周期也是 1 秒。故障恢复流程如图 13-4 所示。

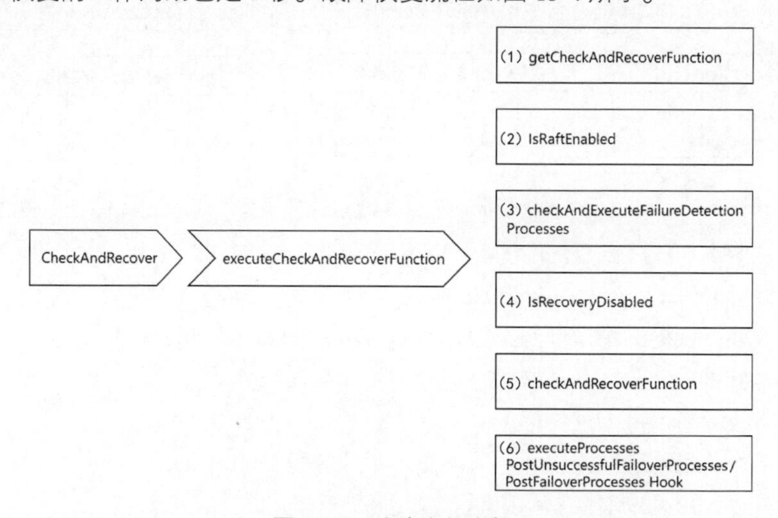

图 13-4　故障恢复流程

（1）获取恢复执行计划：Orchestrator 一共定义了 15 种执行计划，并且可以根据不同的故障类型选择不同的执行计划。

（2）Leader 节点检查：Orchestrator 集群只有 Leader 节点有权限执行恢复操作。

（3）故障注册：对于每个故障，只有注册成功后才能执行后续的恢复操作。

（4）全局恢复设置检查：检查是否开启了全局恢复禁止，如果有则中断恢复。

（5）执行第一个步骤中获取的执行计划。

（6）调用 PostUnsuccessfulFailoverProcesses/PostFailoverProcesses Hook，Hook 的作用会在 13.2.8 节详细介绍。

13.2.4 执行计划

Orchestrator 定义了 15 种执行计划，本节主要介绍故障类型 DeadMaster。

故障定义：主节点无法访问，并且所有从节点的复制都处于失败状态。

判断标准：主节点访问失败；从节点访问正常，但所有从节点的复制都处于失败状态。

DeadMaster 的执行计划为 checkAndRecoverDeadMaste。

函数入口：CheckAndRecover→executeCheckAndRecoverFunction→ checkAndRecover DeadMaster。

执行计划的详细流程如图 13-5 所示。

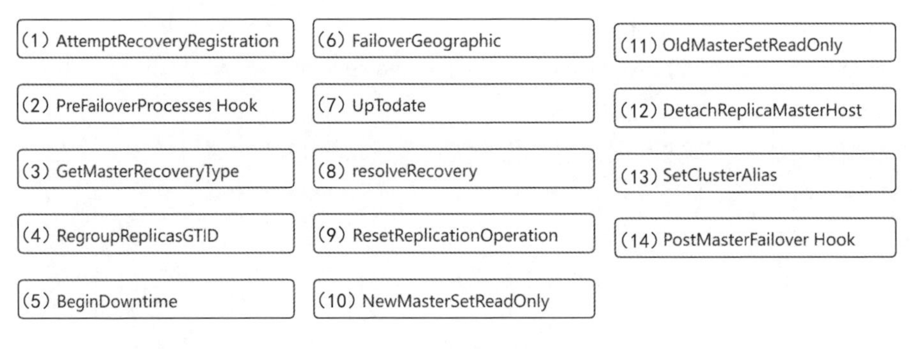

图 13-5　执行计划的详细流程

（1）注册本次故障恢复。

（2）调用 PreFailoverProcesses Hook。

（3）获取待恢复的集群复制类型，如 GTID、伪 GTID、Binlog 位点。

（4）集群重塑：选主、集群拓扑调整，后面会详细介绍。

（5）为故障节点打上维护标签。

（6）切换前的地理位置检测：如果做了不允许跨 DC（Data Center，数据中心）故障转移的设置，那么本次恢复将中断。

（7）检查新主的复制延时是否超过阈值，如果超过则中断本次恢复。

（8）解析本次恢复，为本次恢复加上成功或失败的标签。

（9）新主执行：stop slave 和 reset slave all。

（10）新主执行：set read only false。

（11）尝试旧主执行：set read only true。

（12）在新主上执行分离操作：在新主上利用 change master to master_host="//host" …命令为 master_host 加上注释标签，防止旧主复活后新主重新挂载。这一步和第九个步骤互斥。

（13）替换集群名。

（14）调用 PostMasterFailover Hook。

13.2.5　集群重塑

执行计划中最关键的就是 RegroupReplicasGTID（集群重塑），接下来介绍 Orchestrator 的集群重塑。

集群重塑一共有 3 个主要工作：选主、复制检查、结构调整。

选主

- 同 DC、同物理环境（如同机架、同机器）的检查。
- 提升权限检查：must > prefer。
- 副本有效性检查：检查副本是否开启 Binlog、检查副本是不是伪副本（Binlog Server）。
- 提升权限被禁止检查：候选副本被禁止参与选主（“被禁止”包含 PromoteRule 禁止和配置文件中 PromotionIgnoreHostnameFilters 参数禁止）。
- 版本检查：版本不低于集群中的大多数版本。
- Binlog 格式检查：Binlog 格式不小于集群中的最大 Binlog 格式（比较规则为 ROW>MIX>STATEMENT）。

复制检查

复制检查主要是执行有效从节点到新主节点的复制可行性检查，具体如下。

- 检查新主是否开启 Binlog。
- 检查新主是否开启 log_slave_updates 参数。
- 比较从节点和主节点的版本：从库版本是否比主库版本小、从库是否是 Binlog Server。
- 从库在开启 Binlog 和 log_slave_updates 参数的情况下，检查从库的 Binlog 格式是否低于新主的。
- 排除被复制筛选掉的从节点（VerifyReplicationFilters 参数控制开关）。

- 检查 Server ID 是否相等。
- 检查 UUID 是否相等且不得为空。
- 检查是否从库 sqldelay（主从延迟时间）< 新主 sqldelay 且主库 sqldelay > ReasonableMaintenanceReplicationLagSeconds。

结构调整

结构调整主要分为三步。

- StopReplication：从节点有效性检查，执行 stop slave 语句。
- ChangeMasterTo：检查从节点 I/O 线程和 SQL 线程是否停止，新主 Hostname 解析，执行 change master to master_host=?, master_port=?语句。
- StartReplication：执行 start salve 语句。

13.2.6 部署和配置 Orchestrator

实战环境如表 13-3 所示。

表 13-3 实战环境

主 机	部署服务	节 点
192.168.147.100	MySQL 实例	主节点
192.168.147.101	MySQL 实例	从节点
192.168.147.102	MySQL 实例	从节点
192.168.147.103	Orchestrator	主节点
192.168.147.104	Orchestrator	从节点
192.168.147.105	Orchestrator	从节点

操作系统：Linux CentOS 7.6。

数据库：MySQL 8.0。

Orchestrator 的实战架构如图 13-6 所示。

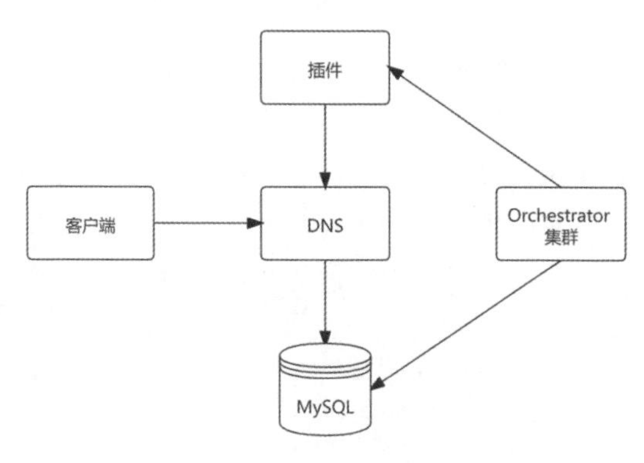

图 13-6 Orchestrator 的实战架构

安装

```
# 192.168.147.103、192.168.147.104、192.168.147.105 部署
[root@manager ~]# mkdir -p /usr/local
[root@manager orchestrator]# cd /usr/local
[root@manager orchestrator]# tar xzfv orchestrator-1.0.tar.gz
[root@manager   orchestrator]#   cd   orchestrator   &&   rpm   -i
orchestrator-1.0-1.x86_64.rpm
```

配置

默认配置文件为 conf/orchestrator.conf.json、/etc/orchestrator.conf.json。读者可参考如下文件进行配置：

```
{
  "Debug": false,
  "ListenAddress": ":3000",
  "HostnameResolveMethod":"ip",
  "MySQLTopologyUser": "orchestrator",
  "MySQLTopologyPassword": "orchestrator",
  "MySQLHostnameResolveMethod": "none",
  "MySQLConnectionLifetimeSeconds": 60,
  "MySQLOrchestratorHost": "127.0.0.1",
  "MySQLOrchestratorPort": 3306,
  "MySQLOrchestratorDatabase": "orchestrator",
  "MySQLOrchestratorUser": "orch",
  "MySQLOrchestratorPassword": "orch",
  "ProcessesShellCommand":                    "bash",
  "BackendDB": "mysql",
  "DataCenterPattern": "([^d.]+[.][^.]+)[.]",
  "RecoverMasterClusterFilters": ["*"],
  "RecoverIntermediateMasterClusterFilters": ["*"],
  "AuthenticationMethod":"basic",
  "HTTPAuthUser":"admin",
  "HTTPAuthPassword":"admin",
  "ServeAgentsHttp":true,
  "RaftEnabled":true,
  "RaftDataDir":"/var/lib/orchestrator",
  "RaftBind":"192.168.147.103", // 不同节点选择不同的 IP 地址
  "DefaultRaftPort":10008,
  "RaftNodes":[
  "192.168.147.103",
  "192.168.147.104",
  "192.168.147.105"
  ]
}
```

拓扑用户授权：

```
create user 'orchestrator'@'orch_host' identified by 'orch_topology_
password'; grant super, process, replication slave, reload on . to
'orchestrator'@'orch_host'; grant select on mysql.slave_master_info to
'orchestrator'@'orch_host';  grant  select  on  ndbinfo.processes  to
'orchestrator'@'orch_host'; - Only for NDB Cluster
```

启动

```
cd /usr/local/orchestrator && ./bin/orchestrator http >> ./log/
orchestrator_test.log 2>&1 &
.....
2021-04-27 11:20:38 INFO Starting Discovery
2021-04-27 11:20:38 INFO Registering endpoints
2021-04-27 11:20:38 INFO continuous discovery: setting up
2021-04-27 11:20:38 INFO continuous discovery: starting
2021-04-27 11:20:38 DEBUG Queue.startMonitoring(DEFAULT)
2021-04-27 11:20:38 INFO Starting HTTP listener on :3000
```

至此，完成 Orchestrator 的部署，访问 Orchestrator 主页，即 http://IP:3000。

13.2.7 参数配置

Orchestrator 的一些重要参数及其含义如下。

- Debug：是否开启 debug。
- ListenAddress：监听端口。
- MySQLTopologyUser：拓扑发现用户。
- MySQLTopologyPassword：拓扑发现密码。
- HostnameResolveMethod：Hostname 解析方式，可选择 cname、default、none，默认为 default。
- MySQLOrchestratorHost：Orchestrator 后端数据库地址用于存储元数据信息。
- MySQLOrchestratorPort：Orchestrator 后端数据库端口。
- MySQLOrchestratorDatabase：Orchestrator 后端数据库。
- MySQLOrchestratorUser：Orchestrator 后端数据库用户。
- MySQLOrchestratorPassword：Orchestrator 后端数据库密码。
- ProcessesShellCommand：Hook 调用命令。
- BackendDB：Orchestrator 后端数据库类型，可选择 MySQL、SQLite。
- DataCenterPattern：DC 配置，正则匹配方式。
- RecoverMasterClusterFilters：Recover 过滤配置，正则匹配方式。
- RecoverIntermediateMasterClusterFilters：Recover 中间主过滤，正则匹配方式。
- AuthenticationMethod：认证方式，可选值有 basic、read。
- HTTPAuthUser：认证用户。
- HTTPAuthPassword：认证密码。
- RaftEnabled：开启 Raft 集群模式。
- RaftDataDir：集群工作目录，存放临时数据。
- RaftBind：Raft 集群监听 IP 地址。

- DefaultRaftPort：Raft 集群监听 IP 地址。
- RaftNodes：所有节点。

13.2.8 Hook 介绍

Orchestrator 在故障检测和拓扑恢复过程前后提供了多个 Hook（钩子）作为用户自定义的接口，可以利用这些 Hook 实现消息推送，以及 VIP、DNS、中间件切换等操作。

可配置的 Hook 如下。

- OnFailureDetectionProcesses：检测到故障时调用。
- PreGracefulTakeoverProcesses：拓扑恢复执行计划生成后调用，主要用于手动恢复过程。
- PreFailoverProcesses：准备开始执行拓扑恢复前调用。
- PostMasterFailoverProcesses：主节点切换成功后调用。
- PostIntermediateMasterFailoverProcesses：中间主切换成功后调用。
- PostFailoverProcesses：拓扑恢复完成后调用。
- PostUnsuccessfulFailoverProcesses：切换失败后调用。
- PostGracefulTakeoverProcesses：旧主挂载完毕后调用。
- PostTakeMasterProcesses：take-master 切换成功后调用。

使用 Hook 的例子如下：

```
{
  "OnFailureDetectionProcesses": [
    "echo 'Detected {failureType} on {failureCluster}. Affected
replicas: {countReplicas}' >> /tmp/recovery.log"
  ],
}
```

在配置文件中配置 OnFailureDetectionProcesses 参数可以通过执行脚本或命令来实现通知、网络防抖等功能，其中{failureType}、{failureCluster}、{countReplicas}等都是 Orchestrator 提供的魔术变量。

可用的魔术变量如下。

环境变量

- ORC_FAILURE_TYPE。
- ORC_INSTANCE_TYPE：master、co-master 和 intermediate-master。
- ORC_IS_MASTER (true/false)。
- ORC_IS_CO_MASTER (true/false)。
- ORC_FAILURE_DESCRIPTION。
- ORC_FAILED_HOST。
- ORC_FAILED_PORT。

- ORC_FAILURE_CLUSTER。
- ORC_FAILURE_CLUSTER_ALIAS。
- ORC_FAILURE_CLUSTER_DOMAIN。
- ORC_COUNT_REPLICAS。
- ORC_IS_DOWNTIMED。
- ORC_AUTO_MASTER_RECOVERY。
- ORC_AUTO_INTERMEDIATE_MASTER_RECOVERY。
- ORC_ORCHESTRATOR_HOST。
- ORC_IS_SUCCESSFUL。
- ORC_LOST_REPLICAS。
- ORC_REPLICA_HOSTS。
- ORC_COMMAND：force-master-failover、force-master-takeover 和 graceful-master-takeover。

恢复成功后提供如下变量。

- ORC_SUCCESSOR_HOST。
- ORC_SUCCESSOR_PORT。
- ORC_SUCCESSOR_BINLOG_COORDINATES。
- ORC_SUCCESSOR_ALIAS。

文本替换

- {failureType}。
- {instanceType}：master、co-master、intermediate-master。
- {isMaster} (true/false)。
- {isCoMaster} (true/false)。
- {failureDescription}。
- {failedHost}。
- {failedHost}。
- {failureCluster}。
- {failureClusterAlias}。
- {failureClusterDomain}。
- {countReplicas} (replaces {countSlaves})。
- {isDowntimed}。
- {autoMasterRecovery}。
- {autoIntermediateMasterRecovery}。
- {orchestratorHost}。
- {lostReplicas} (replaces {lostSlaves})。
- {countLostReplicas}。

- {replicaHosts} (replaces {slaveHosts})。
- {isSuccessful}。
- {command}。
- {successorHost}。
- {successorPort}。
- {successorBinlogCoordinates}。
- {successorAlias}。

魔术变量的使用有两种，一种是变量替换，另一种是环境变量，无论使用哪一种效果都是一样的，读者可以自行选择。

通过魔术变量和 Hook，用户可以灵活使用 Orchestrator。

13.2.9　集群的使用

1. 添加集群

页面入口如图 13-7 所示。

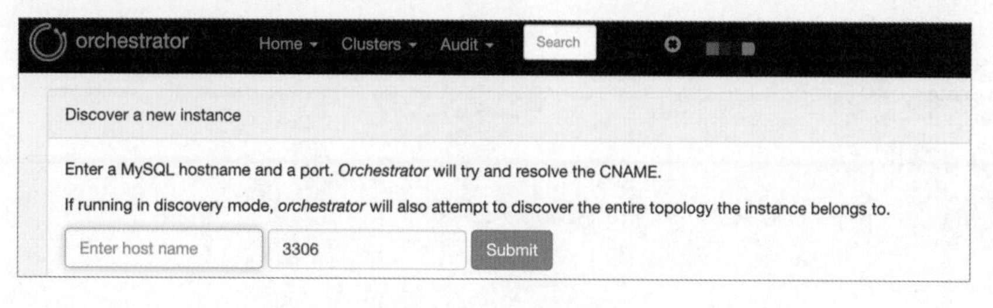

图 13-7　页面入口

添加集群的步骤如下。

（1）拓扑用户创建授权：

```
    create user 'orchestrator'@'orch_host' identified by 'orch_topology_password';
    grant super, process, replication slave, reload on *.* to 'orchestrator'@'orch_host';
    grant select on mysql.slave_master_info to 'orchestrator'@'orch_host';
    grant select on ndbinfo.processes to 'orchestrator'@'orch_host'; -- Only for NDB Cluster
```

（2）添加节点：在 Discover 页面添加对应集群主节点信息即可，也可以通过 orchestrator-client 命令行添加。

2. 查看集群

页面入口：单击“Clusters”→“Dashboard”按钮。

如图 13-8 所示，单击某个集群可以看到集群拓扑图和复制的详细信息。

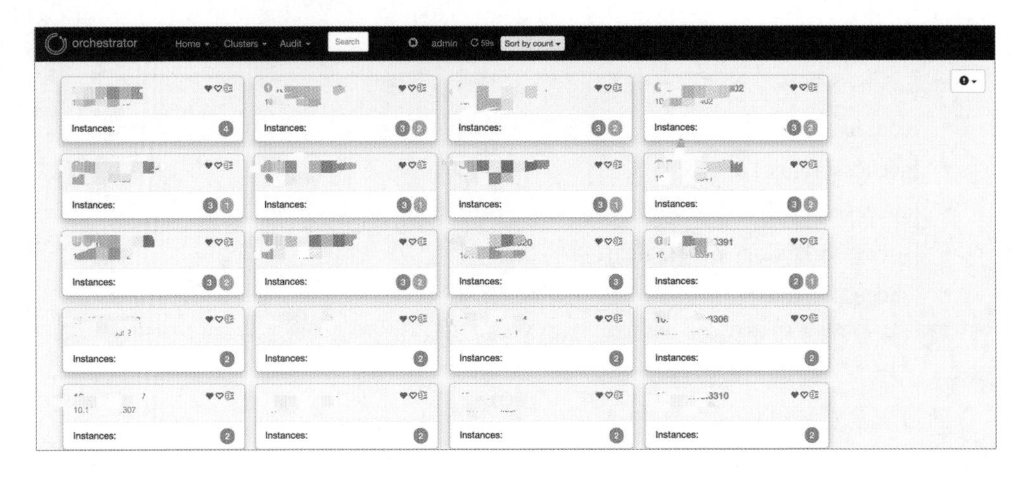

图 13-8　查看集群

3. 手动恢复

如果一个实例被认定为失败，但是自动恢复被禁止（如 downtime），就可以使用手动恢复来处理。

命令行模式

```
orchestrator-client -c recover -i dead.instance.com:3306 --debug
```

Web API

```
/api/recover/dead.instance.com/:3306
```

Web 页面

单击“Recover”按钮，如图 13-9 所示。

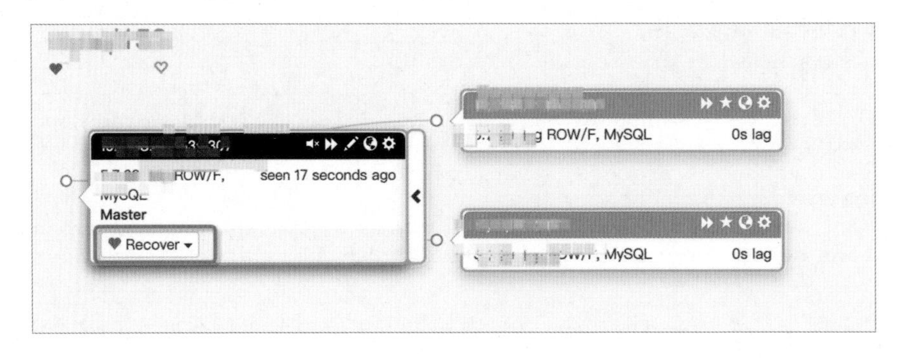

图 13-9　单击“Recover”按钮

4. 手动切换

客户端切换

（1）指定新主、切换后不启动旧主的复制线程：

```
orchestrator-client -c graceful-master-takeover -alias mycluster -d designated.master.to.promote:3306
```

手动切换后旧主不会启动复制线程。

（2）指定新主、切换后启动旧主的复制线程：

```
orchestrator-client -c graceful-master-takeover-auto -alias mycluster -d designated.master.to.promote:3306
```

手动切换后旧主启动复制线程。

（3）自动选择新主、切换后启动旧主的复制线程：

```
orchestrator-client -c graceful-master-takeover-auto -alias mycluster
```

Orchestrator 自动选择新主，切换后旧主开启复制线程。

Web API 方式切换

```
/api/graceful-master-takeover/:clusterHint/:designatedHost/:designatedPort
```

指定新主切换：

```
/api/graceful-master-takeover/:clusterHint
```

在集群中仅有一个副本时生效：

```
/api/graceful-master-takeover-auto/:clusterHint
```

Orchestrator 自动选择新主，切换后旧主开启复制线程。

Web 界面切换

界面切换采用拖曳的方式，直接将新主拖曳到旧主的左半部分，拖曳使用的是 graceful-master-takeover API 方式，切换后旧主不会启动复制线程。

Orchestrator 还有很多有用的功能，读者可自行探索。

5. 手动强制故障转移

命令行

```
orchestrator-client -c force-master-failover --alias mycluster
orchestrator-client -c force-master-failover -i instance.in.that.cluster
```

Web API

```
/api/force-master-failover/mycluster
```

13.2.10 小结

以下内容为作者的学习心得和使用心得。

（1）Orchestrator 通过引入阻塞周期来避免抖动，在任何给定的集群上，Orchestrator

都不会以小于所述周期的间隔启动自动恢复，除非人工允许这样做。

RecoveryPeriodBlockSeconds 参数：设置阻塞周期，仅适用于同一集群。

手动确认：恢复间隔超过 RecoveryPeriodBlockSeconds 参数或上一次恢复已确认，就可以解除 Recovery 阻塞。

确认方式有以下两种。

- orchestrator-client -c ack-cluster-recoveries -alias my-clusrer。
- Web 页面设置：audit→recovery。

手动恢复不受 RecoveryPeriodBlockSeconds 参数的管控。

（2）promotion_rule 的使用。

在故障转移过程中某些节点可能更适合充当主节点，具体如下。

- 某一节点拥有更好的硬件资源。
- 某一节点是跨机房节点。
- 某一节点是备份源，此刻开启了 LVM 镜像。
- 某一节点的设置比较好，更适合推荐。

```
    orchestrator-client -c register-candidate -i ${::fqdn} --promotion-rule ${promotion_rule}#promotion_rule 可选值：prefer、neutral、prefer_not、must_not
```

promotion rule 主要影响选举过程，13.2.5 节已经介绍过，此处不再赘述。

promotion rule 的有效时间为 1 小时，可以通过定时任务定时更新。

（3）更详细的 promotion 相关参数的配置说明如下。

```
ApplyMySQLPromotionAfterMasterFailover
```

默认值：true。

作用：当值为 true 时，从库被提升为 Master 节点后执行，reset slave all 和 set read_only=0，覆盖 MasterFailoverDetachSlaveMasterHost 参数。

```
PreventCrossDataCenterMasterFailover
```

默认值：false。

作用：当值为 true 时，只提升统一 DC 的节点为 Master 节点，尽可能从同一 DC 中寻找可进行故障转移的 Server，如果找不到则停止故障转移。使用 DetectDataCenterQuery 参数、DataCenterPattern 参数可配置 DC 规则，这个参数对于跨机房部署很有用。

```
PreventCrossRegionMasterFailover
```

默认值：false。

作用：当值为 true 时，只提升同一 Region（区）的节点为 Master 节点，找不到就停止故障转移。使用 DetectRegionQuery 参数、RegionPattern 参数可以配置 Region。

```
FailMasterPromotionOnLagMinutes
```

默认值：0。

作用：如果候选节点太过于落后，则可用于阻止故障转移。例如，从库宕机 5 小时，这个时候 Master 节点宕了，如果想要阻止 Failover，以便为从库丢失的 5 小时补日志。要使用这个标志就需要设置 ReplicationLagQuery 参数并且使用心跳检查机制，如 pt-heartbeat。当复制中断时，MySQL 内置 SHOW SLAVE STATUS 命令（MySQl 8.0 之前的版本）输出的 Seconds_behind_master 不会报告复制滞后时间。

```
FailMasterPromotionIfSQLThreadNotUpToDate
```

默认值：true。

作用：如果所有副本在发生故障时都处于滞后状态，那么最新的副本也可能有未应用的中继日志，执行 reset slave all 将丢失中继日志数据。

```
DelayMasterPromotionIfSQLThreadNotUpToDate
```

默认值：false。

作用：如果所有副本在发生故障时都处于滞后状态，那么最新的副本也可能有未应用的中继日志。如果设置此参数为 true 则会等 SQL 线程追上来后再 Failover。DelayMasterPromotionIfSQLThreadNotUpToDate 和 FailMasterPromotionIfSQLThreadNotUpToDate 互斥。

```
DetachLostReplicasAfterMasterFailover
```

默认值：true。

作用：某些副本在恢复过程中可能会丢失。当此参数为 true 时，将通过 detach-replica 命令强行中断其复制，以确保不认为它完全正常。

```
MasterFailoverDetachReplicaMasterHost
```

默认值：false。

作用：当值为 true 时，会发出一个 detach-replica-master-host 命令给待提升的新主（这样可以确保如果旧主恢复了，新主不会尝试复制旧主），如先设置 ApplyMySQLPromotionAfterMasterFailover=true 再设置 MasterFailoverDetachReplicaMasterHost=false 是没有意义的。MasterFailoverDetachReplicaMasterHost 是 ApplyMySQLPromotionAfterMasterFailover 的别名。

```
MasterFailoverLostInstancesDowntimeMinutes
```

默认值：0，表示禁用。

作用：执行 Failover 后对于丢失的实例（包含失败的 master 和丢失的 replicas）设置几分钟的维护时间（downtime）。

```
PostponeReplicaRecoveryOnLagMinutes
```

默认值：0，表示禁用。

作用：在崩溃恢复后，对于滞后量超过执行时间的副本，在选择完副本并且执行完流程后才进行恢复，PostponeSlaveRecoveryOnLagMinutes 是 PostponeReplicaRecoveryOnLagMinutes 参数的别名。

（4）Hook 的配置中任何以“&”结尾的命令都会异步执行，执行失败会被忽略。

不以“&”结尾的命令将会同步执行，执行中断可能会导致恢复失败，这一点需要注意。

（5）Orchestrator 也支持 MGR 管理，但只支持拓扑发现等功能，不支持故障切换，所以使用 Orchestrator 管理 MGR 依靠的是 MGR 自身的高可用功能。

（6）failure 判定相关设置：Orchestrator 以轮询（每秒一次）的方式检测集群状态。

参数配置：可以通过设置 FailureDetectionPeriodBlockMinutes 参数来阻止同一故障的反复推送，这是 Orchestrator 的一种反垃圾消息的机制。

MySQL 的配置：因为失败探测使用的是 MySQL 自身的拓扑信息，所以建议按照以下方式配置 MySQL 复制，以便快速发现故障。

- set global slave_net_timeout = 4：设置一个比较小的心跳间隔，这样副本可以快速识别故障。没有这个设置，某些情况可能需要 1 分钟才能检测到故障。
- CHANGE MASTER TO MASTER_CONNECT_RETRY=1 和 MASTER_RETRY_COUNT=86400：对于简短网络，此设置可以为 1 秒，尝试快速复制恢复。如果成功将避免一次 Failover。

（7）Orchestrator 支持 GTID 复制、位点复制、伪 GTID 复制等模式的集群管理，但作者建议使用半同步复制。

（8）GTID 复制下可能存在“errant 1236”的潜在问题，读者可以通过 Orchestrator 自带的 Inject empty transactions 或 Reset master 处理，作者建议使用 Inject empty transactions（用空事务补齐 GTID）。

（9）使用 RecoverMasterClusterFilters 参数可以过滤一些我们不想发现的从节点，如伪从节点 canal、tidb syncer 等。

（10）可以设置 AuthenticationMethod、HTTPAuthUser、HTTPAuthPassword，为 Orchestrator 开启安全认证。

13.3 InnoDB Cluster

前面介绍了第三方的两个高可用开源软件，本节主要介绍官方的高可用软件，即 InnoDB Cluster。InnoDB Cluster 由 MySQL Shell、MGR（MySQL Group Replication）、MySQL Route 等组件构成，其架构如图 13-10 所示。

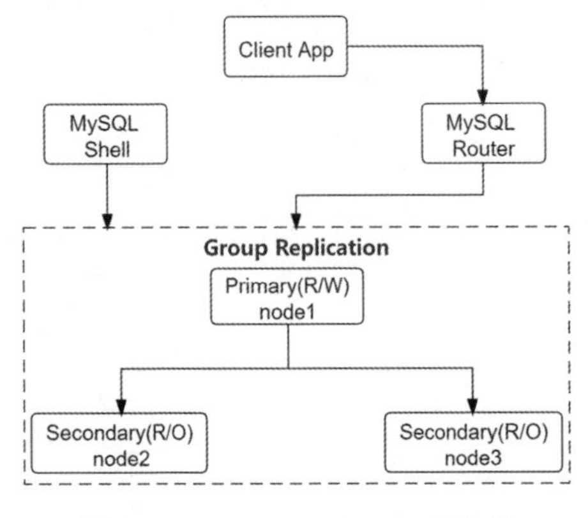

图 13-10 InnoDB Cluster 的架构

其中，Client App 为客户端应用；MySQL

Shell 用于部署和管理 MGR；MySQL Router 进行路由，当 MRT 内部发生切换时，MySQL Router 会自动识别。InnoDB Cluster 最核心的组件是 MGR，因此，下面先介绍 MGR。

13.3.1 MGR 初探

MGR 有单主模式和多主模式。

- 单主模式：自动选主，每次只能接受一个节点的更新。
- 多主模式：所有节点都可以更新，即使是并发执行的。

MGR 保证了 MySQL 服务的持续可用，但是，完整的高可用方案还需要使用 InnoDB Cluster，后续内容会详细讲解。

MGR 典型的使用场景如下。

- 弹性复制：可动态复制节点，如云数据库。
- 多写：在某些情况下，可以向多个节点写入数据。
- 自动 Failover：MGR 可自动 Failover。

在确定要使用 MGR 之前，需要知道 MGR 的一些限制，其中主要限制有以下几点。

- 只支持 InnoDB 表：如果存在冲突，为了保证组中各个节点的数据一致，需要回滚事务，所以必须是一个支持事务的引擎。
- 每张表都要有主键或非空的唯一字段：可以保证每行数据都有唯一标识符，这样整个 MGR 系统可以判断每个事务修改了哪些行，从而确定事务是否发生了冲突。
- 必须开启 GTID：MGR 是基于 GTID 复制的，通过 GTID 跟踪已经提交到组中的每个实例上的事务。
- 多主模式不支持 SERIALIZABLE 隔离级别：在多主模式下，如果设置为 SERIALIZABLE 隔离级别，那么 MGR 将拒绝提交事务，当然，这个隔离级别通常也不太可能使用，除非做实验的时候。
- 最多只支持 9 个节点：这个限制是官方通过测试确定的一个安全边界，在这个安全边界内，组可以在一个稳定的局域网中可靠地执行任务。
- 网络延迟会影响 MGR 的性能：上面提到了，“所有读/写事务只有在获得组批准后才会提交”，所以，如果节点之间出现网络延迟，就会影响事务提交的速度。

13.3.2 MGR 与传统复制的区别

在 MySQL 传统复制中，一般有一个主库，一个或多个从库。主库有修改数据的事务，先记录到 Binlog 中，然后传给从库，并在从库回放主库执行的变更语句。异步复制的流程如图 13-11 所示。

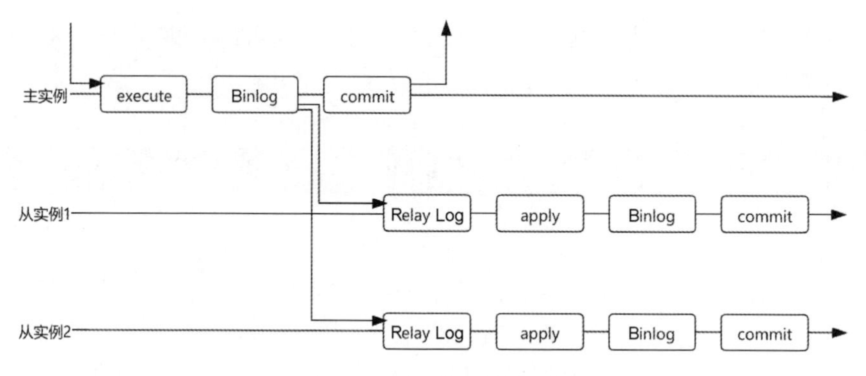

图 13-11　异步复制的流程

后面又出现了半同步复制，主节点在处理事务时，需要等待从节点来确认它已经接收到事务，主节点才会提交。半同步复制的流程如图 13-12 所示。

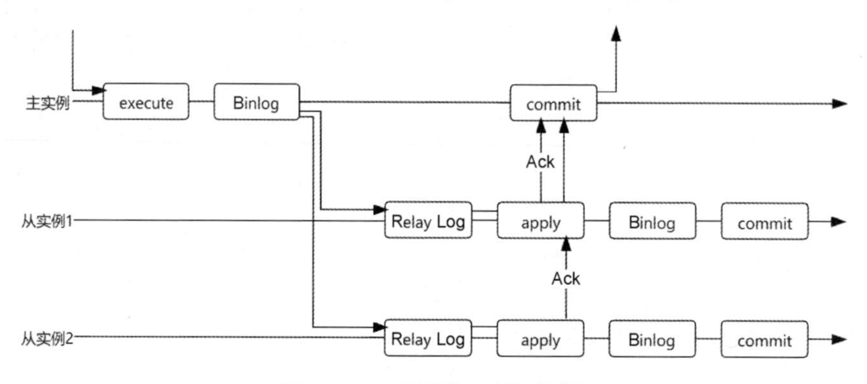

图 13-12　半同步复制的流程

组复制由多个节点组成，组中的每个节点可以独立执行事务（多主模式）。但是，所有读/写事务只有在获得组批准后才会提交（只读事务不通过组内协调就能提交）。组复制的流程如图 13-13 所示。

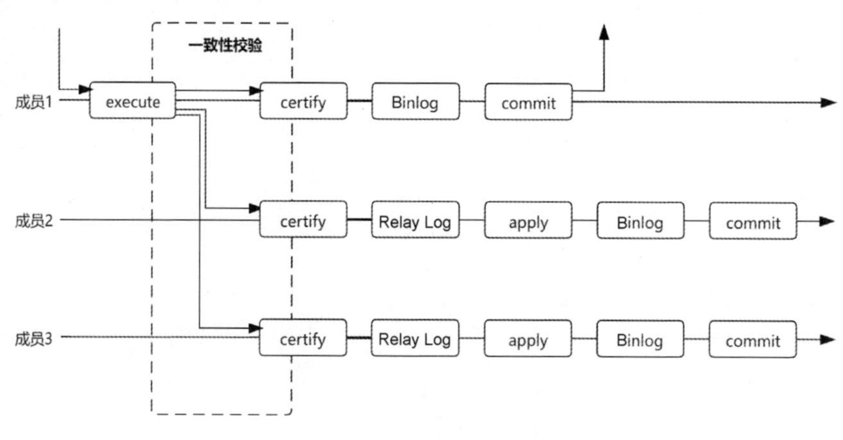

图 13-13　组复制的流程

当读/写事务准备在原始节点上提交时，节点会自动广播已更改的行和已更新行的唯一标识符，因为事务是通过原子广播发送的，所以组中的所有节点要么接收事务，要么都不接收，并且都以相同的顺序接收同一组事务，同时为事务建立一个全局总顺序。

在不同节点上并发执行的事务会进行冲突检测，如果在不同节点上的两个并发事务更新的是同一行，则与死锁的处理类似，排序靠前的提交，排序靠后的回滚。

13.3.3 部署 InnoDB Cluster

本节主要介绍 InnoDB Cluster 的部署。

1. 架构

本节要部署的 InnoDB Cluster 的架构如图 13-10 所示。

其中，MGR 的 3 个节点分别在下面 3 台机器上（操作系统均为 CentOS 7.4）。

- node1：192.168.150.232。
- node2：192.168.150.253。
- node3：192.168.150.123。

MySQL Shell 和 MySQL Router 都部署在 node1 上。当然，如果是生产环境，MySQL 官方建议把 MySQL Router 和应用程序（对应图 13-10 中的 Client App）部署在相同的机器上。

MySQL Shell 用于部署和管理 MGR；MySQL Router 进行路由，当 MGR 内部发生切换时，MySQL Router 会自动识别。

2. 基础环境

在/etc/hosts 文件中加入如下信息：

```
192.168.150.232 node1
192.168.150.253 node2
192.168.150.123 node3
```

3 个节点都安装 MySQL，MySQL 的安装可参考第 1 章的相关内容。

需要调整部分参数：

```
[mysql]
disabled_storage_engines="MyISAM,BLACKHOLE,FEDERATED,ARCHIVE,MEMORY"
server_id=1
gtid_mode=ON
enforce_gtid_consistency=ON
log_bin=binlog
log_slave_updates=ON
binlog_format=ROW
master_info_repository=TABLE
relay_log_info_repository=TABLE
transaction_write_set_extraction=XXHASH64
```

```
binlog_transaction_dependency_tracking=WRITESET
slave_parallel_type=LOGICAL_CLOCK
slave_preserve_commit_order=1
# 组复制的相关参数

group_replication_start_on_boot=off
group_replication_local_address= "node1:33061"
group_replication_group_seeds= "node1:33061,node2:33061,node3:33061"
group_replication_bootstrap_group=off

# Plugin
plugin-load-add="mysql_clone.so;group_replication.so"
clone=FORCE_PLUS_PERMANENT
```

下面对上面部分参数的含义进行解释。

- disabled_storage_engines：MGR 只支持 InnoDB，所以可以通过增加这个参数来禁用其他存储引擎。
- server_id：3 台机器配置不同的 server_id。
- gtid_mode：必须启用 GTID。
- enforce_gtid_consistency：节点只允许执行安全的 GTID 语句，以保证数据一致性。
- binlog_transaction_dependency_tracking：控制事务依赖模式，在 MGR 中需要设置为 WRITESET。
- slave_parallel_type：需要设置为 LOGICAL_CLOCK。
- slave_preserve_commit_order：需要设置为 1，表示并行事务最终的提交顺序与 Primary 节点的提交顺序保持一致，以保证数据一致性。
- group_replication_start_on_boot：设置为 off 会指示插件在节点启动时不会自动启动操作。这在设置 Group Replication 时非常重要，因为它确保用户可以在手动启动插件之前配置节点。一旦配置了节点，就可以将 group_replication_start_on_boot 参数设置为 on，以便组复制在节点启动时自动启动。
- group_replication_local_address：可以设置节点与组内其他节点进行内部通信时使用的网络地址和端口。Group Replication 将此地址用于涉及组通信引擎（XCom，Paxos 的一种变体）的远程实例内部节点到节点之间的连接。group_replication_local_address 参数配置的网络地址必须是所有组节点都可以解析的。
- group_replication_group_seeds：设置组节点的主机名和端口，新节点将使用这些节点建立到组的连接。
- group_replication_bootstrap_group：指示插件是否引导该组，在本例中，即使 s1 是组的第一个节点，也在选项文件中将这个变量设置为 off。相反，如果在实例运行时配置 group_replication_bootstrap_group 参数，则可以确保实际只有一个节点引导组。
- plugin-load-add：增加了 Clone Plugin，如果 MySQL 是 8.0.17 版本或更高的版本，

则 MGR 在新增节点时，可以使用 Clone Plugin 将集群中已有的数据传输给新增节点。

3. 安装 MySQL Shell

登录 MySQL 官网，选择与 MySQL 对应的版本进行下载，如图 13-14 所示。

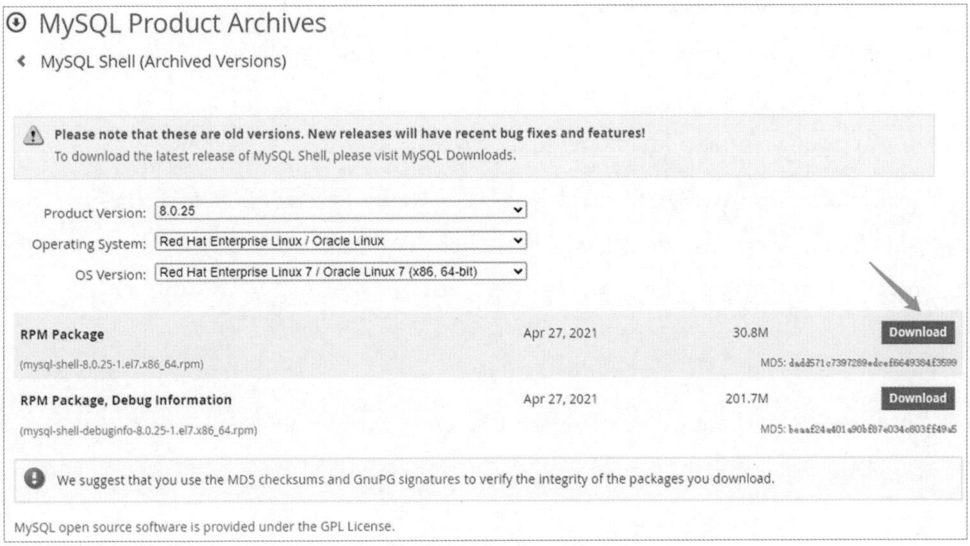

图 13-14　MySQL Shell 的下载页面

安装 MySQL Shell：

```
yum install mysql-shell-8.0.25-1.el7.x86_64.rpm -y
```

4. 创建集群用户

在 3 个节点创建集群用户，语句如下：

```
create user 'mgr_user'@'%' identified by 'bgika^123';
grant clone_admin, connection_admin, create user, execute, file, group_replication_admin, persist_ro_variables_admin, process, reload, replication client, replication slave, replication_applier, replication_slave_admin, role_admin, select, shutdown, system_variables_admin on *.* to 'mgr_user'@'%' with grant option;
grant delete, insert, update on mysql.* to 'mgr_user'@'%' with grant option;
grant alter, alter routine, create, create routine, create temporary tables, create view, delete, drop, event, execute, index, insert, lock tables, references, show view, trigger, update on mysql_innodb_cluster_metadata.* to 'mgr_user'@'%' with grant option;
grant alter, alter routine, create, create routine, create temporary tables, create view, delete, drop, event, execute, index, insert, lock tables, references, show view, trigger, update on mysql_innodb_cluster_metadata_bkp.* to 'mgr_user'@'%' with grant option;
```

```
grant alter, alter routine, create, create routine, create temporary
tables, create view, delete, drop, event, execute, index, insert, lock
tables, references, show view, trigger, update on mysql_innodb_cluster_
metadata_previous.* to 'mgr_user'@'%' with grant option;
```

5. 使用 MySQL Shell 创建 MGR

通过 MySQL Shell 连接 node1 上的 MySQL：

```
mysqlsh -umgr_user -p'BgIka^123' -h192.168.150.232
```

进入 MySQL Shell 之后，执行下面的命令创建集群：

```
var cluster = dba.createCluster('Cluster01')
```

如果后续退出了 MySQL Shell，则可以用下面的语句重新定义集群：

```
var cluster = dba.getCluster('Cluster01')
```

如果显示如下信息，则表示第一个节点配置成功：

```
......
Cluster successfully created. Use Cluster.addInstance() to add MySQL
instances.
At least 3 instances are needed for the cluster to be able to withstand
up to
one server failure.
```

将第二个节点加入集群：

```
cluster.addInstance('mgr_user@192.168.150.253:3306')
```

此时会显示如下内容：

```
......
Having extra GTID events is not expected, and it is recommended to
investigate this further and ensure that the data can be removed prior
to choosing the clone recovery method.

Please select a recovery method [C]lone/[A]bort (default Abort):
```

最后一行表示新加入节点的数据同步方法，选择 C，表示使用 MySQL 的 Clone Plugin。可以看到如下内容：

```
Validating instance configuration at 192.168.150.253:3306...

This instance reports its own address as node2:3306

Instance configuration is suitable.
NOTE: Group Replication will communicate with other members using
'node2:33061'. Use the localAddress option to override.

A new instance will be added to the InnoDB cluster. Depending on the
amount of
data on the cluster this might take from a few seconds to several hours.
```

```
Adding instance to the cluster...

Monitoring recovery process of the new cluster member. Press ^C to stop
monitoring and let it continue in background.
Clone based state recovery is now in progress.

NOTE: A server restart is expected to happen as part of the clone
process. If the
server does not support the RESTART command or does not come back after
a
while, you may need to manually start it back.

* Waiting for clone to finish...
NOTE: node2:3306 is being cloned from node1:3306
** Stage DROP DATA: Completed
** Clone Transfer
    FILE COPY ##########################################################
######## 100% Completed
    PAGE COPY ##########################################################
######## 100% Completed
    REDO COPY ##########################################################
######## 100% Completed

NOTE: node2:3306 is shutting down...
```

执行如下语句可以查看集群状态：

```
cluster.status();
```

可以看到如下内容：

```
{
    "clusterName": "Cluster01",
    "defaultReplicaSet": {
        "name": "default",
        "primary": "node1:3306",
        "ssl": "REQUIRED",
        "status": "OK_NO_TOLERANCE",
        "statusText": "Cluster is NOT tolerant to any failures.",
        "topology": {
            "node1:3306": {
                "address": "node1:3306",
                "memberRole": "PRIMARY",
                "mode": "R/W",
                "readReplicas": {},
                "replicationLag": null,
                "role": "HA",
                "status": "ONLINE",
                "version": "8.0.25"
            },
            "node2:3306": {
                "address": "node2:3306",
                "memberRole": "SECONDARY",
                "mode": "R/O",
```

```
                "readReplicas": {},
                "replicationLag": null,
                "role": "HA",
                "status": "ONLINE",
                "version": "8.0.25"
            }
        },
        "topologyMode": "Single-Primary"
    },
    "groupInformationSourceMember": "node1:3306"
}
```

有时在 instanceErrors 中会有一些提示，可以按照提示进行操作，具体如下：

```
"instanceErrors": [
                    "WARNING: Instance is not managed by InnoDB cluster.
Use cluster.rescan() to repair."
                ]
```

此时直接执行 cluster.rescan()即可。使用该命令可以更新集群元数据。

将第三个节点加入集群：

```
cluster.addInstance('mgr_user@192.168.150.123:3306')
```

执行 cluster.status()查看集群状态：

```
{
    "clusterName": "Cluster01",
    "defaultReplicaSet": {
        "name": "default",
        "primary": "node1:3306",
        "ssl": "REQUIRED",
        "status": "OK",
        "statusText": "Cluster is ONLINE and can tolerate up to ONE
failure.",
        "topology": {
            "node1:3306": {
                "address": "node1:3306",
                "memberRole": "PRIMARY",
                "mode": "R/W",
                "readReplicas": {},
                "replicationLag": null,
                "role": "HA",
                "status": "ONLINE",
                "version": "8.0.25"
            },
            "node2:3306": {
                "address": "node2:3306",
                "memberRole": "SECONDARY",
                "mode": "R/O",
                "readReplicas": {},
                "replicationLag": null,
                "role": "HA",
                "status": "ONLINE",
```

```
                "version": "8.0.25"
            },
            "node3:3306": {
                "address": "node3:3306",
                "memberRole": "SECONDARY",
                "mode": "R/O",
                "readReplicas": {},
                "replicationLag": null,
                "role": "HA",
                "status": "ONLINE",
                "version": "8.0.25"
            }
        },
        "topologyMode": "Single-Primary"
    },
    "groupInformationSourceMember": "node1:3306"
}
```

6. 安装 MySQL Router

在 MySQL 官方的下载页面中选择与 MySQL 版本相同的 MySQL Router，如图 13-15 所示。

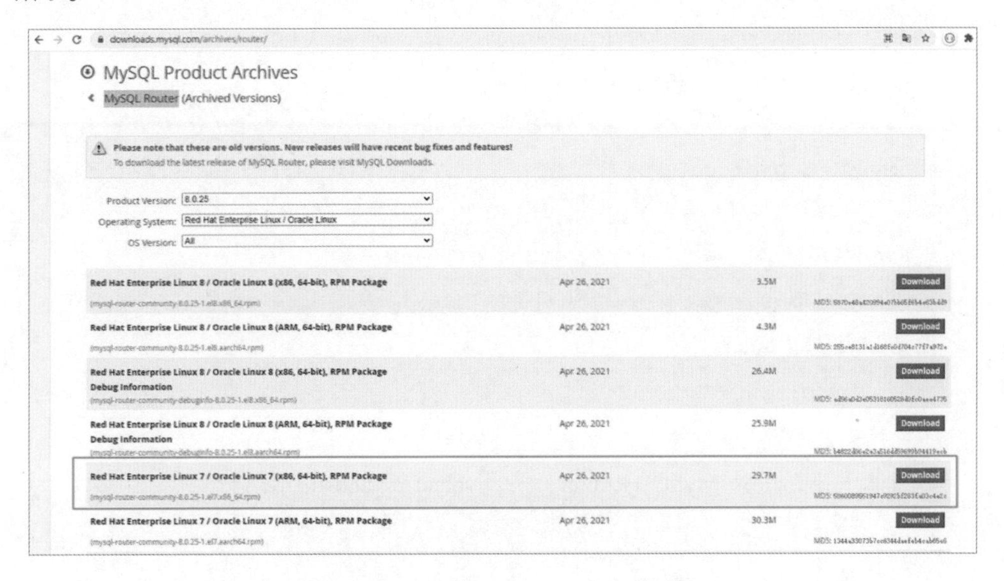

图 13-15　MySQL Router 的下载页面

下载图 13-15 所示的 MySQL Router，并通过如下方式安装：

```
yum install mysql-router-community-8.0.25-1.el7.x86_64.rpm -y
```

生成配置文件：

```
mkdir /data/mysqlrouter
```

```
mysqlrouter -B mgr_user@192.168.150.232:3306 --directory=/data/
mysqlrouter -u root --force
```

此时会显示如下内容：

```
Please enter MySQL password for mgr_user:
# Bootstrapping MySQL Router instance at '/data/mysqlrouter'...

- Creating account(s) (only those that are needed, if any)
- Verifying account (using it to run SQL queries that would be run by
Router)
- Storing account in keyring
- Adjusting permissions of generated files
- Creating configuration /data/mysqlrouter/mysqlrouter.conf

# MySQL Router configured for the InnoDB Cluster 'Cluster01'

After this MySQL Router has been started with the generated
configuration

    $ mysqlrouter -c /data/mysqlrouter/mysqlrouter.conf

the cluster 'Cluster01' can be reached by connecting to:

## MySQL Classic protocol

- Read/Write Connections: localhost:6446
- Read/Only Connections:  localhost:6447

## MySQL X protocol

- Read/Write Connections: localhost:6448
- Read/Only Connections:  localhost:6449
```

其中，6446 为读/写端口，6447 为只读端口。

启动 MySQL Router：

```
/data/mysqlroute/start.sh
```

下面再测试一次。

通过读/写端口登录 MySQL Router，执行 select @@hostname 语句：

```
mysql -umgr_user -p'BgIka^123' -P6446 -h192.168.150.232 -e "select
@@hostname"
```

结果如下：

```
mysql> select @@hostname;
+------------+
| @@hostname |
+------------+
| node1      |
+------------+
1 row in set (0.00 sec)
```

可以发现，路由到了 node1。

多次通过只读端口登录 MySQL Router：

```
[root@node1 mysql]# mysql -umgr_user -p'BgIka^123' -P6447 -h192.168.
150.232 -e "select @@hostname"
mysql: [Warning] Using a password on the command line interface can
be insecure.
+------------+
| @@hostname |
+------------+
| node3      |
+------------+
[root@node1 mysql]# mysql -umgr_user -p'BgIka^123' -P6447 -h192.
168.150.232 -e "select @@hostname"
mysql: [Warning] Using a password on the command line interface can
be insecure.
+------------+
| @@hostname |
+------------+
| node2      |
+------------+
[root@node1 mysql]# mysql -umgr_user -p'BgIka^123' -P6447 -h192.168.
150.232 -e "select @@hostname"
mysql: [Warning] Using a password on the command line interface can
be insecure.
+------------+
| @@hostname |
+------------+
| node3      |
+------------+
[root@node1 mysql]# mysql -umgr_user -p'BgIka^123' -P6447 -h192.168.
150.232 -e "select @@hostname"
mysql: [Warning] Using a password on the command line interface can
be insecure.
+------------+
| @@hostname |
+------------+
| node2      |
+------------+
```

可以发现，新建的连接会在 node2 和 node3 的两个 SECONDARY 节点之间轮询。当然，还需要测试数据写入和查询是否正常。

至此，整个 InnoDB Cluster 部署完成。

13.3.4 InnoDB Cluster 的常用操作

本节主要介绍在维护和管理 InnoDB Cluster 的过程中可用会用到的一些操作。

1. 创建集群

```
var cluster = dba.createCluster('Cluster01')
```

2. 为集群分配变量

将集群 Cluster01 分配给变量 cluster，如果刚通过步骤 1 中的方式创建了集群，则可以不执行，如果创建完集群又退出了 MySQL Shell，则需要执行，以便于执行后面的命令：

```
var cluster = dba.getCluster('Cluster01')
```

3. 获取集群结构信息

```
cluster.describe()
```

4. 查看集群状态

```
cluster.status()
```

具体示例如下（为了方便查看，部分内容已经用“……”替换）：

```
MySQL  192.168.150.232:33060+ ssl  JS > cluster.status()
{
    "clusterName": "Cluster01",
    "defaultReplicaSet": {
    ......
        "topology": {
            "node1:3306": {
                "address": "node1:3306",
                "memberRole": "PRIMARY",
                "mode": "R/W",
                "readReplicas": {},
                "replicationLag": null,
                "role": "HA",
                "status": "ONLINE",
                "version": "8.0.25"
            },
            "node2:3306": {
            ......
            },
            "node3:3306": {
             ......
            }
        },
        "topologyMode": "Single-Primary"
    },
    "groupInformationSourceMember": "node1:3306"
}
```

status 列表示执行该命令节点的状态，可以取下面几个值。

- ONLINE：该实例在线并加入集群。
- OFFLINE：该实例已失去与其他实例的连接。
- RECOVERING：该实例正在检索它需要的事务，以便于与集群同步。

- UNREACHABLE：该实例已经失去与集群的通信。
- ERROR：该实例在恢复阶段或应用事务时遇到错误。

5. 配置检查

在新节点加入集群之前，检查配置是否正确：

```
dba.checkInstanceConfiguration('mgr_user@node4:3306')
```

6. 验证新加入节点上的数据

验证新加入节点上的数据是否会阻止它加入集群：

```
cluster.checkInstanceState('mgr_user@node4:3306')
```

具体示例如下：

```
MySQL  192.168.150.232:33060+ ssl  JS > cluster.checkInstanceState
('mgr_user@node4:3306')
Analyzing the instance 'bg-db-mysql-voicemonitor_pre:3306' replication
state...

The instance 'bg-db-mysql-voicemonitor_pre:3306' is valid for the
cluster.
The instance is new to Group Replication.

{
    "reason": "new",
    "state": "ok"
}
```

输出结果可以是下面几种情况。

- OK new：实例没有执行任何 GTID，因此不会与集群执行的 GTID 冲突。
- OK 可恢复：实例执行的 GTID 与集群种子实例执行的 GTID 不冲突。
- ERROR diverged：实例执行的 GTID 与集群种子实例执行的 GTID 不一致。
- ERROR lost_transactions：实例执行的 GTID 比集群种子实例的执行 GTID 多。

state 为 ok，表示可以加入集群。

7. 增加实例

```
cluster.addInstance('mgr_user@192.168.150.123:3306');
```

8. 删除实例

```
cluster.removeInstance('mgr_user@192.168.150.123:3306');
```

9. 列举集群中实例的配置

```
cluster.options()
```

10. 更改集群的全局配置

```
cluster.setOption(option, value)
```

11. 更改集群中单个实例的配置

```
cluster.setInstanceOption(instance, option, value)
```

12. 将实例重新加入集群

```
cluster.rejoinInstance(instance)
```

13. 使用仲裁恢复集群

如果部分实例发生故障，导致集群可能失去法定投票人数，无法进行投票，则可以选择一个包含集群元数据的实例，执行仲裁操作，从而恢复集群。在集群恢复过程中，如果使用其他方法都无法恢复集群，那么这种方式也是最后的操作。通常不建议使用，因为这种方式可能会导致集群“脑裂”。

命令如下：

```
cluster.forceQuorumUsingPartitionOf('mgr_user@node1:3306');
```

该命令如果在运行正常的集群中执行，则会出现如下报错内容：

```
ERROR: Cannot perform operation on an healthy cluster because it can only be used to restore a cluster from quorum loss.
Cluster.forceQuorumUsingPartitionOf: The cluster has quorum according to instance 'node1:3306' (RuntimeError)
```

14. 切换到多主模式

```
cluster.switchToMultiPrimaryMode()
```

15. 切换到单主模式

```
cluster.switchToSinglePrimaryMode('node3:3306')
```

如果指定了节点，则该实例将成为主节点；如果没有指定节点，则新主是权重最高的节点，当权重相同时，新主是 UUID 最低的节点。

16. 更新集群元数据

```
cluster.rescan()
```

如果手动更改了实例的配置，或者实例退出集群之后，需要更新集群的元数据，则可以使用该命令。使用 rescan()可以检测没有在元数据中注册的新活动实例并添加它们，或者删除在元数据中的过时实例。

13.3.5 MGR 的原理

1. 故障检测

MGR 的节点之间会互相发送检测消息，当节点 A 在给定的时间内没有接收到节点 B 的消息时，会发生超时并产生怀疑。

之后，如果小组同意怀疑可能是真的，那么小组就会认定某个节点确实出现故障，这意味着组中的其他节点将采取协调一致的决定来驱逐给定的节点。

在网络不稳定的情况下，节点之间可能会多次断开和重连，在极端情况下，一个组最终可能会将所有节点标记为驱逐，之后组不复存在，必须重建。

为了应对这种情况，从 MySQL 8.0.20 开始，组通信系统跟踪已经被标记为驱逐的节点，然后决定是否将大多数节点标记为怀疑。这样可以确保至少有一个节点留在组中，当被剔除的节点实际上已经从组中删除时，组通信系统将删除该节点被剔除的记录，以便该节点可以在恢复之后重新加入组。

2. 选举算法

在单主模式下，如果主出现故障，则会考虑下面的因素选择新主。

（1）考虑的第一个因素是哪个节点运行的是最低的 MySQL 版本。如果所有节点都运行 MySQL 8.0.17 或更高版本，那么组节点将按照发布的补丁版本进行排序。如果所有节点运行 MySQL 8.0.16 或更低版本，那么组节点将按照其发布的主要版本排序，并忽略补丁版本。低版本优先考虑将高版本同步到低版本，高版本可能有一些新特性无法在从库正常回放，导致同步出现问题。

（2）如果有多个节点运行最低的 MySQL 版本，则要考虑的第二个因素是每个节点的权重，由 group_replication_member_weight 参数指定。如果运行 MySQL 5.7，则 group_replication_member_weight 参数不可用，将不考虑这个因素。group_replication_member_weight 参数指定一个范围为 0 ~ 100 的数字。值越大，权重越大。

（3）如果前面两个因素都一样，则需要考虑每个节点生成的 UUID 的词法顺序，如果指定了 server_uuid 系统变量，则选择 UUID 排序最靠前的节点作为主节点。

在多主模式下，如果一个节点出现故障，连接到它的客户端可以重定向或将故障转移到处于读/写模式的任何其他节点。Group Replication 本身并不处理客户端故障转移，因此需要使用中间件框架，如 MySQL Route。

3. 故障转移

在从节点提升为主节点前，需要处理积压的事务，通常有以下两种选择。

- 可靠性优先：如果有积压的事务，需要等积压的事务全被应用完，才能在新主上执行读/写操作。
- 可用性优先：不管是否有积压的事务，直接在新主上执行读/写操作。

如果将 group_replication_consistency 参数（该参数会在 13.3.6 节详细讲解）设置为 BEFORE_ON_PRIMARY_FAILOVER，则表示设置为可靠性优先。

4. 视图

Group Replication 的每个节点都有一个一致性视图，用于显示哪些节点是在工作的。当节点离开或加入组时，都会触发视图的更新。有时节点可能会意外离开组，在这种情况下，故障检测机制会检测到这种情况，并通知组视图已更改。

5. 流控

在多主模式中，速度较慢的节点还可能会积累过多的事务以进行认证和应用，由此导致冲突、认证失败或读到过期数据等。为了解决这些问题，可以激活和调优 Group Replication 的流控机制，以最小化快节点和慢节点之间的差异。

group_replication_flow_control_mode 参数用于控制是否开启流控，如果值为 QUOTA 则表示开启，如果值为 DISABLED 则表示关闭。

以下两种情况会触发流控。

- 证书队列中等待的事务数超过 group_replication_flow_control_certifier_threshold 参数配置的值时。
- 应用程序队列中等待的事务数超过 group_replication_flow_control_applier_threshold 参数配置的值时。

6. 事务执行流程

一个事务在 MGR 中的执行流程大致如下。

（1）事务写 Binlog 之前会进入 MGR 层。

（2）事务消息通过 Paxos 广播到各个节点。

（3）在各个节点上进行冲突检测。

（4）认证通过后本地节点写 Binlog 完成提交。

（5）其他节点写 Relay Log 并完成回放。

7. 冲突检测

在 MGR 中，为了防止多个节点同时更新同一条记录，设置了冲突检测机制，具体步骤如下。

（1）计算对 write set（write set 的组成是索引名+ DB 名+DB 名长度+表名+表名长度+构成索引唯一性的每个列的值+值长度）做 murmur hash 算法的值，判断这个值在 certification_info 中是否有相同的记录，如果有则表示冲突，事务回滚，如果没有则把 write set 写入 certification_info 中，并进行下一步。

（2）判断事务执行过程中执行节点的 gtid_executed 和 certification_info 对应的 gtid_set。

（3）如果 gtid_executed 是 gtid_set 的子集，说明执行该节点的事务时，其他节点已经对事务操作的数据进行了更改，则不能进行更新，事务回滚。

（4）如果 gtid_executed 不是 gtid_set 的子集，表示其他节点没有对事务操作的数据有修改操作，则事务可以正常提交。

write set 的计算方式可参考下面的例子（参考 MySQL 8.0.25 源码文件——sql/rpl_write_set_handler.cc）。

创建一张表：

```
create table db1.t1 (i INT NOT NULL PRIMARY KEY, j int unique key, k
int unique key);
```

写入一条数据：

```
insert into db1.t1 values(1, 2, 3);
```

这里的 write set 有 3 个值：

```
i -> PRIMARYdb13t1211 => PRIMARY 是主键名（由主键生成的 write set）
j -> jdb13t1221      => 'j' 是索引名（由第一个唯一索引生成的 write set）
k -> kdb13t1231      => 'k' 是所有名（由第二个唯一索引生成的 write set）
```

从上面的例子可以看出，会基于记录的主键索引、唯一索引生成不同的 write set，那么只用主键索引生成一个 write set 是否可以呢？

其实是不可以的，因为不仅主键冲突需要检测，唯一索引的冲突也需要检测。只有主键索引的 write set 无法判断唯一索引是否违反了唯一性约束。

13.3.6 MGR 的一致性保证

与大多数分布式系统一样，MGR 也实现了组节点之间的一致性保证。MGR 可以在不同场景下配置不同的一致性级别，本节主要介绍不同的一致性级别的区别，以及如何选择合适的一致性级别。

1. 事务一致性的配置

在 MGR 中，可以通过配置 group_replication_consistency 参数来配置一致性级别，具体可配置的值及含义如下。

EVENTUAL

RO（只读）事务和 RW（读/写）事务在执行之前都不会等待前面的事务被应用。在发生主故障转移的情况下，前一个主事务全部应用之前，新的主事务可以接收新的 RO 事务和 RW 事务。RO 事务可能会导致过期的值，RW 事务可能会由于冲突而回滚。

BEFORE_ON_PRIMARY_FAILOVER

新选出的主节点需要应用完旧主节点的事务，在应用任何待办事项之前，将不应用新的 RO 事务或 RW 事务。这确保了当主节点发生故障转移时，无论是否有意，客户端总是看到主节点上的最新值。这保证了一致性，但也意味着客户端必须能够在应用 backlog 时处理延迟。通常这种延迟应该是最小的，但它确实取决于积压的大小（可靠性优先）。

BEFORE

RW 事务等待所有前面的事务完成后才应用新的事务。RO 事务等待所有前一个事务完成后才执行，这确保该事务仅通过影响事务的延迟读取最新的值。通过确保只在 RO 事务上使用同步，这减少了每个 RW 事务上的同步开销。这个一致性级别还包括 BEFORE_ON_PRIMARY_FAILOVER 提供的一致性保证。

AFTER

RW 事务会等待它的更改被应用到所有其他节点。该值对 RO 事务没有影响。此模式确保在本地节点上提交事务时，任何后续事务都将读取已写入的值或任何组节点上最近的值。应用程序可以使用这一点来确保后续读取最新的数据，其中包括最新的写操作。这个一致性级别还包括 BEFORE_ON_PRIMARY_FAILOVER 提供的一致性保证。

BEFORE_AND_AFTER

RW 事务和 RO 事务都需要等待之前的所有事务完成后才被应用。这个一致性级别还包括 BEFORE_ON_PRIMARY_FAILOVER 提供的一致性保证。

2. 事务一致性的选择

MGR 设置 BEFORE_ON_PRIMARY_FAILOVER 是为了便于根据不同的业务场景选择合适的一致性级别，下面列举一些场景下的一致性级别选择。

在通常情况下，不建议设置为 AFTER 模式，一方面可能导致集群吞吐量下降，另一方面在节点故障切换时，等待时间相对其他模式会非常长。

如果有大量写操作，偶尔读取数据，并且不必担心读取到过期数据，则可以选择 BEFORE 模式。

如果希望特定事务总是从组中读取最新的数据，则选择 BEFORE 模式。

有一个组，其中主要是只读数据，希望 RW 事务总是从组中读取最新的数据，并在提交后应用到所有地方，这样后续的读操作都是在最新的数据上完成的，包括最新的写操作，就不需要在每个 RO 事务上花费同步成本，而只在 RW 事务上花费同步成本。在本例中，应该选择 BEFORE_AND_AFTER 模式。

每天都有一条指令需要做一些分析处理，因此它总是需要读取最新的数据。要实现这一点，只需要设置 set @@session.group_replication_consistency= 'BEFORE'。

3. 事务一致性的修改

查看当前会话的一致性级别：

```
mysql> select @@session.group_replication_consistency;
+-----------------------------------------+
| @@session.group_replication_consistency |
+-----------------------------------------+
| EVENTUAL                                |
+-----------------------------------------+
1 row in set (0.00 sec)
```

修改当前会话的一致性级别：

```
mysql> set @@session.group_replication_consistency= 'BEFORE';
Query OK, 0 rows affected (0.00 sec)
```

如果需要修改当前实例所有会话的一致性级别，则把上面例子中的 session 改为 global 就可以。

13.4　总结

本章介绍了几款高可用中间件，目前比较流行的是 MHA，但 MHA 最近一次发版是 2018 年。现如今使用 MySQL 已离不开 GTID，无论是从功能、性能角度，还是从维护角度，GTID 具备更优异的表现。对数据业务要求不高的场景，常使用 **GTID+ROW+Semi-Sync** 方案。本章还介绍了另外两款高可用中间件，即 Orchestrator 和 MGR。它们完全可以作为 MHA 的替代品，因为它们与 MHA 具有相似的逻辑，但是在功能上又有更多的考量和提升，所以可以更好地适应现有的高可用场景。

第 14 章

MySQL 的分库分表

如果单机的 MySQL 无法满足业务需求（如内存、磁盘或 CPU 无法再扩容），就可以考虑分库分表。

14.1 分库分表的原则

对于分库分表，需要坚持的原则就是能不拆就不拆。

当数据量很大或并发请求很多时，通过其他方式（如升级硬件、升级 MySQL 版本、读/写分离等）都解决不了，此时才使用分库分表。

14.2 分库分表的场景

以下几种情况需要考虑使用分库分表。

- 数据量太大，不能正常运维（如备份、修改表结构等）。
- 表设计不合理，需要对某些字段垂直拆分，如某个字段频繁更新或某个字段占用的空间比较大。
- 某些表的增长速度非常快，如用户登录记录表。
- 出于安全方面的考虑，可以将重要的业务表拆分到多个库，当数据库出现问题时不会影响所有用户。

14.3　拆分模式

在一般情况下，有两种拆分模式，即垂直拆分和水平拆分。

14.3.1　垂直拆分

垂直拆分是指先按照业务将表进行分类，然后分布到不同的数据库中。例如，一个电商网站的数据库，用户库、商品库和订单库就垂直拆分在 3 个实例中，如图 14-1 所示。

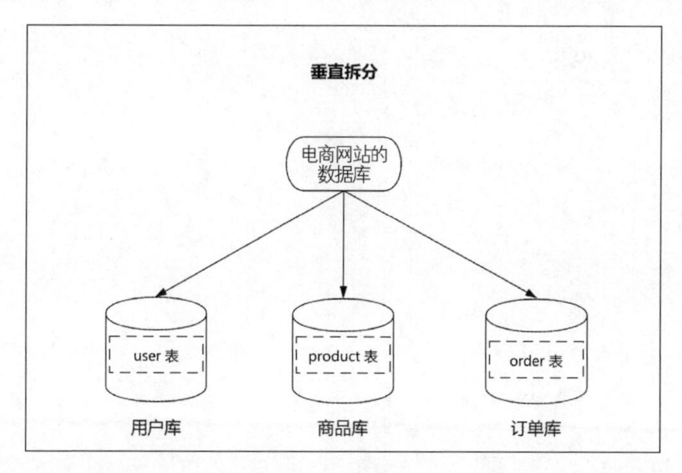

图 14-1　垂直拆分

垂直拆分的特点包括以下几点。

- 每个库中的表结构不一样。
- 每个库中表数据的并集是全量数据。

垂直拆分的优点包括以下几点。

- 拆分后业务清晰。
- 数据维护简单。

垂直拆分的缺点包括以下几点。

- 单个业务一旦遇到瓶颈会成为整个系统的瓶颈。
- 部分功能无法 join。

14.3.2　水平拆分

水平拆分是指按照某个字段的某个规则将数据分散到多个库中，每张表包含一部分数据。

下面仍以电商网站举例，如果用户表非常大，就可以考虑对用户表进行水平拆分，如图 14-2 所示。

水平拆分的特点包括以下几点。

- 每个库中的表结构一样。
- 每个库中表数据的并集是全量数据。

水平拆分的优点：拆分后单库的数据量会减少，不仅可以提高性能，还可以降低维护难度。

水平拆分的缺点包括以下几点。

- 扩容比较烦琐。
- 事务一致性比较难解决。
- 部分功能无法 join。

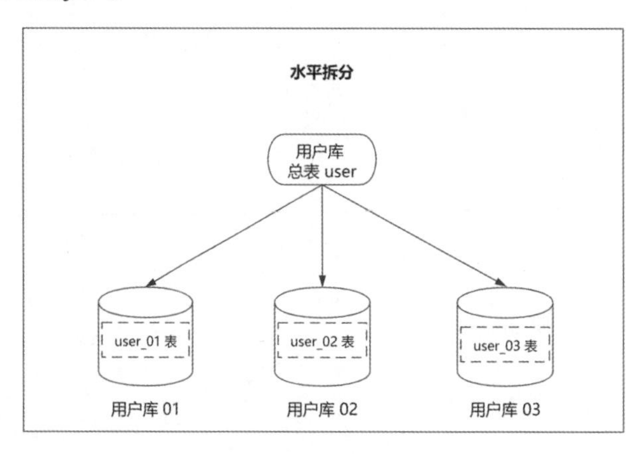

图 14-2　水平拆分

14.4　分库分表的工具

市场上 MySQL 的分库分表的工具很多，本节总结了一些常用的分库分表的工具，如表 14-1 所示。

表 14-1　常用的分库分表的工具

工　具	特　点
MyCAT	基于开源 Cobar 演变而来，兼容大多数数据库，遵守 MySQL 原生协议，基于心跳的自动故障切换，以及支持读/写分离等
DBLE	基于 MyCAT 二次开发，在兼容性、复杂查询和分布式事务方面做了改进与优化，并修复了一些 Bug。提供科学的元数据管理机制，可以更好地支持 show、desc 等管理命令

续表

工　具	特　点
Atlas	在 MySQL 官方推出的 MySQL-Proxy 0.8.2 版本的基础上，修复了大量 Bug，添加了很多功能和特性
MySQL Router	官方推出的轻量级中间件，可以在应用程序和后端 MySQL 服务之间提供透明路由，主要用来解决 MySQL 主节点和从节点的高可用、负载均衡、易扩展等问题
sharding-sphere	sharding-sphere 是一套开源的分布式数据库中间件解决方案组成的生态圈，由 Sharding-JDBC、Sharding-Proxy 和 Sharding-Sidecar（规划中）这 3 款相互独立的产品组成
TDDL	TDDL 是一个基于客户端的数据库中间件产品，基于 JDBC 规范，没有 Server，以 client-jar 的形式存在

14.5　分库分表后面临的问题

在分库分表之后，可能会面临一些问题，如事务支持问题、跨库查询问题、中间件高可用问题等。

14.5.1　事务支持问题

分库分表后就成了分布式事务，如果依赖数据库本身的分布式事务管理功能执行事务，将付出比较大的代价，如果由应用程序协助控制，形成程序逻辑上的事务，又会增加编程方面的负担。

如果有分布式事务的需求，则可以使用目前支持分布式事务的数据库，如 TiDB、TDSQL、PolarDB-X 2.0 等。

14.5.2　跨库查询问题

分库分表后可能无法 join 位于不同分库的表，也无法 join 分表粒度不同的表。分库之前一次查询能够完成的业务，分库后可能需要多次查询才能完成。

为了方便跨库 join，有时可以考虑使用全局表，相应的表数据，每个分库都存储一份。

14.5.3　中间件高可用问题

分库分表后增加了一层中间件，此时，中间件如果异常，将会导致整个业务中断，因此需要在上线前考虑中间件层的高可用。

14.6 总结

分库分表的原则是能不拆就不拆。因为分库分表之后，也有很多问题需要考虑。例如，使用哪个中间件？垂直拆分还是水平拆分？事务支持、跨库查询和中间件高可用等，在使用之前需要慎重考虑。

第 15 章

MySQL 的周边工具

有时单单依靠 MySQL 可能无法实现全部功能，这就需要借助一些周边工具，如 Redis、ClickHouse、Percona Toolkit 等，本章主要介绍这些工具与 MySQL 的配合使用。

15.1 Redis

目前，大多数互联网公司使用 MySQL 与 Redis 这一对组合来解决高并发的业务场景。

15.1.1 MySQL 与 Redis 配合完成秒杀场景

电商网站经常有秒杀的场景，其特点就是需要在短时间内处理大量高并发的请求。

在秒杀场景中，支付、商品出库等操作会涉及多张表，并且需要保证事务性，真正能成功下单的只有少部分用户，在 MySQL 中完成是比较好的选择。

在秒杀场景中，比较重要的步骤还有库存查验和库存扣减。例如，某种商品的库存保存在某张表的某行记录中，如果多个并发请求查询和修改某种商品的库存，那么可能会导致 MySQL 的死锁检测。

尽管 MySQL 可以通过配置 innodb_deadlock_detect 参数开启死锁回滚机制，但是一般要等 innodb_lock_wait_timeout 参数配置的时间后才会回滚，其间其他线程都在等待，对于秒杀场景这显然是不能接受的。

因此，在库存查验和库存扣减步骤中使用 Redis 来实现是出于以下几个原因。

- Redis 的并发处理能力比 MySQL 的并发处理能力高，如果秒杀开始有大量请求，就需要使用 Redis 先拦截大部分请求，避免大量请求直接发送给数据库。
- 可以使用 Redis 分布式锁来保证库存扣减和库存查验的原子性。

15.1.2 如何保证 Redis 和 MySQL 数据一致

在很多情况下，Redis 和 MySQL 数据需要保持一致，从而方便使用 Redis 来解决 MySQL 的一些高并发场景。目前比较主流的方案是 Read/Write Through、Cache Aside、消息订阅和解析 Binlog 更新 Redis 缓存。

方案 1：Read/Write Through

查询时：如果缓存中没有，则在数据库中查询，并把数据写入缓存中。

更新时：先更新数据库中的数据，再更新缓存中的数据。

但是多个线程对同一个订单数据并发写，也有可能造成缓存中的脏数据。因此，也可以采用另一种方案，即 Cache Aside。

方案 2：Cache Aside

查询时：如果缓存中没有，则在数据库中查询，并把数据写入缓存中。

更新时：先更新数据库中的数据，然后删除缓存。如果缓存中不存在则什么都不做。

通常的做法如下：写 MySQL 时同步写 Redis。

方案 3：消息订阅

如果 MySQL 有相关记录的更新，则先将消息发送给 MQ，然后启动一个服务消费 MQ 中的消息，并更新到 Redis 中，如图 15-1 所示。

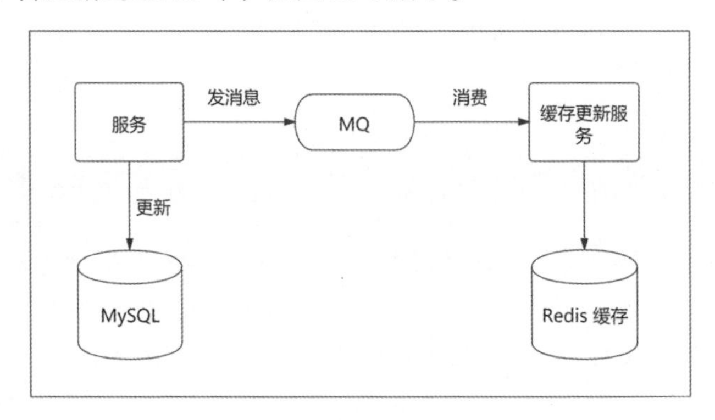

图 15-1 消息订阅

方案 4：解析 Binlog 更新 Redis 缓存

目前也有很多公司使用解析 MySQL 的 Binlog 来更新 Redis 缓存，大致过程如图 15-2 所示。

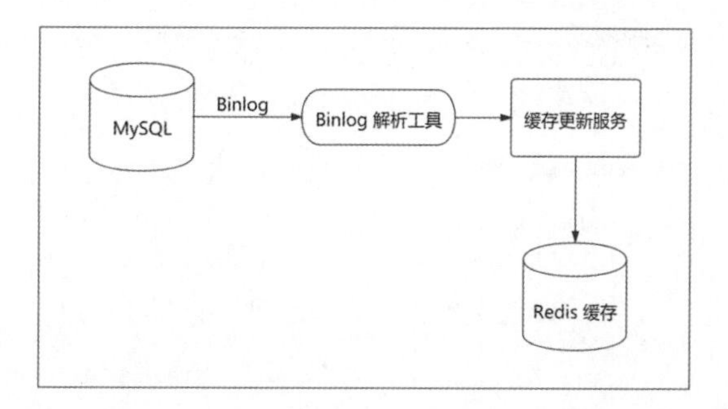

图 15-2　解析 Binlog 更新 Redis 缓存

15.2　ClickHouse 和 ClickTail

ClickTail 是 Altinity 公司开发的使用 Go 语言的日志解析、传输工具，可以解析 MySQL 的 Slow Log、Nginx 日志、MongoDB 日志等，并且能直接写入 ClickHouse。

本节主要通过 ClickTail+ClickHouse 实现 MySQL 的 Slow Log 的采集，并使用 Grafana 展示这个过程（实验使用的是 CentOS 7.8、ClickHouse 20.10.3）。

1. 安装 MySQL

MySQL 8.0 的安装请参考第 1 章的相关内容。

2. 安装并启动 ClickHouse

添加 ClickHouse 官方存储库，可以先参考 ClickHouse 官方文档，然后安装 ClickHouse：

```
yum install clickhouse-server clickhouse-client -y
```

找到下面这行代码，并去掉注释：

```
<listen_host>::</listen_host>
```

启动 ClickHouse：

```
systemctl start clickhouse-server
```

3. 创建慢查询表

登录 ClickHouse：

```
clickhouse-client -m
```

其中，-m 表示采用多行模式。

在 ClickHouse 上创建慢查询库：

```
create database if not exists clicktail;
```

新建 clicktail.mysql_slow_log 表（表结构来源于 ClickTail 的 GitHub）：

```
create table if not exists clicktail.mysql_slow_log
(
`_time` DateTime,
`_date` Date default toDate(`_time`),
`_ms` UInt32,
client String,
query String,
normalized_query String,
query_time Float32,
user String,
statement String,
tables String,
schema String,
rows_examined UInt32,
rows_sent UInt32,
lock_time Float32,
connection_id UInt32,
error_num UInt32,
killed UInt16,
rows_affected UInt32,
database String,
comments String,
bytes_sent UInt32,
tmp_tables UInt8,
tmp_disk_tables UInt8,
tmp_table_sizes UInt32,
transaction_id String,
query_cache_hit UInt8,
full_scan UInt8,
full_join UInt8,
tmp_table UInt8,
tmp_table_on_disk UInt8,
filesort UInt8,
filesort_on_disk UInt8,
merge_passes UInt32,
IO_r_ops UInt32,
IO_r_bytes UInt32,
IO_r_wait_sec Float32,
rec_lock_wait_sec Float32,
queue_wait_sec Float32,
pages_distinct UInt32,
sl_rate_type String,
sl_rate_limit UInt16,
hosted_on String,
read_only UInt8,
replica_lag UInt64,
role String
) engine = MergeTree(`_date`, (`_time`, query), 8192);
```

4. 配置 ClickTail

安装 ClickTail 可以参考 GitHub 的 ClickTail 项目。

修改配置文件：

```
vim /etc/clicktail/clicktail.conf
```

加入如下内容（配置时修改环境）：

```
[Application Options]
APIHost = http://localhost:8123/
[Required Options]
ParserName = mysql
LogFiles = /data/mysql/log/mysql-slow.log
Dataset = clicktail.mysql_slow_log
[MySQL Parser Options]
Host = localhost:3306
User = clicktail_r
Pass = IJNbgt666
```

在 MySQL 中创建用户：

```
create user 'clicktail_r'@'localhost' identified with mysql_native_password by 'IJNbgt666';
grant select on *.* to 'clicktail_r'@'localhost';
```

5. 启动 ClickTail

```
service clicktail start
```

6. 慢查询分析

如果 MySQL 有慢查询，则会实时写入 ClickHouse。

可以在 ClickHouse 中执行如下相关操作查出对应的慢查询。

（1）显示最慢的 10 条 SQL 语句：

```
select _time, query, round(query_time, 4) as latency from mysql_slow_log where query != 'commit' order by query_time desc LIMIT 10;
```

（2）显示锁时间最长的 10 条 SQL 语句：

```
select query,round(query_time, 4) as latency, round(lock_time, 6) as lock_time from mysql_slow_log where query != 'commit' and lock_time >0 order by lock_time desc limit 10;
```

（3）根据平均耗时查询。

查看数据库慢查询语句的平均耗时，以及 75%和 99%该类语句的平均耗时，并按照该类语句造成的负载进行排序：

```
select normalized_query, count(*) as count, round(avg(query_time), 4) as latency_avg, round(quantile(0.75)(query_time), 4) as latency_p75, round(quantile(0.99)(query_time), 4) as latency_p99, round((latency_avg * count) / (max(_time) - min(_time)), 4) as load from mysql_slow_log where query != 'commit' group by normalized_query having count > 1 order by load desc limit 10;
```

7. 安装 Grafana

Grafana 的安装可参考 12.3.7 节。

8. 安装 ClickHouse Grafana 插件

使用 grafana-cli 安装 ClickHouse Grafana 插件：

```
grafana-cli plugins install vertamedia-clickhouse-datasource
```

启动 Grafana：

```
systemctl start grafana-server.service
```

9. 配置 ClickHouse 数据源

登录 Grafana（登录地址为 IP:3000），初始用户名和密码都是 admin。

如图 15-3 所示，选择“Configuration”→“Data Sources”命令，切换至“Data Sources”选项卡，单击“Add data source”按钮进入数据源添加界面。

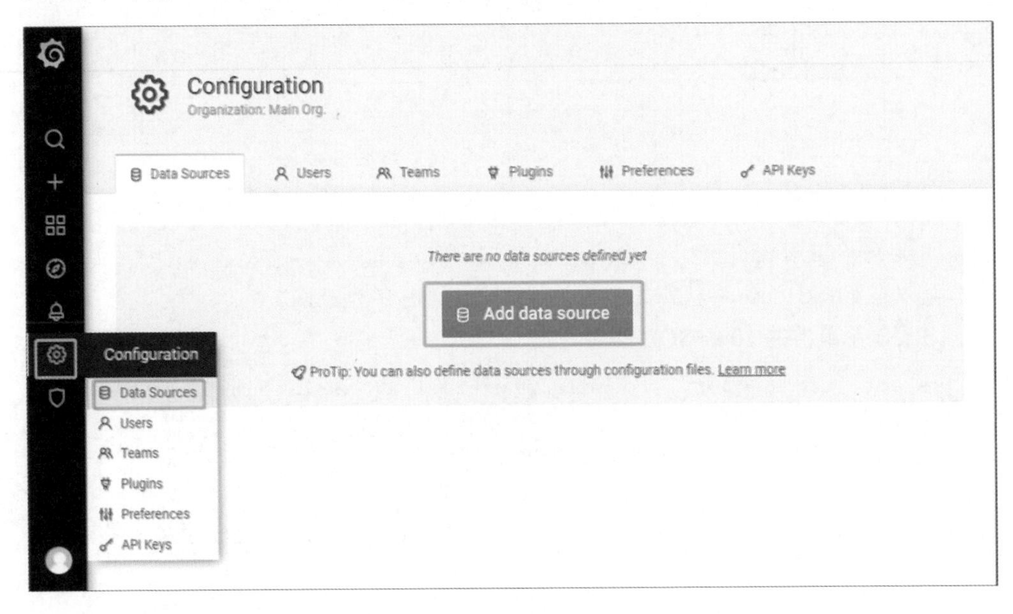

图 15-3　进入数据源添加界面的方式

选择 ClickHouse 数据源，如图 15-4 所示。

图 15-4　选择 ClickHouse 数据源

如图 15-5 所示，配置 ClickHouse 数据源。

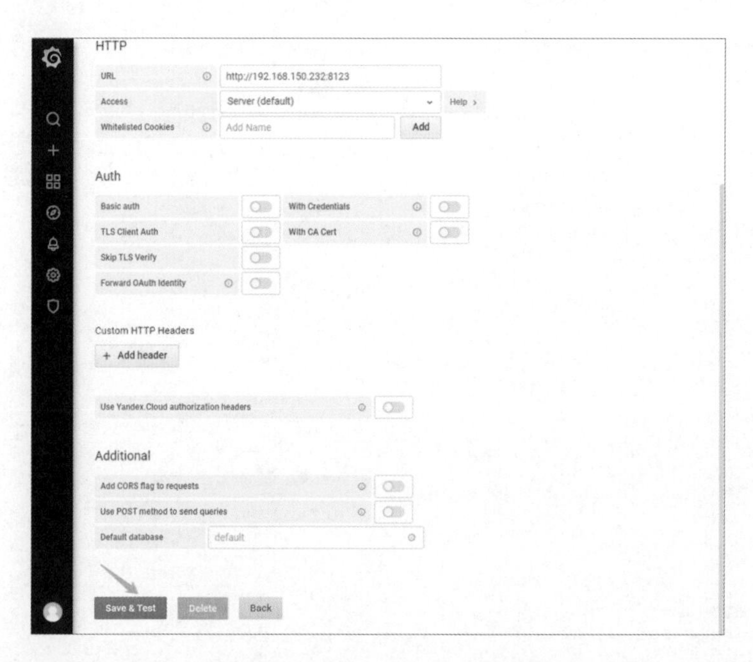

图 15-5　配置 ClickHouse 数据源

单击 “Save & Test” 按钮，如果出现如下内容则说明连接 ClickHouse 数据源正常：

```
Data source is working
```

10. 创建仪表板

单击主页最左边的 “+” 图标，选择 “Dashboard” 选项，弹出的界面如图 15-6 所示。

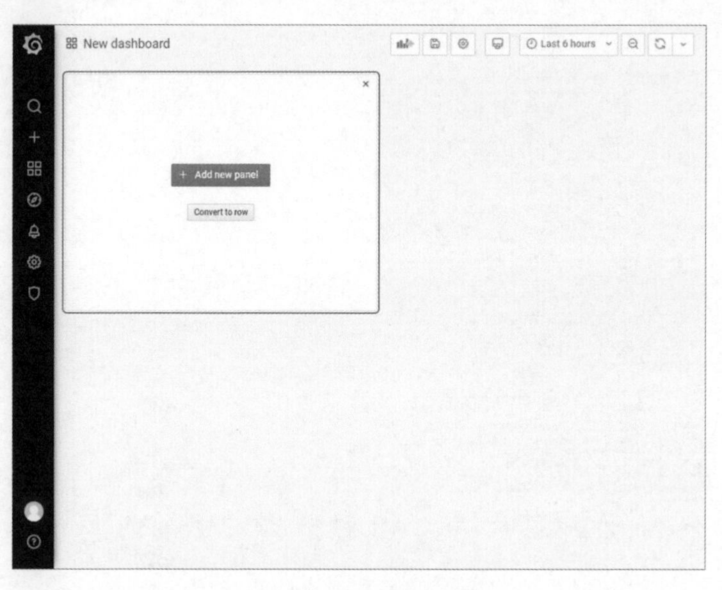

图 15-6　创建仪表板

11. 配置图形

单击图 15-6 中的“Add new panel”按钮，弹出的界面如图 15-7 所示。

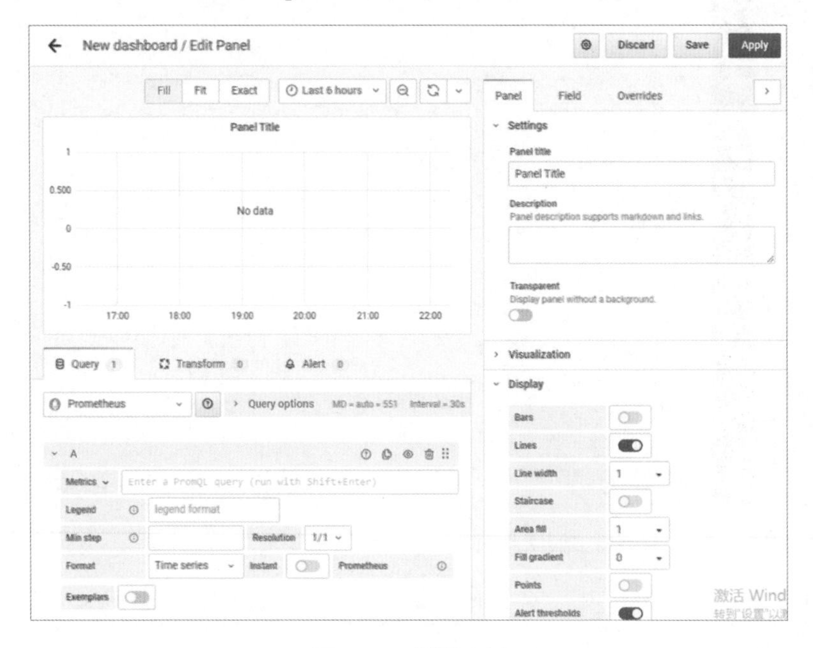

图 15-7　新增面板

先切换至“Query”选项卡，然后选择刚才添加的数据源，以及之前添加的库和表（clicktail.mysql_slow_log），时间字段选择“_time”，然后单击“Go to Query”按钮，如图 15-8 所示。

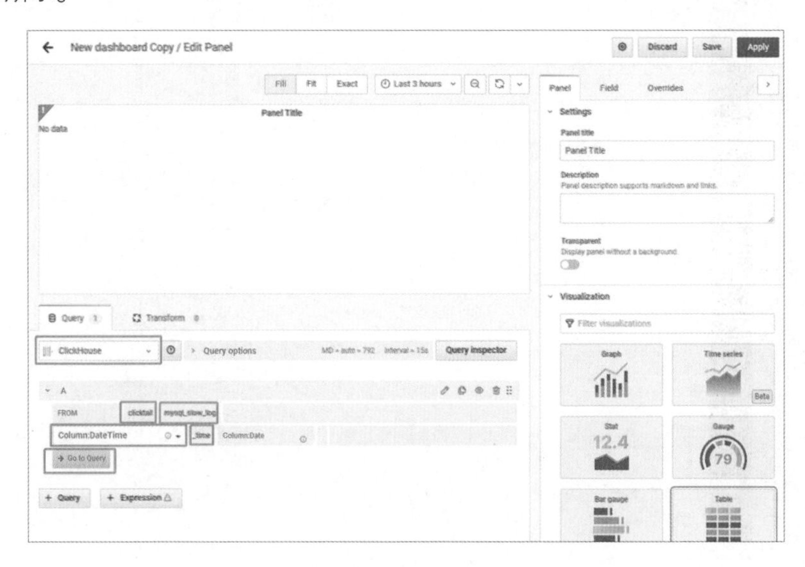

图 15-8　面板配置

跳转到图 15-9 中显示的界面后，输入慢查询 SQL 语句，并在右边的 “Visualization” 面板中选择 “Table” 选项。

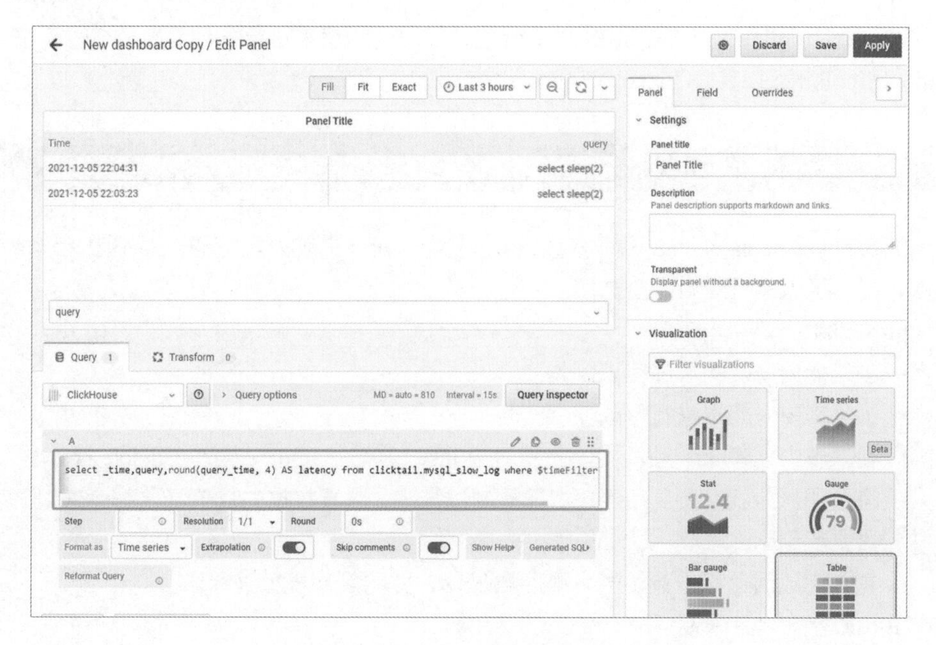

图 15-9　面板配置

图 15-9 中的 SQL 语句如下：

```
select _time,query,round(query_time, 4) as latency from clicktail.
mysql_slow_log where $timeFilter limit 10
```

其中，$timeFilter 表示右上角选择的时间范围。

单击图 15-9 中的 “Save” 按钮。在该仪表板中查看，效果如图 15-10 所示。

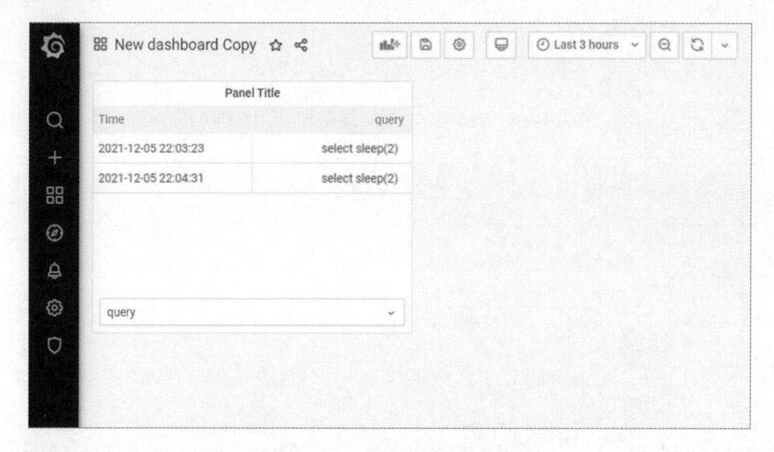

图 15-10　慢查询的展示效果

至此，实现了通过 ClickHouse+ClickTail+Grafana 展示 MySQL 的慢查询。

15.3 Percona Toolkit

Percona Toolkit 是非常实用的命令行工具包，可以用来执行各种复杂的任务。安装 Percona Toolkit 可以参考 Percona 官网。

15.3.1 pt-osc

pt-online-schema-change（简写为 pt-osc）可以在线更改大表结构，而不阻止读取或写入，并且可以实时查看执行进度。

pt-osc 的工作原理如下。

- 创建需要修改的表的空表副本。
- 根据需要对副本进行修改。
- 在原表中创建 3 个触发器，分别对应 insert 操作、update 操作、delete 操作。
- 将数据从原表复制到新表中，在复制过程中，原表数据的任何修改都会通过触发器更新到副本表。
- 复制完成后，移走原始表，删除触发器，并用副本表替换原表。

pt-osc 存在以下限制。

- 表必须有主键或唯一索引。
- 不支持使用 rename 语句对表重命名。
- 不能通过删除并重新添加新名称来重命名列，该工具不会将原始列的数据复制到新列。
- 如果添加没有默认值的列并且将该列设置为 not null，则会执行失败。
- 该工具不适用于 MySQL 5.0，因为可能会导致主从复制中断。

pt-osc 的用法举例如下。

如果需要为某张表加字段，则可以执行如下语句：

```
    pt-online-schema-change --user=pt_user --password=xxx --charset=
utf8 --alter "add column c int(10)" D=aaa,t=t1 --print --execute
```

- --alter：结构变更语句，多个更改可以用逗号隔开。
- D：连接的库。
- t：连接的表。
- --print：将执行的 SQL 语句打印出来。
- --execute：更改表。

15.3.2 pt-query-digest

pt-query-digest 既可以用来分析来自 Slow Log、General Log 和 Binlog 中的查询语句，

也可以用来分析来自 tcpdump 的查询和 MySQL 协议数据。

分析 MySQL 慢查询：

```
pt-query-digest /var/lib/mysql/node3-slow.log >/data/slow_01.log
```

查看分析结构：

```
cat /data/slow_01.log
```

有如下内容。

第一部分：

```
# 170ms user time, 20ms system time, 25.84M rss, 220.15M vsz
# Current date: Tue May 18 14:54:15 2021
# Hostname: node3
# Files: /var/lib/mysql/node3-slow.log
#  Overall: 2 total, 1 unique, 0.29 QPS, 0.43x concurrency
________________
# Time range: 2021-05-18T06:53:58 to 2021-05-18T06:54:05
# Attribute          total     min     max     avg     95%  stddev
median
# ============     ======= ======= ======= ======= ======= =======
=======
# Exec time             3s      1s      2s      2s      2s   707ms      2s
# Lock time              0       0       0       0       0       0       0
# Rows sent              2       1       1       1       1       0       1
# Rows examine           2       1       1       1       1       0       1
# Query size            30      15      15      15      15       0      15
```

这一部分是输出慢查询的总体信息。

- user time：执行过程中所花费的时间。
- system time：执行过程在系统内容空间中所花费的时间。
- rss：pt-query-digest 进程所分配的内存大小。
- vsz：pt-query-digest 进程所分配的虚拟内存大小。
- Overall：总体的情况。
- unique：总共有多少种不同的查询。
- QPS：每秒的查询量。
- concurrency：查询的并发数。
- Time range：执行的时间范围。

第二部分：

```
# Profile
# Rank Query ID                            Response time Calls R/Call V/M
# ==== =================================== ============= ===== 
====== ====
#    1 0x59A74D08D407B5EDF9A57DD5A41825CA  3.0004 100.0%     2 1.5002
0.33 SELECT
```

这一部分输出所有慢查询的排名。

第三部分：

```
# Query 1: 0.29 QPS, 0.43x concurrency, ID 0x59A74D08D407B5EDF9A57DD5A41825CA at byte 206
# This item is included in the report because it matches --limit.
# Scores: V/M = 0.33
# Time range: 2021-05-18T06:53:58 to 2021-05-18T06:54:05
# Attribute    pct   total     min     max     avg     95%  stddev  median
# ============ === ======= ======= ======= ======= ======= ======= =======
# Count        100       2
# Exec time    100      3s      1s      2s      2s      2s   707ms      2s
# Lock time      0       0       0       0       0       0       0       0
# Rows sent    100       2       1       1       1       1       0       1
# Rows examine 100       2       1       1       1       1       0       1
# Query size   100      30      15      15      15      15       0      15
# String:
# Hosts        localhost
# Users        root
# Query_time distribution
#   1us
#  10us
# 100us
#   1ms
#  10ms
# 100ms
#    1s  ################################################################
#  10s+
# EXPLAIN /*!50100 PARTITIONS*/
select sleep(2)\G
```

这一部分输出每类查询语句的详细信息。

15.3.3 pt-kill

在维护数据库时，可能会批量 kill 某类特定的 SQL 语句，如执行时间超过 60 秒的 SQL 语句。按照以往的方式，可能需要先通过 slow processlist 查询出来，再 kill，通常比较麻烦，而 Percona 提供的查杀特定 SQL 语句的工具是 pt-kill。

kill 运行时间超过 60 秒的查询：

```
pt-kill -upt_user -pxxx --busy-time 60 --kill
```

打印运行时间超过 60 秒的查询

```
pt-kill -upt_user -pxxx --busy-time 60 --print
```

每隔 10 秒检查处于 Sleep 状态的进程，并 kill：

```
pt-kill -upt_user -pxxx --match-command Sleep --kill --victims all --interval 10
```

- --match-command：线程命令值，与 show processlist 中的 Command 列相匹配。
- --victims：每个匹配的查询种类中，哪些查询将被 kill，包含 oldest（只 kill 最旧的单个查询）、all（kill 该类中的所有查询）、all-but-oldest（除最旧的查询外，其他的都 kill）。
- --interval：每隔多久检查一次。

15.3.4 pt-table-checksum

pt-table-checksum 用于校验 MySQL 主从一致性。

具体用法如下：

```
    pt-table-checksum   h='192.168.150.253',u='pt_user',p='xxx',P=3306
-dpt  -tt1  --nocheck-replication-filters    --no-check-binlog-format
--replicate=test.checksum
```

- --nocheck-replication-filters：不检查复制的过滤规则，如 replicate_do_db、replicate-ignore-db 等。
- --no-check-binlog-format：不检查复制的 Binlog 模式。
- --replicate：把校验结果写到指定表中。

15.3.5 pt-table-sync

可以通过 pt-table-sync 同步 MySQL 表数据：

```
    pt-table-sync h=172.17.61.131,u=repl,p=repl,P=3306 --d=xxx --tables=xxx
--replicate=percona.sync --print
```

15.4 总结

MySQL 不是万能的，所以需要结合其他的工具来实现一些功能，如本章提到的 Redis、ClickHouse 和 Percona Toolkit。

当然，本章并没有列出 Redis、ClickHouse 和 Percona Toolkit 的所有功能，如果读者感兴趣，可以自行深入了解这些工具。

第 16 章

MySQL 8.0 的新特性

8.0 作为最新一代的 MySQL 版本，是非常受欢迎的开源数据库的新版本。与以前的版本相比，除了性能有较大提升，MySQL 8.0 还引入了很多新特性，包括事务性数据字典、快速加列、原子 DDL、支持资源组的创建和管理、持久化自增列、不可见索引、窗口函数、直方图、降序索引、持久化全局变量等。

16.1 事务性数据字典

数据库的数据字典作为数据库相关元数据信息的集合，对数据库操作的维护、管理、统计等非常重要。同样，MySQL 也有其数据字典。MySQL 的数据字典存储了数据库的元数据信息，其中包括 database、table、index、column、function、trigger、procedure、privilege 等，以及与存储引擎相关的元数据，如 InnoDB 的 tablespace、table_id、index_id 等。与之前的版本相比，MySQL 8.0 在数据字典方面的变更是比较大的，解决了之前 MySQL 版本中存在的不少问题。

16.1.1 MySQL 8.0 之前版本的数据字典

MySQL 8.0 之前版本的数据字典如图 16-1 所示。MySQL 的数据字典的信息分布在 MySQL Server 层、mysql 库的系统表和 MySQL InnoDB 内部系统表中。如果 MySQL 有元数据信息的相关变动，如新建表操作，MySQL Server 层、mysql 库的系统表和 MySQL InnoDB 内部系统表就会发生变动，但是这个信息变动并不是原子操作，因此，有可能出现 MySQL Server 层与 InnoDB 层数据字典不一致的情况。

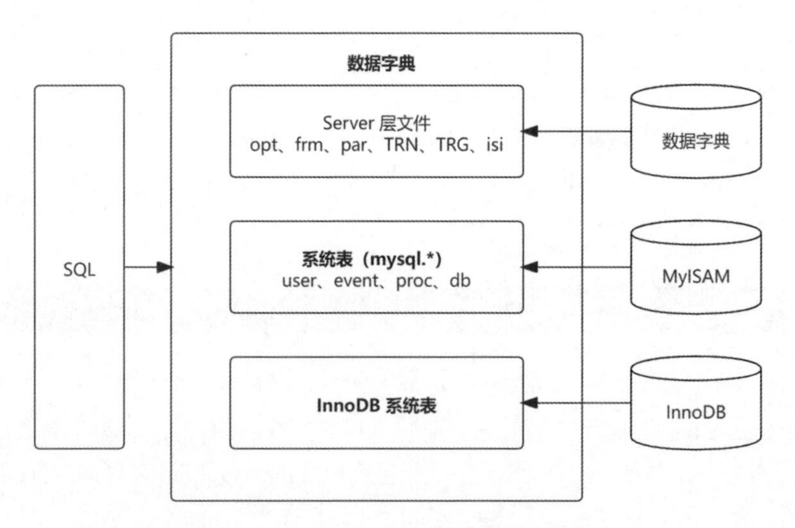

图 16-1　MySQL 8.0 之前版本的数据字典

MySQL 8.0 之前版本的数据字典主要包括如下信息。

- MySQL Server 层数据字典信息文件。
  - .db.opt 文件：数据库的字典信息。
  - .frm 文件：库表元数据信息的文件。
  - .par 文件：分区表定义文件。InnoDB 引入了对 InnoDB 表的本机分区支持后，MySQL 5.7 就不再使用分区定义文件。
  - .trn 文件：触发器空间文件。
  - .isl 文件：InnoDB 符号链接文件，即在数据目录外部创建的表空间文件的链接位置。
  - .trg 文件：触发器参数文件。
- MySQL 实例 mysql 库的系统表：包括 mysql.user 表、 mysql.db 表、mysql.proc 表等。
- MySQL InnoDB 层内部系统表。
  - SYS_DATAFILES：InnoDB 表空间数据文件的路径信息。
  - SYS_FOREIGN：InnoDB 外键相关的元数据信息。
  - SYS_FOREIGN_COLS：InnoDB 外键列的状态信息。
  - SYS_TABLESPACES：InnoDB 独立表空间和普通表空间的元数据信息。
  - SYS_VIRTUAL：InnoDB 虚拟生成列和与之关联列的元数据信息。

16.1.2　MySQL 8.0 之前版本的数据字典存在的问题

正如上面提到的，MySQL 8.0 之前版本的数据字典分布在 MySQL Server 层、mysql 库的系统表和 MySQL InnoDB 内部系统表中，这样的分散存储会带来如下问题。

- mysql 库中的数据字典表的存储引擎有一些是 MyISAM，MyISAM 比 InnoDB 容易损坏。

- 当 MySQL 库表 DDL 变更时，由于数据字典是分散存储的，因此容易引起 Server 层与 InnoDB 层的数据字典不一致。
- 对 MySQL 后续功能的迭代和扩展有局限性，因为数据字典分散在不同的地方更难做代码兼容。

16.1.3 MySQL 8.0 的数据字典

MySQL 8.0 对数据字典进行了比较大的改进，主要包括以下几点。

- MySQL 8.0 的数据字典的信息全部统一存储在 InnoDB 层的数据字典表中，即所有元数据都以表的形式存储，并且存储在单独的 mysql.ibd 文件中，容易被隐藏，不能使用 SQL 语句直接查询。mysql.ibd 文件如下所示：

```
-rw-r----- 1 work work       56 Aug 26  2020 auto.cnf
-rw-r----- 1 work work        5 Jun  2 20:16 mysqldba.pid
-rw------- 1 work work     1676 Aug 26  2020 ca-key.pem
-rw-r--r-- 1 work work     1112 Aug 26  2020 ca.pem
-rw-r--r-- 1 work work     1112 Aug 26  2020 client-cert.pem
-rw------- 1 work work     1680 Aug 26  2020 client-key.pem
-rw-r----- 1 work work    83529 Jun  2 20:17 error.log
drwxr-x--- 2 work work     4096 Dec 31 14:38 fantest
-rw-r----- 1 work work   393216 Jun 30 20:14 #ib_16384_0.dblwr
-rw-r----- 1 work work  8781824 Dec 29  2020 #ib_16384_1.dblwr
-rw-r----- 1 work work     2563 Jun  2 20:16 ib_buffer_pool
-rw-r----- 1 work work 12582912 Jun 30 20:14 ibdata1
-rw-r----- 1 work work 50331648 Jun 30 20:14 ib_logfile0
-rw-r----- 1 work work 50331648 Dec 28  2020 ib_logfile1
-rw-r----- 1 work work 12582912 Jun  2 20:16 ibtmp1
drwxr-x--- 2 work work     4096 Jun  2 20:16 #innodb_temp
drwxr-x--- 2 work work     4096 Dec  1  2020 mysql
-rw-r----- 1 work work      171 Dec  3  2020 mysqld-auto.cnf
-rw-r----- 1 work work 25165824 Jun  2 20:16 mysql.ibd
drwxr-x--- 2 work work     4096 Aug 26  2020 performance_schema
-rw------- 1 work work     1680 Aug 26  2020 private_key.pem
-rw-r--r-- 1 work work      452 Aug 26  2020 public_key.pem
-rw-r--r-- 1 work work     1112 Aug 26  2020 server-cert.pem
-rw------- 1 work work     1680 Aug 26  2020 server-key.pem
drwxr-x--- 2 work work     4096 Aug 26  2020 sys
drwxr-x--- 2 work work     4096 Jan 17 08:20 test
drwxr-x--- 2 work work     4096 Jan 17 08:20 test2
-rw-r----- 1 work work 11534336 Jun  2 20:18 undo_001
-rw-r----- 1 work work 11534336 Jun  2 20:18 undo_002
```

- MySQL 8.0 不再以文件形式存储数据字典的信息，以前版本的数据字典的信息文件（.db.opt 文件、.frm 文件、.par 文件、.trn 文件、isl 文件、.trg 文件）不再使用，都以数据字典表的形式存储。

- 下面列举了 MySQL 8.0 主要的数据字典表，存储引擎为 InnoDB，这些数据字典表是不可见的，不能通过 SELECT 查询，并且使用 show tables 命令也不能查看。

catalogs：目录信息表。

character_sets：可用字符集信息表。

check_constraints：查询在表上定义的约束的信息表。

collations：字符集的排序规则的信息表。

column_statistics：列值的直方图统计信息表。

column_type_elements：列使用的类型的信息表。

columns：表中列的信息表。

dd_properties：标识数据字典属性表。

events：计划事件信息表。

foreign_keys：外键相关信息表。

index_column_usage：索引使用的列信息表。

index_partitions：索引使用的分区信息表。

index_stats：动态索引统计信息表。

indexes：表索引的信息表。

innodb_ddl_log：用作 DDL 崩溃安全的日志。

parameter_type_elements：存储过程和函数参数，以及有关存储函数的返回值信息表。

parameters：存储过程和功能的信息表。

resource_groups：资源组的信息表。

routines：存储过程的信息表。

schemata：数据库的信息表。

st_spatial_reference_systems：可用空间数据参考系统的信息表。

table_partition_values：表分区使用值的信息表。

table_partitions：分区的信息表。

table_stats：在执行 analyze table 语句时生成的动态统计信息表。

tables：所有表的集合信息表。

tablespace_files：表空间使用的文件信息表。

tablespaces：活动表空间的信息表。

triggers：触发器的信息表。

view_routine_usage：视图和视图使用的存储函数之间的依赖关系的信息表。

view_table_usage：跟踪视图及其基础表之间的依赖关系表。

- 不能直接使用 select from the mysql.schemata 命令查看数据字典表，但是可以以视图的形式查询 information_schema 库下的表，从而获取数据字典表的相关信息。下面通过视图查看数据字典表的相关信息：

```
mysql> select * from mysql.schemata;
ERROR 3554 (HY000): Access to data dictionary table 'mysql.schemata' is rejected.

mysql> use information_schema
Database changed

mysql> show create table schemata\G;
*************************** 1. row ***************************
           View: SCHEMATA
create View: create ALGORITHM=UNDEFINED DEFINER=`mysql.infoschema`@`localhost` SQL SECURITY DEFINER VIEW `SCHEMATA` as select (`cat`.`name` collate utf8_tolower_ci) as `CATALOG_NAME`,(`sch`.`name` collate utf8_tolower_ci) as `SCHEMA_NAME`,`cs`.`name` as `DEFAULT_CHARACTER_SET_NAME`,`col`.`name` as `DEFAULT_COLLATION_NAME`,NULL as `SQL_PATH`,`sch`.`default_encryption` as `DEFAULT_ENCRYPTION` from (((`mysql`.`schemata` `sch` join `mysql`.`catalogs` `cat` on((`cat`.`id` = `sch`.`catalog_id`))) join `mysql`.`collations` `col` on((`sch`.`default_collation_id` = `col`.`id`))) join `mysql`.`character_sets` `cs` on((`col`.`character_set_id` = `cs`.`id`))) where (0 <> can_access_database(`sch`.`name`))
character_set_client: utf8
collation_connection: utf8_general_ci
1 row in set (0.00 sec)
```

16.1.4 序列化字典信息

MySQL 8.0 不仅将元数据信息存储在数据字典表中，还在 SDI(Serialized Dictionary Information，序列化字典信息) 中冗余存储了一份。对于 InnoDB 的表，SDI 数据直接存放在表空间文件中，然而，其他的存储引擎，SDI 数据存储在 sdi.文件中。如下所示，新建一个 MyISAM 的表，存放 SDI 数据的文件为 test_sdi_432.sdi:

```
MySQL> create table test_sdi(id int ) engine=myisam;
Query OK, 0 rows affected (4.42 sec)

# ll
total 8
-rw-r----- 1 work work 1632 Dec 16 00:02 test_sdi_432.sdi
-rw-r----- 1 work work    0 Dec 16 00:02 test_sdi.MYD
-rw-r----- 1 work work 1024 Dec 16 00:02 test_sdi.MYI
```

MySQL 8.0 已经存放了数据字典信息，还要冗余这样一份 SDI，这是因为当数据字典损坏时，通过冗余的 SDI，使用 ibd2sdi 工具抽取元数据信息，可以重新恢复数据字典。

需要指出的是，若存储引擎为 InnoDB 的分区表，那么 SDI 存储在第一个分区的表空间文件中。

16.1.5 MySQL 8.0 的数据字典的优势

MySQL 8.0 对数据字典的改进有很多优势，可以总结为以下 4 点。

（1）**数据字典表不易损坏。**mysql 库中存储与元数据相关的数据字典表，由 MyISAM 改为 InnoDB。与 MyISAM 相比，InnoDB 不易损坏。

（2）**表的 DDL 变更可以实现原子性。**MySQL 8.0 将元数据信息统一存储到数据字典中，相比以前版本的数据字典，更容易实现 DDL 变更的原子操作。因为 DDL 变更时，不再对 MySQL Server 层、mysql 库的系统表和 MySQL InnoDB 内部系统表的元数据信息同时进行变更，只针对数据字典表中的元数据信息进行变更，所以出现问题更容易回滚。

（3）**可以间接查询数据字典表。**MySQL 8.0 不能直接查询数据字典表，但是可以在 information_schema 库中通过视图的形式间接查看。MySQL 8.0 之前的版本在获取数据字典信息时，不仅仅是查表操作。例如，在读取表结构信息时，其实是读取.frm 文件的操作。MySQL 8.0 通过视图的方式查询数据字典信息相当于间接查表，效率更高。

（4）**SDI 为元数据信息的损坏修复增加了保障。**MySQL 8.0 通过 SDI 冗余了一份元数据信息，如果数据字典损坏，则可以通过 SDI 恢复。

16.2 快速加列

在实际的生产环境中，有时需要对 MySQL 中的大表加字段，加字段过程中可能会出现以下一些问题。

- 使用原生的 online DLL 方式对大表加字段时，从库延迟时间过长，可能影响生产业务。
- 不管是使用原生的 online DLL 方式创建临时文件，还是借助 gh-ost 工具或 pt-osc 工具创建临时表，都会消耗 MySQL 大量 CPU、内存等资源，可能影响业务的稳定性。
- 使用原生的 online DLL 方式或借助 gh-ost 工具或 pt-osc 工具对大表进行加字段操作，会耗费较长的时间，对于需要紧急加字段的情况，不能较快支持业务变更。

从 MySQL 8.0.12 开始支持快速加列功能，可以实现大表秒级加列，完美地解决了上述问题。

16.2.1 快速加列功能的使用和限制

快速加列的使用语法如下（其中，algorithm=instant 可以省略）:

```
alter table  table_name add column column_name column_definition,
algorithm=instant;
```

MySQL 8.0 快速加列在使用时有一些限制。

- 仅支持在最后面添加列。
- 若 SQL 语句中包含 add column 和其他操作，其中有一部分语句操作不支持快速加列特性，则会导致操作失败。
- 不支持行格式中有 compressed 的表。
- 不支持包含全文索引的表。
- 不支持临时表。
- 不支持在数据字典表空间中创建的表。
- 在进行快速加列时不会评估行的大小限制，但是，在 DML 变更（insert 和 update）时会检查行的大小限制。

快速加列也适用于同时加入多个列的情况，语法如下（其中，algorithm=instant 可以省略）:

```
alter table t1 add column c2 int, add column c3 int, algorithm=instant;
```

16.2.2 快速加列的原理

MySQL 8.0 快速加列的原理大致如下。

（1）在执行添加 instant 列的过程中，MySQL 将首次添加 instant 列之前的字段个数和添加的 instant 列的默认值保存在系统表中。

（2）在新增的行记录上加入 info_bit 信息，info_bit 包括一个 flag，可以标记这条记录是否为添加 instant 列之后才更新或插入的。同时，新增的行记录中还包括存储字段数量的存储位（1 字节或 2 字节），用来记录字段的数量。

（3）快速加列完成后，对该表的增、删、改、查操作会有如下变化。

- 当插入数据时，插入的行数据会额外记录 flag 和字段数量信息。
- 当删除数据时，与旧数据操作保持一致。
- 当更新数据时，若 instant 列发生变化，对旧数据的 update 操作就会进行内部转换，转换为 delete 操作和 insert 操作。
- 当查询数据时，如果查询的结果中包含旧记录，则只需要增加 instant 列的默认值，新记录按照新的存储格式进行解析，数据的新格式和旧格式可以兼容。

根据上面描述的快速加列的原理可知，MySQL 8.0 快速加列实际上只修改了表结构，同时记录新增 instant 列的默认值和 instant 列之前的字段个数，原行记录并没有被修改，新增记录的行格式发生了变化，增加了 flag 和字段数量信息，用来满足增、删、改、查等 SQL 需求，因此，在执行 DDL 变更时，没有执行重建表复制数据和应用变更日志这两个耗时较长的步骤，执行效率很高。

16.2.3　快速加列的过程

MySQL 8.0 快速加列的过程如下。

Prepare 阶段

（1）变更线程持有被变更表的 MDL 读锁，此时表被允许读/写，禁止其他线程执行 DDL。

（2）为变更表创建临时表对象。

（3）确定使用哪种执行方式（instant、copy、online-rebuild、online-nonrebuild）。

DDL 执行阶段

若判断为 instant DDL 类型，则直接返回。

Commit 阶段

（1）被变更表的锁升级为 MDL 写锁，此时表被禁止读/写。

（2）在系统表中记录第一次快速加列之前的列的个数。

（3）在系统表中记录 instant 列的默认值。

（4）提交事务。

需要指出的是，在快速加列的过程中，其中被变更表的锁升级为 MDL 写锁的时间很短，可以忽略不计，所以整个过程是 online DDL 的操作。

16.3　原子 DDL

MySQL 8.0 之前的版本是不支持原子 DDL 变更的，在建表时可能会发生崩溃导致建表失败，遗留下.frm 文件和.idb 文件。另外，当使用一条 SQL 语句删除两张表时，可能其中一张表创建成功，另一张表创建失败。MySQL 8.0 支持原子 DDL 变更，解决了以上问题。正如上面提到的，原子 DDL 的实现离不开 MySQL 8.0 对数据字典的改造。

16.3.1　原子 DDL 的使用范围和限制

MySQL 8.0 原子 DDL 的使用范围，不仅包括表相关的 DDL 变更，还包括非表相关的 DDL 变更。

- 表相关的 DDL 变更：操作库、表、索引等表数据相关的 DDL 变更，如 drop table t1,t2 等 SQL 语句。
- 非表相关的 DDL 变更。
  - 操作触发器、函数、存储过程、视图等的 DDL 变更，如 drop procedure pr1,pr2。
  - 操作用户管理相关的语句的 DDL 变更，如 drop user tu1,tu2。

原子 DDL 的使用限制包括以下几点。

- 只支持 InnoDB。
- 不支持 install plugin 语句和 uninstall plugin 语句。
- 不支持 create server 语句、alter server 语句和 drop server 语句。
- 不支持 install component 语句和 uninstall component 语句。

从上述关于原子 DDL 的使用范围和限制的描述可以看出，原子 DDL 的使用范围还是很广泛的，限制并不是很多。需要指出的是，操作触发器、函数、存储过程、视图等的 DDL 变更时，触发器、函数、存储过程、视图中使用的表如果不是 InnoDB，也能支持原子 DDL。例如，drop procedure pr1,pr2，pr1 中使用的表不是 InnoDB，但是整个 SQL（drop procedure pr1,pr2）依然可以是原子的。

16.3.2 原子 DDL 的特性和操作

原子 DDL 就是把元数据更新、二进制日志写入、存储引擎的操作，组合成原子事务操作，要么全部成功，要么失败回滚。下面介绍常用的一些原子操作 SQL 示例。

（1）MySQL 5.7 执行 drop table 语句：

```
 mysql> create table tt1(id int) engine=innodb;
Query OK, 0 rows affected (2.03 sec)

mysql> drop table tt1,tt2;
ERROR 1051 (42S02): Unknown table 'test.tt2'

mysql> show tables;
Empty set (0.00 sec)
```

可以看出，MySQL 5.7 执行 drop table 语句不是原子的。

MySQL 8.0 执行 drop table 语句：

```
 mysql> create table tt1(id int) engine=innodb;
Query OK, 0 rows affected (2.03 sec)

mysql> drop table tt1,tt2;
ERROR 1051 (42S02): Unknown table 'test.tt2'

mysql> show  tables;
+----------------+
| Tables_in_test |
+----------------+
| tt1            |
+----------------+
1 row in set (0.00 sec)
```

可以看出，MySQL 8.0 执行 drop table 语句是原子的。

（2）若一个 InnoDB 库中的所有表都使用 InnoDB，则 drop database 事务是原子的，要么成功删除所有表，要么回滚。需要指出的是，最后阶段从文件系统中删除数据库目录不是原子 DDL 的一部分，如果服务器宕机导致数据库目录删除失败，则不会回滚 drop database 事务。

（3）对于不支持原子 DDL 的表，表删除发生在原子 drop table 语句或 drop database 事务之外，不属于原子 DDL 操作的一部分，如 drop table t1,t2,t3，其中表 t1 是 MyISAM，则原子 DDL 其实是不包括 drop table t1 表的。

（4）MySQL 8.0 的视图、存储过程、函数、触发器等也支持原子 DDL。MySQL 5.7 的 drop view 语句如下：

```
mysql> create view view1 as select * from tt1;
Query OK, 0 rows affected (0.06 sec)

mysql> drop view view1,view2;
ERROR 1051 (42S02): Unknown table 'test.view2'

mysql> show table status where comment ='view';
Empty set (0.00 sec)
```

可以看出，MySQL 5.7 执行 drop view 语句不是原子的。

MySQL 8.0 的 drop view 语句如下：

```
mysql> create view view1 as select * from tt1;
Query OK, 0 rows affected (0.01 sec)

mysql> drop view view1,view2;
ERROR 1051 (42S02): Unknown table 'test.view2'

mysql> show table status where comment ='view'\G
*************************** 1. row ***************************
           Name: view1
         Engine: NULL
        Version: NULL
     Row_format: NULL
           Rows: NULL
 Avg_row_length: NULL
    Data_length: NULL
Max_data_length: NULL
   Index_length: NULL
      Data_free: NULL
 Auto_increment: NULL
    Create_time: 2021-08-12 11:49:40
    Update_time: NULL
     Check_time: NULL
      Collation: NULL
       Checksum: NULL
 Create_options: NULL
        Comment: VIEW
1 row in set (0.00 sec)
```

可以看出，MySQL 8.0 执行 drop view 语句是原子的。

16.3.3 原子 DDL 的原理

MySQL 8.0 实现原子 DDL 的原理的核心在于，要保证数据字典的修改、引擎层的修改和写 Binlog 是一个事务，以下两点保证可以实现整个事务。

（1）MySQL 本身的两阶段提交实现了存储引擎 DML 变更和 Binlog 的内容是一致的，数据字典也是通过 InnoDB 引擎存储，因此，数据字典的修改和 Binlog 的内容也可以实现一致性。

（2）还需要解决数据字典和引擎层修改的一致性问题，引擎层的修改有的不写 Redo Log，如创建文件、重命名文件名等，不能通过两阶段提交来解决。MySQL 8.0 通过引入 ddl_log 机制解决了数据字典和引擎层修改的一致性问题。大致过程就是将不写 Redo Log 的部分通过 innodb_ddl_log 表记录下来，因为 innodb_ddl_log 表是通过 InnoDB 存储的，可以解决 ddl_log 数据与数据字典修改的一致性问题，最终解决数据字典和引擎层修改一致性的问题。

引入 innodb_ddl_log 表使 DDL 变更发生了两点变化：一是上面提到的在执行 DDL 的过程中，会将部分操作记录到 innodb_ddl_log 表中；二是新增了 post_ddl 阶段，读取 innodb_ddl_log 表的内容，并回放。例如，drop table 语句，其实删除物理文件就是最后在 post-ddl 阶段做的，先读取 innodb_ddl_log 表的内容，然后回放删除物理文件。

16.3.4 原子 DDL 的调试

MySQL 8.0 不仅增加了 innodb_print_ddl_logs 选项，还设置 log_error_verbosity =3，可以看到对应的 DDL Log 日志：

```
mysql> set global innodb_print_ddl_logs = 1;
Query OK, 0 rows affected (0.00 sec)

mysql> set global log_error_verbosity = 3;
Query OK, 0 rows affected (0.00 sec)
```

下面创建一张表：

```
mysql> create table t3 (c1 int) engine = InnoDB;
Query OK, 0 rows affected (0.16 sec)
```

在 MySQL 的 Error Log 中可以看到以下信息：

```
    2021-07-24T10:44:44.312884+08:00 69 [Note] [MY-012473] [InnoDB] DDL
log insert : [DDL record: DELETE SPACE, id=219, thread_id=69, space_id=40,
old_file_path=./1test/t3.ibd]
    2021-07-24T10:44:44.313003+08:00 69 [Note] [MY-012478] [InnoDB] DDL
log delete : 219
    2021-07-24T10:44:44.321478+08:00 69 [Note] [MY-012477] [InnoDB] DDL
log insert : [DDL record: REMOVE CACHE, id=220, thread_id=69,
table_id=1098, new_file_path=1test/t3]
```

```
    2021-07-24T10:44:44.321539+08:00 69 [Note] [MY-012478] [InnoDB] DDL
log delete : 220
    2021-07-24T10:44:44.325868+08:00 69 [Note] [MY-012472] [InnoDB] DDL
log insert : [DDL record: FREE, id=221, thread_id=69, space_id=40,
index_id=222, page_no=4]
    2021-07-24T10:44:44.332545+08:00 69 [Note] [MY-012478] [InnoDB] DDL
log delete : 221
    2021-07-24T10:44:44.364134+08:00 69 [Note] [MY-012485] [InnoDB] DDL
log post ddl : begin for thread id : 69
    2021-07-24T10:44:44.364190+08:00 69 [Note] [MY-012486] [InnoDB] DDL
log post ddl : end for thread id : 69
```

从以上信息来看有 3 类操作，实际上描述了如果操作失败需要进行的 3 项逆向操作，即删除数据文件、释放内存中的数据词典信息，以及删除索引 BTREE。在创建表之前，这些数据被写入 mysql.innodb_ddl_log 中，在创建完表并提交后，从表中删除这些记录。

16.4　资源组

MySQL 是单进程多线程的程序。MySQL 线程包括后台线程（Master 流程、I/O 线程、Purge 线程等）及前台处理线程。之前版本的 MySQL，所有线程的优先级都是一样的，并且所有的线程的资源都是共享的。但是，MySQL 8.0 引入了资源组（Resource Group）。既可以通过资源组修改线程的优先级及所能使用的资源，也可以指定不同的线程使用特定的资源，以便调控线程优先级和绑定 CPU 核。

16.4.1　资源组系统和权限准备

在 Linux 系统上，mysqld 可以通过执行下面的命令增加 CAP_SYS_NICE 能力（即分割 root 用户的特权能力）：

```
[root@test01 /usr/local/mysql80]# setcap cap_sys_nice+ep bin/mysqld
[root@test01 /usr/local/mysql80]# getcap bin/mysqld
bin/mysqld = cap_sys_nice+ep
```

也可以使用 systemctl edit mysqld 命令增加 CAP_SYS_NICE 能力：

```
[Service]
AmbientCapabilities=CAP_SYS_NICE
```

执行 create、alter、drop、set 资源组命令，需要有 RESOURCE_GROUP_ADMIN 权限：

```
mysql> grant RESOURCE_GROUP_ADMIN on *.* to root@'%';
Query OK, 0 rows affected (0.01 sec)
```

16.4.2 查看资源组信息

information_schema 库下的 resource_groups 表中记录了定义的所有资源组的情况：

```
mysql> select * from information_schema.resource_groups\G;
*************************** 1. row ***************************
   RESOURCE_GROUP_NAME: USR_default
   RESOURCE_GROUP_TYPE: USER
RESOURCE_GROUP_ENABLED: 1
              VCPU_IDS: 0-15
       THREAD_PRIORITY: 0
*************************** 2. row ***************************
   RESOURCE_GROUP_NAME: SYS_default
   RESOURCE_GROUP_TYPE: SYSTEM
RESOURCE_GROUP_ENABLED: 1
              VCPU_IDS: 0-15
       THREAD_PRIORITY: 0
```

通过以上语句可以查看资源组的使用情况，MySQL 8.0 默认创建两个资源组，一个是 USR_default，另一个是 SYS_default；VCPU_IDS 表示资源组会使用的 CPU 指定的核心数，THREAD_PRIORITY 表示线程的优先级别。

在 performance_schema 库下的 threads 表中，可以查看当前线程使用资源组的情况：

```
mysql> select * from performance_schema.threads limit 1\G
*************************** 1. row ***************************
          THREAD_ID: 1
               NAME: thread/sql/main
               TYPE: BACKGROUND
     PROCESSLIST_ID: NULL
   PROCESSLIST_USER: NULL
   PROCESSLIST_HOST: NULL
     PROCESSLIST_DB: mysql
PROCESSLIST_COMMAND: NULL
   PROCESSLIST_TIME: 14571
  PROCESSLIST_STATE: NULL
   PROCESSLIST_INFO: NULL
   PARENT_THREAD_ID: NULL
               ROLE: NULL
       INSTRUMENTED: YES
            HISTORY: YES
    CONNECTION_TYPE: NULL
       THREAD_OS_ID: 4623
     RESOURCE_GROUP: SYS_default
1 row in set (0.00 sec)
```

由上面的结果可以看到，RESOURCE_GROUP 字段显示线程使用的是哪个资源组。

16.4.3　使用资源组

1. 创建资源组

可以使用下面的命令创建一个资源组：

```
mysql> create resource group testgr01 TYPE = USER VCPU = 0-3 THREAD_PRIORITY = 10;
Query OK, 0 rows affected (0.09 sec)
```

查看创建的资源组：

```
mysql> select * from information_schema.resource_groups\G
*************************** 1. row ***************************
   RESOURCE_GROUP_NAME: USR_default
   RESOURCE_GROUP_TYPE: USER
RESOURCE_GROUP_ENABLED: 1
              VCPU_IDS: 0-15
       THREAD_PRIORITY: 0
*************************** 2. row ***************************
   RESOURCE_GROUP_NAME: SYS_default
   RESOURCE_GROUP_TYPE: SYSTEM
RESOURCE_GROUP_ENABLED: 1
              VCPU_IDS: 0-15
       THREAD_PRIORITY: 0
*************************** 3. row ***************************
   RESOURCE_GROUP_NAME: testgr01
   RESOURCE_GROUP_TYPE: USER
RESOURCE_GROUP_ENABLED: 1
              VCPU_IDS: 0-3
       THREAD_PRIORITY: 10
3 rows in set (0.00 sec)
```

2. 绑定资源组

使用资源组有 3 种方式，分别是为当前线程（连接）指定、为特定的 SQL 语句指定、为其他线程指定。

指定当前连接使用哪个资源组：

```
mysql> set resource group testgr01;
Query OK, 0 rows affected (0.00 sec)
```

指定给定的 SQL 使用某个资源组，使用 SQL hint 注释的方式：

```
mysql> select /*+ RESOURCE_GROUP(testgr01) */ * from t1 ;
+----+---+---+
| id | a | b |
+----+---+---+
|  1 | 1 | 1 |
+----+---+---+
1 row in set (0.00 sec)
```

为某个线程指定资源组：

```
mysql> select thread_id,resource_group from performance_schema.
threads where processlist_id=12;
+-----------+----------------+
| thread_id | resource_group |
+-----------+----------------+
|        56 | USR_default    |
+-----------+----------------+
1 row in set (0.00 sec)

mysql> set resource group testgr01 for 56;
Query OK, 0 rows affected (0.01 sec)

mysql> select thread_id,resource_group from performance_schema.
threads where processlist_id=12;
+-----------+----------------+
| thread_id | resource_group |
+-----------+----------------+
|        56 | testgr01       |
+-----------+----------------+
1 row in set (0.00 sec)
```

16.5 不可见索引

从 MySQL 8.0 开始支持不可见索引，优化器不会主动使用该索引。对于大表，删除和重建索引的代价非常高，使用不可见索引可以快速测试删除索引对查询性能的影响，通常在调试 SQL 方面比较实用。

可以在建表时指定不可见索引：

```
mysql> use test
Database changed

create table `t1` (
`id` int not null auto_increment,
`a` int not null,
`b` char(2) not null,
primary key (`id`),
key `idx_a` (`a`) invisible
) engine=innodb default charset=utf8mb4;
```

可以修改已经存在的索引的可见性：

```
alter table t1 alter index idx_a visible;
alter table t1 alter index idx_a invisible;
```

可以使用 show index 语句查看索引是否可见：

```
mysql> show index from t1\G
*************************** 1. row ***************************
        Table: t1
```

```
    Non_unique: 0
      Key_name: PRIMARY
  Seq_in_index: 1
   Column_name: id
     Collation: A
   Cardinality: 0
      Sub_part: NULL
        Packed: NULL
          Null:
    Index_type: BTREE
       Comment:
 Index_comment:
       Visible: YES
    Expression: NULL
*************************** 2. row ***************************
         Table: t1
    Non_unique: 1
      Key_name: idx_a
  Seq_in_index: 1
   Column_name: a
     Collation: A
   Cardinality: 0
      Sub_part: NULL
        Packed: NULL
          Null:
    Index_type: BTREE
       Comment:
 Index_comment:
       Visible: NO
    Expression: NULL
2 rows in set (0.00 sec)
```

也可以通过 information_schema.statistics 语句查看索引是否可见：

```
mysql> select index_name,is_visible from information_schema.
statistics where table_schema = 'test' and table_name = 't1'\G
*************************** 1. row ***************************
INDEX_NAME: idx_a
IS_VISIBLE: NO
*************************** 2. row ***************************
INDEX_NAME: PRIMARY
IS_VISIBLE: YES
2 rows in set (0.00 sec)
```

使用不可见索引需要注意以下几点。

- 系统变量 optimizer_switch 中的 use_invisible_indexes 标志控制优化器是否使用不可见索引来构建执行计划。如果 use_invisible_indexes=off（默认设置），优化器会忽略不可见索引；如果 use_invisible_indexes=on，虽然索引仍然不可见，但是优化器在生成执行计划时会考虑不可见索引。
- 不可见索引的特性不可以用于主键。

- 不可见索引是 Server 层的特性，和引擎无关，因此其他存储引擎（InnoDB、TokuDB、MyISAM 等）也可以使用。

16.6 窗口函数

窗口函数，有的也叫分析函数，就是在满足某种条件的记录集合上执行的特殊函数。从 MySQL 8.0 开始支持窗口函数。

窗口函数和聚合函数很容易混淆，二者的区别如下。

- 聚合函数将多条记录聚合为一条；窗口函数会执行每条记录，有几条记录执行完还是几条。
- 聚合函数也可以用于窗口函数中。

16.6.1 窗口函数的特性

窗口函数的语法格式为<窗口函数>over（子句）。窗口函数有以下特性。

- <窗口函数>的位置可以放专用窗口函数（rank()、percent_rank()、dense_rank()等）或聚合函数（sum()、avg()、max()等）。
- 窗口函数是对 where 子句或 group by 子句处理后的结果进行操作，故其原则上只写于 SELECT 子句中。
- over 用来指定函数执行的窗口范围。若子句为空，则意味着窗口包含满足 where 条件的所有行，窗口函数基于所有行进行计算；若子句非空，则支持使用以下 4 种语法来设置窗口。
  - **window_name**：当 SQL 中涉及的窗口较多时，指定窗口别名，更清晰、易读。
  - **partition 子句**：窗口按照某些字段进行分组，窗口函数在不同的分组上再分别执行。
  - **order by 子句**：按照哪些字段进行排序，窗口函数将按照排序后的记录顺序进行编号。
  - **frame 子句**：frame 是当前分区的一个子集，子句用来定义子集的规则。

16.6.2 窗口函数的使用

按照功能不同可以将窗口函数分为 5 类。

1. 序号函数

如 row_number()函数、rank()函数、dense_rank()函数：

```
create table `class` (
  `number` int default null comment '学号',
  `name` varchar(64)  default '' comment '名字',
  `class_name` varchar(64)  default '' comment '班级',
  `score` int default '0' comment '分数'
) engine=innodb default charset=utf8mb4;

insert into `class` values (1,'tom','class_three',90),(2,'jerry',
'class_three',87),(3,'linda','class_one',75),(4,'hunson','class_two',
90),(5,'jack','class_one',90),(6,'marry','class_three',85),(7,'semei'
,'class_two',88),(8,'herry','class_three',96),(9,'quella','class_one'
,99),(10,'apollo','class_three',69);

mysql> select *,rank() over (  order by  score desc ) as `rank` ,
   dense_rank() over (  order by score desc ) as `dense_rank` ,
   row_number() over (  order by score desc ) as `row_number`
   from  class;
+--------+--------+-------------+-------+------+------------+-----
-------+
| number | name | class_name | score | rank | dense_rank | row_number |
+--------+--------+-------------+-------+------+------------+-----
-------+
|      9 | quella | class_one   |    99 |    1 |          1 |          1 |
|      8 | herry  | class_three |    96 |    2 |          2 |          2 |
|      1 | tom    | class_three |    90 |    3 |          3 |          3 |
|      4 | hunson | class_two   |    90 |    3 |          3 |          4 |
|      5 | jack   | class_one   |    90 |    3 |          3 |          5 |
|      7 | semei  | class_two   |    88 |    6 |          4 |          6 |
|      2 | jerry  | class_three |    87 |    7 |          5 |          7 |
|      6 | marry  | class_three |    85 |    8 |          6 |          8 |
|      3 | linda  | class_one   |    75 |    9 |          7 |          9 |
|     10 | apollo | class_three |    69 |   10 |          8 |         10 |
+--------+--------+-------------+-------+------+------------+-----
-------+
10 rows in set (0.00 sec)
```

上面的 SQL 语句先对 score 字段进行分组，然后排序得出结果。

- row_number()：顺序排序，相当于行号。
- rank()：并列排序，跳过重复序号。
- dense_rank()：并列排序，不跳过重复序号。

2. 分布函数

分布函数有 percent_rank()、cume_dist()等。

percent_rank()函数：和之前的 rank()函数相关，每行按照公式(rank-1) / (rows-1)计算，其中，rank 为 rank()函数产生的序号，rows 为当前窗口的记录总行数。

percent_rank()函数可以用来计算分位数：

```
mysql> select *,
  rank() over w as rankNo,
  percent_rank() over w as percent_rankNo
```

```
   from `class` window w as ( order by `score` desc );
+--------+--------+-------------+-------+--------+---------------------+
| number | name   | class_name  | score | rankNo | percent_rankNo      |
+--------+--------+-------------+-------+--------+---------------------+
|      9 | quella | class_one   |    99 |      1 |                   0 |
|      8 | herry  | class_three |    96 |      2 | 0.1111111111111111 |
|      1 | tom    | class_three |    90 |      3 | 0.2222222222222222 |
|      4 | hunson | class_two   |    90 |      3 | 0.2222222222222222 |
|      5 | jack   | class_one   |    90 |      3 | 0.2222222222222222 |
|      7 | semei  | class_two   |    88 |      6 | 0.5555555555555556 |
|      2 | jerry  | class_three |    87 |      7 | 0.6666666666666666 |
|      6 | marry  | class_three |    85 |      8 | 0.7777777777777778 |
|      3 | linda  | class_one   |    75 |      9 | 0.8888888888888888 |
|     10 | apollo | class_three |    69 |     10 |                   1 |
+--------+--------+-------------+-------+--------+---------------------+
10 rows in set (0.32 sec)
```

cume_dist()函数用于计算分组内小于或等于当前 rank 值的行数 / 分组内总行数：

```
mysql> select *,
   cume_dist() over w as cdt
   from `class` window w as ( order by `score` desc );
+--------+--------+-------------+-------+-----+
| number | name   | class_name  | score | cdt |
+--------+--------+-------------+-------+-----+
|      9 | quella | class_one   |    99 | 0.1 |
|      8 | herry  | class_three |    96 | 0.2 |
|      1 | tom    | class_three |    90 | 0.5 |
|      4 | hunson | class_two   |    90 | 0.5 |
|      5 | jack   | class_one   |    90 | 0.5 |
|      7 | semei  | class_two   |    88 | 0.6 |
|      2 | jerry  | class_three |    87 | 0.7 |
|      6 | marry  | class_three |    85 | 0.8 |
|      3 | linda  | class_one   |    75 | 0.9 |
|     10 | apollo | class_three |    69 |   1 |
+--------+--------+-------------+-------+-----+
10 rows in set (0.01 sec)
```

3. 前后函数

前后函数有 lag(expr,n)、lead(expr,n)。

返回位于当前行的前 n 行（lag(expr,n)）或后 n 行（lead(expr,n)）的 expr 的值（以当前行为原点）：

```
mysql> select *, `我的前面一名分数` - `score` as `我和前面一名的差距`,
   `score` - `后面一名分数` as `我甩开后面一名多少差距`
   from
   (select *,
   lag( `score`, 1 ) over w as `我的前面一名分数`,
```

```
       lead( `score`, 1 ) over w as `后面一名分数`
       from `class` window w as ( order by `score` desc )
       ) t;
    +--------+--------+------------+-------+-----------------------
-+--------------------+--------------------------------+---------------
-------------------+
    | number | name   | class_name | score | 我的前面一名分数          | 后
面一名分数          | 我和前面一名的差距                | 我甩开后面一名多少差距
|
    +--------+--------+------------+-------+-----------------------
-+--------------------+--------------------------------+---------------
-------------------+
    |      9 | quella | class_one  |    99 |                   NULL |
96 |                NULL |                             3 |
    |      8 | herry  | class_three |   96 |                     99 |
90 |                   3 |                            6 |
    |      1 | tom    | class_three |   90 |                     96 |
90 |                   6 |                            0 |
    |      4 | hunson | class_two  |    90 |                     90 |
90 |                   0 |                            0 |
    |      5 | jack   | class_one  |    90 |                     90 |
88 |                   0 |                            2 |
    |      7 | semei  | class_two  |    88 |                     90 |
87 |                   2 |                            1 |
    |      2 | jerry  | class_three |   87 |                     88 |
85 |                   1 |                            2 |
    |      6 | marry  | class_three |   85 |                     87 |
75 |                   2 |                           10 |
    |      3 | linda  | class_one  |    75 |                     85 |
69 |                  10 |                            6 |
    |     10 | apollo | class_three |   69 |                     75 |
NULL |                   6 |                        NULL |
    +--------+--------+------------+-------+-----------------------
-+--------------------+--------------------------------+---------------
-------------------+
    10 rows in set (0.00 sec)
```

4. 头尾函数

头尾函数有 first_value(expr)、last_value(expr)。

返回第一个（first_value(expr)）或最后一个（last_value(expr)）expr 的值:

```
    mysql> select *,
        first_value( `score` ) over w as `当前第一分数`,
        last_value( `score` ) over w as `当前倒数第一分数`
        from `class` window w as ( order by `score` desc );
    +--------+--------+------------+-------+--------------------+----
----------------------+
    | number | name   | class_name | score | 当前第一分数          | 当前倒数
第一分数         |
    +--------+--------+------------+-------+--------------------+----
----------------------+
    |      9 | quella | class_one  |    99 |                 99 |
99 |
```

```
  |       8 | herry  | class_three |     96 |                    99 |
96 |
  |       1 | tom    | class_three |     90 |                    99 |
90 |
  |       4 | hunson | class_two   |     90 |                    99 |
90 |
  |       5 | jack   | class_one   |     90 |                    99 |
90 |
  |       7 | semei  | class_two   |     88 |                    99 |
88 |
  |       2 | jerry  | class_three |     87 |                    99 |
87 |
  |       6 | marry  | class_three |     85 |                    99 |
85 |
  |       3 | linda  | class_one   |     75 |                    99 |
75 |
  |      10 | apollo | class_three |     69 |                    99 |
69 |
  +--------+--------+-------------+-------+--------------------+----
----------------------+
  10 rows in set (0.00 sec)
```

5. 其他函数

其他函数有 nth_value(expr, n)、ntile(n)。

nth_value(expr, n)：返回窗口中第 n 个 expr 的值，expr 既可以是表达式，也可以是列名。

具体示例如下：

```
mysql> select *,nth_value( `score`, 2 ) over w as `排名第 2`,
   nth_value( `score`, 4 ) over w as `排名第 4`,
   nth_value( `score`, 6 ) over w as `排名第 6`
   from
   `class` window w as ( order by `score` desc );
+-------+-------+------------+------+--------+---------+--------+
| number | name  | class_name  | score | 排名第 2 | 排名第 4 | 排名第 6 |
+-------+-------+------------+------+--------+---------+--------+
|      9 | quella | class_one   |   99 |    NULL |    NULL |     NULL |
|      8 | herry  | class_three |   96 |      96 |    NULL |     NULL |
|      1 | tom    | class_three |   90 |      96 |      90 |     NULL |
|      4 | hunson | class_two   |   90 |      96 |      90 |     NULL |
|      5 | jack   | class_one   |   90 |      96 |      90 |     NULL |
|      7 | semei  | class_two   |   88 |      96 |      90 |       88 |
|      2 | jerry  | class_three |   87 |      96 |      90 |       88 |
|      6 | marry  | class_three |   85 |      96 |      90 |       88 |
|      3 | linda  | class_one   |   75 |      96 |      90 |       88 |
|     10 | apollo | class_three |   69 |      96 |      90 |       88 |
+-------+-------+------------+------+--------+---------+--------+
10 rows in set (0.00 sec)
```

ntile(n)：将分区中的有序数据分为 n 个等级，记录等级数。

具体示例如下：

```
mysql> select *, row_number() over w as 'row_number',
    ntile( 2 ) over w as 'ntile2',
    ntile( 4 ) over w as 'ntile4'
    from `class` window w as ( order by `score` );
+--------+--------+-------------+-------+------------+--------+--------+
| number | name   | class_name  | score | row_number | ntile2 | ntile4 |
+--------+--------+-------------+-------+------------+--------+--------+
|     10 | apollo | class_three |    69 |          1 |      1 |      1 |
|      3 | linda  | class_one   |    75 |          2 |      1 |      1 |
|      6 | marry  | class_three |    85 |          3 |      1 |      1 |
|      2 | jerry  | class_three |    87 |          4 |      1 |      2 |
|      7 | semei  | class_two   |    88 |          5 |      1 |      2 |
|      1 | tom    | class_three |    90 |          6 |      2 |      2 |
|      4 | hunson | class_two   |    90 |          7 |      2 |      3 |
|      5 | jack   | class_one   |    90 |          8 |      2 |      3 |
|      8 | herry  | class_three |    96 |          9 |      2 |      4 |
|      9 | quella | class_one   |    99 |         10 |      2 |      4 |
+--------+--------+-------------+-------+------------+--------+--------+
10 rows in set (0.00 sec)
```

16.7 持久化全局变量

在 MySQL 8.0 之前的版本中，对于全局变量的修改，只会影响其内存值，不会持久化到配置文件中。重启数据库又会恢复成修改前的值。从 MySQL 8.0 开始，可以通过 set persist 命令将全局变量的修改持久化到配置文件中：

```
mysql> set persist max_connections=2000;
Query OK, 0 rows affected (0.00 sec)

mysql> show variables like 'max_connections';
+-----------------+-------+
| Variable_name   | Value |
+-----------------+-------+
| max_connections | 2000  |
+-----------------+-------+
1 row in set (0.00 sec)
```

data 目录下会多出一个 mysqld-auto.cnf 文件，可以直接查看该文件：

```
# more  mysqld-auto.cnf
{ "Version" : 1 , "mysql_server" : { "max_connections" : { "Value" :
"2000" , "Metadata" : { "Timestamp" : 1627224866649056 , "User" : "root" ,
"Host" : "localhost" } } } }
```

可以通过 performance_schema.persisted_variables 表查看所有的持久化变量：

```
mysql> select * from performance_schema.persisted_variables;
+-----------------+----------------+
| VARIABLE_NAME   | VARIABLE_VALUE |
```

```
+-----------------+-----------------+
| max_connections | 2000            |
+-----------------+-----------------+
1 row in set (0.01 sec)
```

可以通过 reset persist 命令移除 mysqld-auto.cnf 文件中名为 system_var_name 的变量。

```
mysql> reset persist max_connections;
Query OK, 0 rows affected (0.00 sec)
```

也可以通过 reset persist 命令移除 mysqld-auto.cnf 文件中所有的变量：

```
mysql> reset persist;
Query OK, 0 rows affected (0.00 sec)
```

持久化全局变量需要注意以下几点。

- 如果只是清空 mysqld-auto.cnf 和 performance_schema.persisted_variables 中的内容，那么对于已经修改了的变量的值不会产生任何影响。
- set persist_only 将变量写入 mysqld-auto.cnf 中，不会影响运行时的变量值，重启后才会生效。
- 在启动数据库时，会首先读取其他配置文件，最后才读取 mysqld-auto.cnf。不建议手动修改 mysqld-auto.cnf，有可能导致数据库在启动过程中因解析错误而失败。若出现这种情况，则手动删除 mysqld-auto.cnf 或将 persisted_globals_load 设置为 off，以避免该文件的加载。

16.8 其他新特性

除了上面一些新特性，MySQL 8.0 还有以下这些新特性。

- **hash join**：MySQL 8.0 引入了 hash join，可以使用 set global optimizer_switch='hash_join=on/off'来开启或关闭 hash join 功能。hash join 功能可以用来优化没有使用索引的等值连接。
- **直方图**：MySQL 8.0 引入了统计直方图，可以实现对表的一列做数据分布统计，特别是针对没有索引的字段；可以帮助查询优化器找到更优的执行计划，统计直方图的主要用来计算字段选择性，即过滤效率。
- **降序索引**：MySQL 8.0 真正实现了降序索引，之前无法创建类似（a, b DESC, c）这样的索引，其中 b 列是降序的。MySQL 8.0 实现了降序索引，解决了不同字段排序方向不同的问题。
- **额外端口（admin_port）**：MySQL 8.0 额外端口 admin_port 的引入，为某些特殊场景登录 MySQL 提供了便利。例如，在出现 too many connections 报错时，可以使用额外端口进行登录。

- **认证方式**：在 MySQL 8.0 之前，使用的加密方式是 mysql_native_password。在 MySQL 8.0 之后，加密方式改为 caching_sha2_password。新的加密方式更高效，提升了客户端的连接速度。如果想要兼容老版本的认证方式，可以通过修改配置文件 default_authentication_plugin=mysql_native_password 来实现。
- **角色管理**：MySQL 8.0 引入了角色管理，角色是指定的权限集合。通过授权适当的角色，可以为用户账户授予所需要的权限。
- **支持禁用死锁检测**：可以通过参数 innodb_deadlock_detect 控制 MySQL 服务死锁检测的开启和关闭。
- **自动增加计数持久化**：MySQL 8.0 修复了表 auto-increment 的值没有持久化的 Bug，重启后会丢失的问题，通过在写入自增值的同时写入一条 Redo Log 的方式来实现。

16.9 总结

MySQL 8.0 引入了非常多的新特性，还有一些新特性由于篇幅的关系没有列举出来，这些新特性的引入使 MySQL 成为一款非常流行且功能强大的数据库。

第17章 云时代 DBA 工作的变化

云计算已经越来越突出，“上云”也被越来越多的企业所选择。调研机构 Gartner 也预测：到 2023 年，75%的数据库要在云平台上运行。

本章主要介绍云时代 DBA 工作的变化。

17.1 3 种类型的云

云一般可以分为 3 种类型。

公有云

公有云通常是指云厂商为用户提供共享的资源服务，如 AWS、阿里云、腾讯云等。一般服务“开箱即用”，并且对于用户来说，公有云的维护成本相对较低。

私有云

私有云是某些公司单独构建的，供内部使用或为某一部分客户使用的云计算资源。正因为私有云是单独构建的，所以在数据安全性及服务质量上可以有效管控。虽然私有云的数据安全性比公有云的高，但是维护成本也相对较高，并且无法提供高伸缩性。

混合云

混合云究竟怎么定义？时代不同，每个人的理解也不一样，但混合云大致分为以下几种情况。

- 分业务：有些公司考虑到数据安全之类的问题，希望将部分数据放在私有云，但是又希望部分业务使用公有云的计算能力和扩展能力，因此混合使用了公有云和私有云。
- 短期扩容：部分公司在自建机房的情况下，可能有短时间的峰值（如电商的“双十一”活动），如果只为这几天的峰值而采购机器，显然成本是很高的，因此可以考虑短期使用公有云进行扩容，峰值下去后，再释放公有云资源。

- 上云过渡期：对于一部分公司，因为之前已经有一套技术体系和架构，所以在上云的过程中就会存在一个混合云的过渡期。
- 多种公有云混合使用：还可以将多种公有云混合使用，如 A 云厂商提供在线业务，B 云厂商提供跨云灾备。

17.2　云应用的分类

根据业务模型不同，云应用大致可以分为 SaaS（Software-as-a-Service，软件即服务）、IaaS（Infrastructure-as-a-Service，基础设施即服务）、PaaS（Platform-as-a-Service，平台即服务）和 DBaaS（DataBase-as-a-Service，数据库即服务）。

17.2.1　SaaS

SaaS 平台供应商将应用软件统一部署在自己的服务器上，客户可以根据实际需求，通过互联网向厂商定购所需的应用软件服务。大多数 SaaS 应用程序直接通过 Web 浏览器运行，用户不需要在客户端进行任何下载和安装，如 Microsoft Office 365、Google Docs 等。

17.2.2　IaaS

IaaS 表示基础设施类的服务。IaaS 允许企业按需购买资源，而不必直接购买硬件，如虚拟机、云磁盘等。

17.2.3　PaaS

PaaS 表示平台类的服务，在这些平台的基础上，用户可以运行、管理应用程序。

PaaS 平台提供了软件开发的基础架构，软件开发人员可以在这个基础上开发新的功能或建设新的应用。

PaaS 建立在虚拟化技术基础之上，随着业务的变化，可以轻松地按比例放大或缩小资源。当多个开发人员在同一个开发项目上工作时，PaaS 可以简化工作流程。

17.2.4 DBaaS

DBaaS 是 PaaS 的一个分支，由云厂商提供数据库服务，先通过云的形式一键完成设置，然后通过一个简单的 API 调用，将应用程序连接起来，不需要用户自己维护，如 Amazon RDS、阿里云 RDS 等。

17.3 RDS

2009 年 AWS 发布了 RDS（Relational Database Service）。RDS 是一种“开箱即用”、稳定可靠的关系型数据库服务。随着云计算的发展，现在各大云厂商都有目前比较流行的关系型数据库的云服务版本，如 RDS for MySQL、RDS for PostgreSQL 等。

云上数据库保持了和原生数据库几乎完全一致的编程接口与使用体验，如 SQL 语句，上云后，除了要更改连接字符串和参数，几乎不需要改变原有代码。

针对某个数据库的某个版本，云厂商会把其功能、内部机制完整地保留下来，以保证最大程度的兼容性。

17.4 云原生数据库

近年来又出现了一批云原生数据库，如 AWS 的 Aurora、阿里巴巴的 PolarDB 和 OceanBase 等。

与 RDS 相比，云原生数据库有以下几个优势。

- 更强的可扩展性：由于多数云厂商采用的是计算和存储分离的架构，因此可以突破自建数据库服务单机的限制，能支持更大规模的数据量。云原生数据库可以利用云快速进行水平扩展，迅速提升数据库的处理能力。
- 更高的可用性和可靠性：云原生数据库一般默认多副本高可用，自带数据同步、读/写分离等功能，如 Aurora 中的存储部分默认包含 3 个可用区、6 份数据副本。
- 多种数据模型：除了兼容关系型数据库，还会加入部分 NoSQL 的功能，如 AWS 的键值型数据库 DynamoDB 等。
- 自动扩展：部分数据库存储可以随着数据量的增加而自动扩展。

17.5 上公有云的好处

上公有云的好处包括以下几点。

- 不需要自己部署。
- 不需要考虑架构。
- 不需要自己做备份。
- 有云数据库 DBA 专家团队的技术支撑。
- 方便购买其他的功能，如审计、容灾、只读从库等。
- 之前积累的数据库知识上云后基本也适用。
- 性能等级调整、监控体系、攻防机制等额外工具或产品，之前可能需要再进行开发，而上云后，云数据库自带这些服务。
- 自动优化，某些云厂商有自带的性能分析模块，能够自动发现热点 SQL 或慢 SQL，并能给出优化建议，如哪个字段需要添加索引等。
- 弹性伸缩：云上只需要通过云平台的 API 申请释放资源，而自建机房可能需要提前采购机器，即使缩容后，机器成本也不能节约多少。
- 按量付费：如果有短期项目，用云就最好不过了，当项目下线时，直接退出云服务就可以。

17.6　上公有云的缺点

上公有云的缺点包括以下几点。

- 资源混用：一台物理机上可能部署了多个 RDS，并且可能是给不同客户使用的。
- 受限的 PaaS 环境，如一般无法直接访问底层的服务器。
- 云厂商锁定：上公有云容易，因为可能被一些服务绑定，所以退出可能比较困难。
- 数据安全：将敏感数据传到公有云可能会有安全性问题。

17.7　数据库上公有云前的注意事项

有些问题在上公有云前必须提前考虑好。

- 成本评估。
- 可用区是否能满足业务需求。
- 后续是否可迁移。
- 厂商绑定问题。
- 需要评估公司现有数据库及具体版本在公有云上是否都有。
- 性能对比：可以在多个公有云上申请相同配置的数据库，先将一些关键参数改成一样的，再对比性能压测结果。
- 数据恢复：有些云可以恢复到备份周期的任意时间点，有些可能不支持，需要提前评估测试。

- 业务承载能力：如某个云厂商的某个云数据库，最大支持多少核、多少内存、多少磁盘空间等。
- 故障恢复能力：如故障恢复的时间等。

17.8 传统 DBA 的工作

在传统自建机房的场景下，DBA 的工作大致有以下几项。

- 实例部署：手动、使用脚本或通过自动化运维平台部署数据库实例。
- 资源评估和分配：评估大概需要的资源，并进行适当的分配。
- 上线发布：当业务上线时，配合业务做一些发布。
- 备份恢复：通过定时任务+Binlog 实现备份，并定期做恢复测试。
- 安全加固：设置安全级别高的密码，并需要防止 SQL 注入等问题。
- 数据/实例迁移：在源端备份，在目标端恢复，如果是实例级别的迁移，则提前配置好同步关系。在业务迁移时，把同步断开。
- 监控：需要先搭建 Zabbix 或 Prometheus（有些公司有专门负责监控的，DBA 可能不需要做监控软件的搭建和维护工作），然后找监控模板，并对模板进行相应的改造，监控 MySQL。
- 结构语句审核：上线前对所有 SQL 和表结构进行审核，如看表是否有主键，以及条件字段是否有索引等。
- 性能分析/优化：先对线上数据库进行性能分析，然后获取慢查询或 Error Log，进行分析和优化。
- 高可用：线上运行的数据库，高可用是必不可少的，在业务上线之前，需要调用适合自己业务的高可用方案。
- 数据库自动化平台搭建：包含慢查询收集、SQL 审核、库表元数据信息展示、备份详情等。

17.9 上云后 DBA 工作的变化

云数据库通常涵盖数据库大部分的运维流程，传统 DBA 的工作基本可以服务化，如资源创建回收、备份恢复、扩容/缩容等。

上云后，DBA 的工作可能会有比较大的变化，下面简单介绍几点。

17.9.1　关注点

上云后，DBA 不需要关注硬件、高可用方案等，可以用节省的这些时间关注业务层面的东西或研究更多的数据库，或者控制成本等。

业务发展期需要考虑业务的承载能力，如果业务比较平稳，则需要考虑成本优化等问题。

当然，之前的一些工作，如监控、升级、备份等还需要做，只是方式有所不同。

17.9.2　监控

一般的云厂商都自带一定的监控可视化图表和告警功能，如图 17-1 所示。

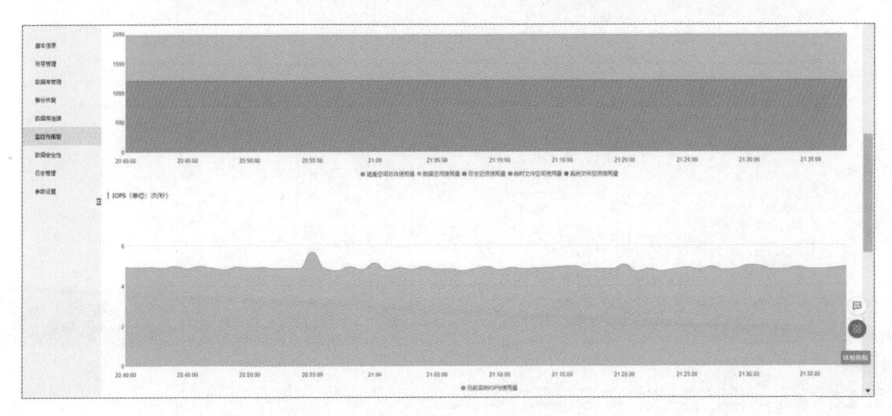

图 17-1　云厂商可视化监控示例

有些云厂商也会提供单独的监控服务，如 AWS 的 CloudWatch 和阿里云的 DAS。可以自定义大屏，如图 17-2 所示。

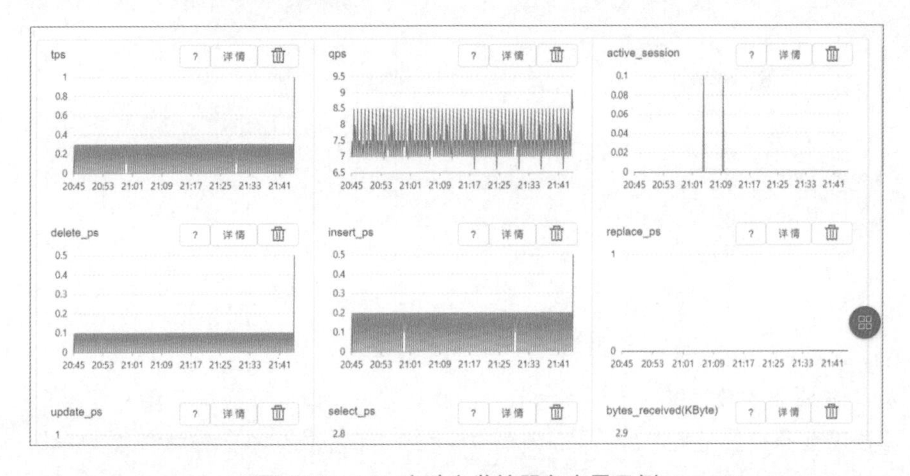

图 17-2　云厂商独立监控服务大屏示例

当然，还可以使用自建监控在云监控接口获取监控数据。某个云厂商的部分监控项文档如图 17-3 所示。

云数据库RDS

- Project为acs_rds_dashboard，采样周期默认为300s，Period赋值为300或300的整数倍。
- 如果已在RDS控制台开通1分钟监控频率，则采样周期最小为60s。
- Dimensions中的instanceId赋值RDS实例的instanceId。

Metric	监控项描述	单位	Dimensions	Statistics
CpuUsage	CPU使用率	Percent	instanceId	Average、Minimum、Maximum
DiskUsage	磁盘使用率	Percent	instanceId	Average、Minimum、Maximum
IOPSUsage	IOPS使用率	Percent	instanceId	Average、Minimum、Maximum
ConnectionUsage	连接数使用率	Percent	instanceId	Average、Minimum、Maximum

图 17-3　某个云厂商的部分监控项文档

17.9.3　备份

云数据库一般都有副本，但是为了防止一些误操作，还需要做好备份。云厂商一般会设置一个备份周期，可以每天定时做一次全备，如图 17-4 所示。

数据库恢复（原克隆实例）

数据备份　本地日志设置　日志备份　备份设置

备份设置	编辑
数据备份保留天数	7
备份周期	星期一，星期三，星期五，星期日
备份时间	06:00-07:00
预计下次备份时间	2020年12月16日 06:38:00
日志备份	开启
日志备份保留	7

图 17-4　云厂商备份设置示例

可以把重要的数据备份传到其他节点或其他云上，以保证数据不丢失。

例如，业务在公有云上运行，而公司也有私有云的，如果希望在私有云上备份一份，那么这种情况可以使用本地备份压缩后上传异地的方式来实现，或者购买数据同步服务，直接实时同步到私有云，在私有云中再定时进行备份。

当数据库迁移到云上时，有一项重点工作就是数据恢复演练，有人可能认为，恢复不就跟着云厂商的文档来吗？其实作者认为，第一次数据恢复多多少少会遇到一些问题，速度不会很快，因此需要做几次数据恢复演练，后面形成适合公司内部情况的文档或脚本后，恢复就会自然快很多。

恢复演练要做实例级别的、库级别的、表级别的，以应对更多的突发情况。

17.9.4　迁移

随着云时代的到来，我们可能会遇到一些迁移工作，如机房迁移至公有云或公有云之间的迁移。

云数据迁移流程如图 17-5 所示。

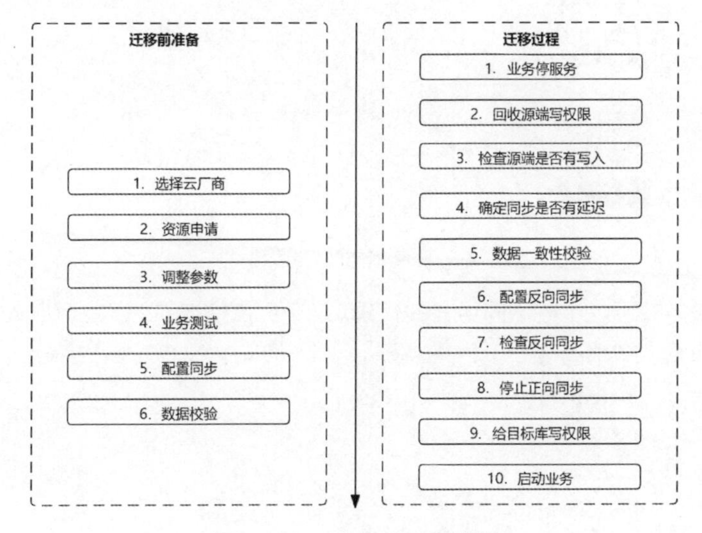

图 17-5　云数据库迁移流程

1. 选择云厂商

当然，迁移前需要选择合适的云厂商，选择角度包括以下几点。

- 成本对比：生产迁移前，数据库相关产品的成本对比是需要 DBA 做的。
- 测试：决定好使用哪一家云厂商后，一定要在测试环境测试迁移过程和迁移之后功能是否可用。
- 工具评估：对于数据库相关的迁移，一些云厂商提供了一些服务，如 DMS 或 DTS，有些云厂商也会提供上云技术支持。

2. 申请资源

选择好合适的云后，就要考虑迁移。下面以两家公有云之间的迁移（A 迁移到 B）

为例展开介绍，首先要考虑的就是在 B 上申请与 A 配置及版本一样的数据库实例。

如果实例比较少则可以直接在云平台上创建，如果实例比较多则可以使用 API 批量创建。至于 API 怎么使用，某些云厂商提供了调试模式，如图 17-6 所示，可以直接在各个选项中填写对应的信息。

API 调用
当前调试为真实调用，请小心操作。
* RegionId
华东1（杭州）
* Engine
MySQL
* EngineVersion
8.0
* DBInstanceClass
mysql.n1.micro.1
* DBInstanceStorage
100G
* DBInstanceNetType
更多参数
发起调用

图 17-6　云厂商 API 调试模式示例

在页面下方就可以生成不同语言的代码。某云厂商使用 Go 语言调用 API 生成 RDS 代码的示例如图 17-7 所示。

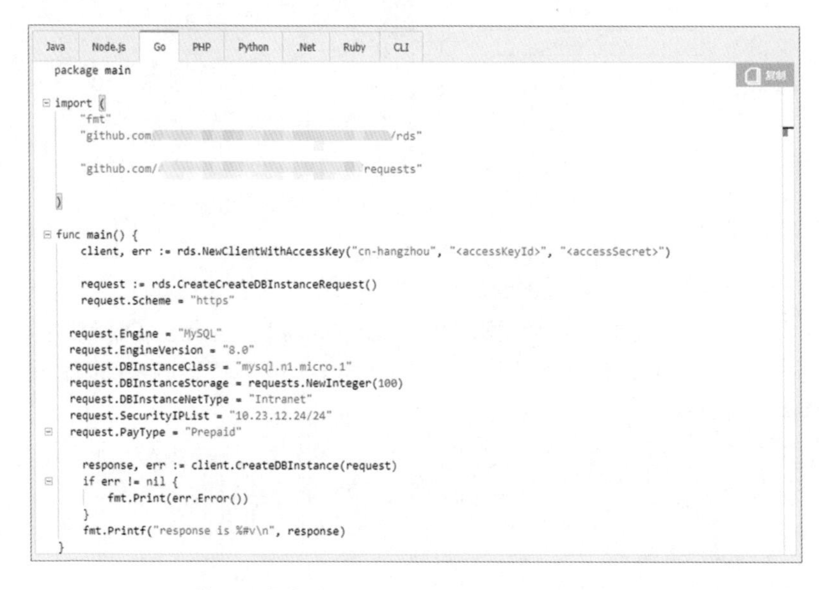


```
package main

import (
    "fmt"
    "github.com/.../rds"

    "github.com/.../requests"
)

func main() {
    client, err := rds.NewClientWithAccessKey("cn-hangzhou", "<accessKeyId>", "<accessSecret>")

    request := rds.CreateCreateDBInstanceRequest()
    request.Scheme = "https"

    request.Engine = "MySQL"
    request.EngineVersion = "8.0"
    request.DBInstanceClass = "mysql.n1.micro.1"
    request.DBInstanceStorage = requests.NewInteger(100)
    request.DBInstanceNetType = "Intranet"
    request.SecurityIPList = "10.23.12.24/24"
    request.PayType = "Prepaid"

    response, err := client.CreateDBInstance(request)
    if err != nil {
        fmt.Print(err.Error())
    }
    fmt.Printf("response is %#v\n", response)
}
```

图 17-7　某云厂商使用 Go 语言调用 API 生成 RDS 代码的示例

另外，对于公有云资源的申请和调整，可以使用其他一些开源项目，如 Terraform。Terraform 是一种 IT 基础架构自动化编排工具。Terraform 可以管理现有的一些云厂商产品，可以使用一些配置语法描述基础架构，可以像控制代码版本一样对资源进行控制。在正式运行前，不仅可以看到执行计划，还可以看到如果执行某个操作可能会销毁多少实例等，防止一些误操作的发生。

在创建实例时，需要把业务用到的用户和权限分配好。业务使用的用户暂时回收写权限。

3. 调整参数

调整 B 上数据库实例的关键参数，与 A 上的实例一致，具体如下。

- SQL 模式参数：sql_mode。
- 事务隔离级别：transaction_isolation。
- 时区：time_zone。

如果实例比较少，则可以手动修改页面；如果实例比较多，则可以使用 API，或者先使用 Terraform 申请机器，然后在 Terraform 的模板中配置好。

4. 业务测试

可以先将代码和数据上传到 B 上一份，然后进行业务逻辑的测试，如果没有问题，则清除 B 上的数据库。

5. 配置同步

配置 A 到 B 的全量+增量同步，有些云厂商有数据同步服务，如果实例比较多，则可以调用 API 批量创建同步关系。

6. 数据校验

迁移前 1 ~ 2 天进行一致性校验，防止数据丢失。

7. 迁移过程

（1）业务停服务。

（2）回收源端写权限。

回收 A 上的业务用户写权限，并强行终止（kill+线程 ID）业务过来的连接，防止业务没有停干净继续写数据。建议这些操作都通过脚本实现。

（3）检查源端是否有写入。

检查 A 上是否有数据写入。

（4）确定同步是否有延迟。

确定 A 到 B 的同步是否有延迟。若有延迟，则需要先解决延迟，防止数据出现不一致。

（5）数据一致性校验。

由于已经做过行级别的一致性校验（行级别的一致性校验比较浪费时间），因此只对比表数据量。

（6）配置反向同步。

配置 B 到 A 的同步，假如后面回滚，两边数据也是一致的，就不需要额外补数据。

（7）检查反向同步。

检查 B 到 A 的同步任务是否正常。

（8）停止正向同步。

停止 A 到 B 的同步。

（9）给目标库增加写权限。

给 B 上的数据库增加写权限。

（10）启动业务。

启动业务，并进行内部流量测试，若无异常则流量全部放开。

17.9.5 云数据库的使用规范

无论是云上还是云下，都少不了规范。云数据库的使用规范如下。

- 实例命名规范，如生产环境的实例命名规则为 prod-业务名-MySQL-01。
- 付费方式，是包年、包月，还是按量付费，最好统一。
- 数据库服务尽量不开放外网。
- 实例都打上标签，如这个实例是哪个业务线的，方便后面计算成本，以及告警推给对应业务线。云数据库标签示例如图 17-8 所示。

图 17-8 云数据库标签示例

当然，如果使用了类似 Terraform 之类的软件，那么上面这些规范在申请机器的时候就统一配置好了。

17.9.6　云产品文档

上云后，需要学习相关云产品文档，如各种配置对应的最大连接数和 IOPS、故障迁移时间、默认事务隔离级别、备份恢复方法等。

17.9.7　命令行工具

为了更高效地维护这些云实例，很多云厂商也推出了命令行工具。

如果需要获取某段时间内的所有 Binlog 下载地址，则可以使用如下命令：

```
    aliyun rds DescribeBinlogFiles --region cn-shanghai --DBInstanceId
rm-uf6d7gn78wbxt88m1   --StartTime   '2021-12-13   00:00:00'   --EndTime
'2021-12-14 00:00:00'
```

可以获取如下结果（链接已经用 xxxxxx 替换）：


```
    {
            "Items": {
                    "BinLogFile": [
                            {
                                    "Checksum": "2322209811846229714",
                                    "DownloadLink": "https://xxxxxx",
                                    "FileSize": 406039,
                                    "HostInstanceID": 12170831,
                                    "IntranetDownloadLink": "http://xxxxxx",
                                    "LinkExpiredTime":
"2021-12-15T07:58:32Z",
                                    "LogBeginTime": "2021-12-13T01:55:36Z",
                                    "LogEndTime": "2021-12-13T07:55:39Z",
                                    "LogFileName": "mysql-bin.002478",
                                    "RemoteStatus": "Completed"
                            },
                            {
                                    "Checksum": "1475365297256459904 8",
                                    "DownloadLink": "https://xxxxxx",
                                    "FileSize": 405907,
                                    "HostInstanceID": 12170831,
                                    "IntranetDownloadLink": "http://xxxxxx",
                                    "LinkExpiredTime":
"2021-12-15T07:58:32Z",
                                    "LogBeginTime": "2021-12-12T19:55:35Z",
                                    "LogEndTime": "2021-12-13T01:55:36Z",
                                    "LogFileName": "mysql-bin.002477",
                                    "RemoteStatus": "Completed"
                            }
                    ]
            },
            "PageNumber": 1,
            "PageRecordCount": 2,
            "RequestId": "629F22B0-80F5-5DBE-8C96-12E5FEDF8863",
```

```
        "TotalFileSize": "811946",
        "TotalRecordCount": 2
    }
```

可以通过上面的结果过滤出几个 Binlog 的下载地址。

17.9.8 API/SDK 工具

几大云厂商的大部分功能都有对应的 API，如调用某个 API 就可以获取 Redis 的大 KEY，或者通过一个脚本调用对应的 API，可以批量修改某个 MySQL 参数，或者获取某个 RDS 的信息。

获取 RDS 信息的示例代码如下：

```
package main

import (
    "fmt"
    "github.com/xxx/rds"

)

func main() {
    client,   err   :=   rds.NewClientWithAccessKey("cn-shanghai",
"<accessKeyId>", "<accessSecret>")

    request := rds.CreateDescribeDBInstanceAttributeRequest()
    request.Scheme = "https"

  request.DBInstanceId = "xxx"

    response, err := client.DescribeDBInstanceAttribute(request)
    if err != nil {
        fmt.Print(err.Error())
    }
    fmt.Printf("response is %#v\n", response)
}
```

只要将 accessKeyId、accessSecret、DBInstanceId 进行替换，就可以直接运行。

17.9.9 成本控制

上云后，成本控制也是 DBA 的一项重点工作，可以对成本进行监控和分析，从而防止业务开出远超自己业务配置的实例。每个月或每个季度按业务线发布资源使用情况及账单明细，建议开发一个平台，月底自动发布当月账单情况，杜绝浪费成本。

17.10　云时代 DBA 的发展方向

云时代 DBA 可以考虑的发展方向大致如下。

- 数据库运维：上云后可能更要结合业务进行运维管理，如实例太大了，是否需要分库分表等。
- 大数据：大数据也是 DBA 可以发展的一个方向，毕竟有 SQL 基础，并且一直和数据库打交道。
- 内核开发：可能只有几家大厂有这样的需求，对开发能力要求比较高，并且要能读懂数据库源码。
- 数据库培训：尽管数据库上云了，但是开发人员或 DBA 还需要掌握 MySQL SQL、索引、锁、事务等知识点，因此可以在公司内部进行培训或自己创业做相关的培训。
- 公有云或私有云开发：进入公有云的企业或考虑自建私有云的企业，开发公有云平台或私有云平台。
- 运维开发：学几种语言，如 Go、Python、Java 等。
- 技术管理：如果 DBA 的沟通能力和管理能力还可以，那么转管理岗位也是一个很好的选择。

17.11　总结

云时代已经到来，我们需要随机应变，因为工作内容可能会有所改变。对于 DBA 来说还是有很多挑战的，如需要掌握更多的数据库，懂得更多的云产品，包括 RDS、云原生数据库。

如果企业想上公有云，就需要评估上公有云的优点和缺点。在确定上公有云后，企业也需要确定详细的步骤。

上云后，DBA 的工作一定会有很多变化。所以我们需要拥抱变化，不让自己被时代淘汰。

读 者 服 务

微信扫码回复：43605

- 获取本书配套源码
- 加入本书读者交流群，与作者互动
- 获取【百场业界大咖直播合集】（持续更新），仅需 1 元